河南省“十二五”普通高等教育规划教材

单片机原理及应用技术

主　编　余发山　王福忠
副主编　杨凌霄　王　莉
主　审　王　新

中国电力出版社
CHINA ELECTRIC POWER PRESS

内 容 提 要

本书为河南省"十二五"普通高等教育规划教材。

本书以51系列单片机为主要对象，从系统组成和工程实践角度出发，详细介绍了51系列单片机的结构、指令系统、程序设计、系统扩展以及单片机各功能部件的组成，并对应用系统设计、开发、调试以及开发工具的使用作了较深入的讨论，具有较强的系统性和实用性。本书内容由浅入深，阐述简明，配有习题，便于自学。

本书可作为高等院校电气、电子、信息及自动化类等专业的"单片机原理及应用"课程教材，也可供从事工业测控、智能仪器仪表及各种电子产品开发等工作的工程技术人员参考。

图书在版编目(CIP)数据

单片机原理及应用技术/余发山，王福忠主编. —北京：中国电力出版社，2016.10（2023.8 重印）
"十三五"普通高等教育规划教材
ISBN 978-7-5123-9516-9

Ⅰ. ①单… Ⅱ. ①余… ②王… Ⅲ. ①单片微型计算机-高等学校-教材 Ⅳ. ①TP368.1

中国版本图书馆 CIP 数据核字（2016）第 152345 号

中国电力出版社出版、发行
（北京市东城区北京站西街 19 号 100005 http://www.cepp.sgcc.com.cn）
北京天泽润科贸有限公司印刷
各地新华书店经售
*
2016 年 10 月第一版 2023 年 8 月北京第五次印刷
787 毫米×1092 毫米 16 开本 14 印张 340 千字
定价 **48.00** 元

前　言

单片微型计算机简称单片机，是将 CPU、存储器（RAM）、I/O 端口等全部集成在一块芯片中，再配置几个小元件，如电阻、电容、晶体振荡器等而构成一个完整的微型计算机。单片机的出现是近代计算机技术发展史上的一个重要里程碑。近年来，随着电子技术和微型计算机的迅速发展，单片机的档次不断提高，应用领域也在不断扩大，在工业测控、尖端科学、智能仪器仪表、日用家电、汽车电子系统、办公自动化设备、个人信息终端及通信产品中得到了广泛的应用，已成为现代电子系统中最重要的智能化核心部件。

“单片机原理及应用技术”是高等学校电气、电子、信息及自动化类等专业的一门核心课程。它的特点是知识面广、内容多、难度大、更新快，在基础课与专业课之间起着承前启后的重要作用。

本书作者长期从事“单片机原理及应用技术”课程的理论教学和实践教学，从传授基础知识和培养能力的目标出发，在查阅和综合分析了大量有关资料的基础上，结合本课程教学的特点、难点和要点编写了本书。

本书共分十一章。第一章介绍了单片机的概念、发展、应用及单片机应用系统开发流程与工具。第二、三章介绍了 51 系列单片机的结构、指令系统及其程序设计。第四章介绍 C51 语言程序设计，为后续章节学习使用 C51 语言编写程序提供基础知识。第五章介绍单片机的人机接口技术。第六至八章介绍了单片机的典型功能部件的原理及应用，包括单片机的中断系统、定时器/计数器和串行接口技术。第九章介绍了 51 系列单片机系统扩展技术及应用。第十章介绍了单片机的测控接口技术，包括 A/D、D/A 转换技术和开关量接口技术。第十一章介绍了单片机应用系统的设计方法和抗干扰措施。

本书内容新颖，重点突出，语言精练易懂，便于自学，有广泛的适应面。

本书由河南理工大学余发山教授、王福忠教授担任主编，杨凌霄教授和王莉副教授担任副主编。编写分工为：余发山编写第一章，杨凌霄编写第二、三章，荆鹏辉编写第四、十章，王莉编写第六至八章和附录，崔立志编写第五、九章，王福忠编写第十一章。

本书由王新教授主审，提出了许多修改意见；另外，在编写的过程中还参考了一些相关文献，在此一并致以衷心谢意。

限于作者水平，书中可能存在不妥或错误之处，恳请读者批评指正。

编　者

2016 年 8 月于河南理工大学

目　录

第一章 单片机概述

本章从微型计算机入手，引出单片机的概念，在此基础上介绍单片机的特点、发展趋势、应用领域、单片机应用系统开发步骤及常用工具。

通过对本章的学习，读者应掌握和了解以下知识：

(1) 掌握微型计算机和单片机的概念；

(2) 了解单片机的特点和未来发展趋势；

(3) 熟悉并掌握单片机应用系统开发过程及主要工具。

第一节 初识单片机

一、微型计算机与单片机

半个多世纪以来，计算机的产生、发展带动着人类在科学大道上迅猛前进。自 1946 年美国宾夕法尼亚大学研制出世界上第一台电子计算机 ENIAC（Electronic Numerical Integrator And Calculator）以来，其发展速度相当惊人。随着采用器材（件）从电子管、晶体管、中小规模集成电路发展到大规模集成电路、超大规模集成电路，20 世纪 70 年代初出现了第一台微型计算机（Microcomputer）。微型计算机与其他大、中、小型计算机的区别在于其中央处理器（Central Processing Unit，CPU）采用了大规模/超大规模集成电路技术，使其集成在一块芯片上。微型机的 CPU 芯片被称为微处理器（Microprocessor Unit，MPU）。

一般而言，微型计算机包括微处理器（MPU）、存储器（Memory）及输入/输出端口（I/O）三部分，如图 1-1 所示。CPU 就像人的大脑那样，主宰整个系统的运行。Memory 则是存放系统运行所需的程序和数据，包括只读存储器（ROM）及随机存取存储器（RAM）；通常 ROM 用来存储程序或永久性的数据，称为程序存储器；RAM 则是用来存储程序执行时的临时数据，称为数据存储器。I/O 是微型计算机与外部沟通的通道，其中包括输出口与输入口。这三部分分别由不同的芯片（IC）组成，将它们组装在电路板上即可构成一个微型计算机。

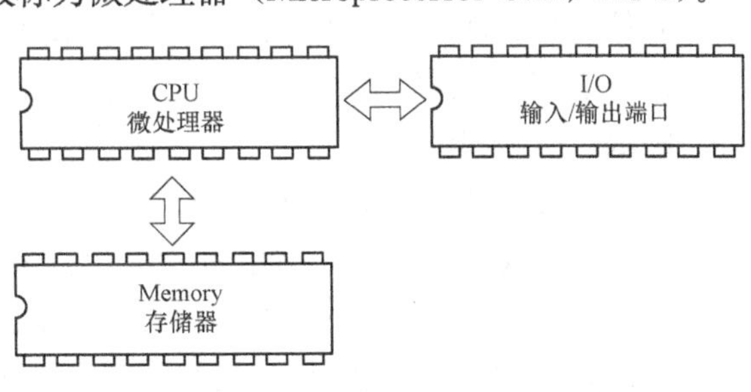

图 1-1 微型计算机基本结构

单片微型计算机（Single Chip Microcomputer）简称单片机，是将 CPU、存储器（RAM）、I/O 端口等全部集成在一块芯片中（见图 1-2），只要再配置几个小元件，如电阻、电容、晶体振荡器等就可以构成一个完整的微型计算机。

由于单片机主要面对的是测控对象，突出的是控制功能，所以它从功能和形态上而言都是应测控领域应用的要求而诞生的。随着单片机技术的发展，它在芯片内集成了许多面对测

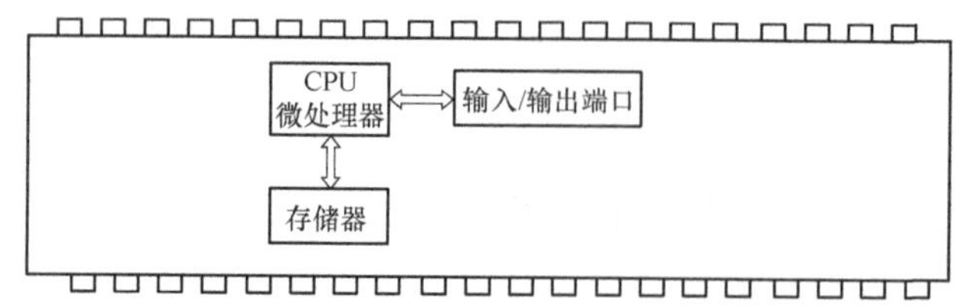

图 1-2 单片微型计算机结构

控对象的接口电路，如 ADC、DAC、高速 I/O 口、脉冲宽度调制器（Pulse Width Modulator，PWM）、监视定时器（Watch Dog Timer，WDT）等。这些接口电路已经突破了微型计算机传统的体系结构，所以单片机也称为微控制器（Microcontroller Unit，MCU）。

二、单片机的特点

目前单片机是从工业测控对象、环境、接口特点出发，向着增强控制功能、提高工业环境下的可靠性方向发展。其主要特点如下：

（1）体积小，质量轻。单片机将各功能部件集成在一块晶体芯片上，集成度高，体积小，质量轻。

（2）类型多，型号全。很多单片机厂家为适应各种需求，有针对性地推出一系列产品，使系统开发工程师有很大的选择余地。大部分产品有较好的兼容性，保证了已开发产品能顺利移植，较容易使产品升级换代。

（3）可靠性高，抗干扰能力强，性能价格比高。单片机集成度已经达到 300 万个晶体管以上，总线速度达到数十微秒到几百纳秒，指令执行周期已经达到几微秒到数十纳秒，以往片外 XRAM（on-chip expanded RAM，也叫做外部随机存储器）现已在物理上集成在片内，ROM 容量已经扩充达到 32、64、128KB 以至更大的空间，价格从几百元到几元不等。

（4）控制功能强，使用灵活。向真正意义上的“单片”机发展，把原本是外围接口芯片的功能集成到一个芯片内，在一片芯片中构造了一个完整的功能强大的微处理器应用系统。

（5）低功耗。现在新型单片机的功耗越来越小，供电电压从 5V 降低到了 3.3V，甚至 1V，工作电流从毫安降到微安级。特别是很多单片机都设置了多种工作方式，包括等待、暂停、睡眠、空闲和节能等。

（6）易扩展，易于开发。由于单片机内具有计算机正常运行所必需的部件，芯片外部有供扩展用的三总线及串行输入/输出引脚，因此容易构成不同需求的计算机应用系统。

（7）C 语言开发环境，友好的人机交互环境。大多数单片机都提供了基于 C 语言开发平台，并提供大量的函数以供使用，这使产品的开发周期、代码可读性及可移植性都大为提高。

三、单片机的发展趋势

单片机发展趋势将是向大容量、高性能化、外围电路内装化等方向发展。为满足不同用户的要求，各公司竞相推出能满足不同需求的产品。

1. CPU 改进

（1）增加 CPU 数据总线宽度。例如，各种 16 位单片机和 32 位单片机，数据处理能力要优于 8 位单片机。另外，8 位单片机内部采用 16 位数据总线，其数据处理能力明显优于一般的 8 位单片机。

（2）采用双 CPU 结构，以提高数据处理能力。

2. 存储器的发展

(1) 片内程序存储器普遍采用 Flash 存储器，可不用外扩程序存储器，简化系统结构。

(2) 加大存储容量。目前有的单片机片内程序存储器容量可达 128KB 甚至更大。

3. 片内 I/O 的改进

(1) 增加并行口驱动能力，以减少外部驱动芯片。有的单片机可直接输出大电流和高电压，以便能直接驱动 LED 和 VFD (荧光显示器)。

(2) 有些单片机设置了一些特殊的串行 I/O 功能，为构成分布式、网络化系统提供了方便条件。

4. 低功耗化

(1) 低功耗 CMOS 化。

(2) 低电压化。

5. 低噪声与高可靠性

为提高单片机的抗电磁干扰能力，使产品能适应恶劣的工作环境，满足电磁兼容性方面更高标准的要求，各单片机厂家在单片机内部电路中都采用了新的技术措施。

6. 外部电路内装化

随着集成度的不断提高，众多的外围功能器件逐渐集成到片内。这也是单片机发展的重要趋势。除了一般必须具有的 ROM、RAM、定时器/计数器、中断系统外，随着单片机档次的提高以适应检测控制功能更高的要求，片内集成的部件还有 A/D 转换器、D/A 转换器、DMA 控制器、锁相环、频率合成器、字符发生器、声音发生器、CRT 控制器、译码驱动器等。

综上所述，单片机正向多功能化、高性能、高速度、低电压、低功耗、低价格、外围电路内装化以及片内程序存储器和数据存储器容量不断扩大的方向发展。随着半导体集成工艺的不断发展，单片机的集成度将更高，体积将更小，功能将更强大。

四、单片机应用领域

由于单片机的集成度高、功能强、通用性好，特别是其体积小、质量轻、功耗低、价格便宜、可靠性高、抗干扰能力强和使用方便等独特优点，使单片机得到了迅速推广应用，已远远超出了计算机科学的领域。小到玩具、信用卡，大到航天器、机器人，从实现数据采集、过程控制、模糊控制等智能系统到人类的日常生活。也可以说，在人们的生活、生产中处处都离不开单片机。单片机的应用，打破了人们的传统设计思想，原来很多用模拟电路、脉冲数字电路、逻辑部件来实现的功能，现在可以无需增加硬件设备，通过软件就能完成。现仅就几个应用领域加以阐述。

1. 工业过程控制

由于单片机的 I/O 接口线多、位操作指令丰富、逻辑操作功能强，所以特别适用于工业过程控制，可构成各种工业控制系统、数据采集系统等。它既可以作为主机，也可以作为分布式控制系统的前端机。在作为主机使用的系统中，单片机作为核心控制部件，用来完成模拟量和开关量的采集、处理和控制计算（包括逻辑运算），然后输出控制信号。特别是由于单片机有丰富的逻辑判断和位操作指令，所以广泛应用于开关量控制、顺序控制以及逻辑控制。如电机控制、锅炉控制、机器人控制、交通信号灯控制、纺织机控制、数控机床控制，汽车点火、变速、防滑制动、排气、引擎控制，雷达、导弹控制，航天导航系统和鱼雷制导系统等。

2. 智能仪表

单片机广泛应用于各种仪器仪表中，使仪器仪表智能化，提高它们的测量速度和测量精度，加强控制功能，简化仪器仪表的硬件结构，便于使用、维修和改进。用单片机改造原有的测量、控制仪表，能促进仪表向数字化、智能化、多功能化、综合化、柔性化方向发展。如温度、压力、流量、浓度的测量仪表等，通过采用单片机软件编程技术，使测量仪表中的误差修正、非线性化处理等难题迎刃而解。

目前，国内外均将单片机在仪表中的应用看作是仪器仪表产品更新换代的标志。单片机在仪器仪表中的应用非常广泛，如在数字温度控制仪、智能流量计、红外线气体分析仪、氧化分析仪、激光测距仪、数字万能表、智能电能表、各种医疗器械、各种电子秤、皮带秤、转速表等的应用。不仅如此，在许多传感器中也装有单片机，形成所谓的智能传感器，用于对各种被测参数进行现场处理。

3. 机电一体化产品

单片机与传统的机械产品相结合，使传统机械产品结构简化、控制智能化，构成新一代的机电一体化产品。机电一体化产品是指集机械技术、微电子技术、自动化技术和计算机技术于一体，具有智能化特征的机电产品，是机械工业发展的方向。单片机的出现促进了机电一体化的发展，作为机电产品中的控制器，单片机能充分发挥其体积小、可靠性高、功能强、安装方便等优点，大大强化了机器的功能，提高了机器的自动化、智能化程度。例如，在电传打字机的设计中，采用单片机取代了近千个机械部件，缩小了打字机的体积；在数控机床的控制机中，采用单片机可提高可靠性及增强功能，降低控制机成本。

4. 智能化接口

通用计算机外部设备，如键盘、打印机、绘图仪、磁盘驱动器等已实现了单片机控制。在计算机应用系统中，除通用外部设备外，还有许多用于外部通信、数据采集、多路分配管理、驱动控制等的接口，如果这些外部设备和接口全部由主机管理，势必造成主机负担过重、运行速度降低，并且不能提高对各种接口的管理水平。现在一般采用单片机专门对接口设备进行控制和管理，使主机和单片机能并行工作，不仅大大提高了系统的运算速度，而且单片机还可以对接口信息进行预处理，如数字滤波、线性化处理、误差修正等，减少主机和接口界面的通信密度，极大地提高了接口控制管理的水平。例如，在通信接口中采用单片机可以对数据进行编码解码、分配管理、接收/发送控制等处理。

5. 家用电器设备

由于单片机价格低廉、体积小，逻辑判断、控制功能强，且内部具有定时器/计数器，所以被广泛应用于家电设备，如洗衣机、空调、电冰箱、电视机、音响设备、VCD/DVD机、微波炉、电饭煲、恒温箱、高级智能玩具、IC卡、手机、电子门铃、电子门锁、家用防盗报警器等。家用电器涉及千家万户，生产规模大，配上单片机后其身价增加百倍，深得用户的欢迎，应用前途十分广阔。

第二节 单片机应用系统开发流程与工具

一、单片机应用系统开发流程

单片机的应用系统随其用途不同，硬件和软件均不相同。单片机最初的选型很重要，原则上是选择高性价比的单片机。虽然单片机的选型不尽相同，软件编写也千差万别，但系统的开发步骤和方法是基本一致的，一般可分为总体设计、硬件电路的构思设计、软件的编写和仿真调试几个阶段，如图 1-3 所示。

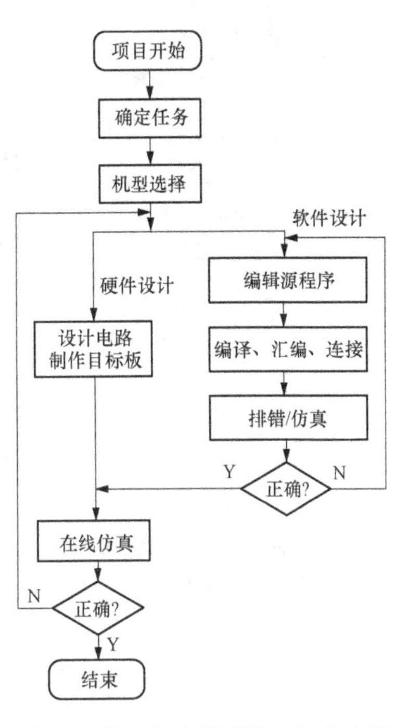

图 1-3 单片机应用系统的开发流程

应用系统硬件与软件两部分是并行开发的。在硬件开发方面，主要是设计硬件原理图，最终制成印刷电路板（目标板）；在软件开发方面，则是编写源程序（可使用汇编语言或 C 语言），编译、链接成可执行文件，然后进行排错与仿真。当完成软件设计后，将可执行文件下载到目标板，在目标板上进行在线仿真。若硬件、软件设计无误，则基本完成了系统设计。

二、主要开发工具

下面介绍整个单片机应用系统开发采用的主要工具。

1. Protel 99 SE

Protel 软件是澳大利亚 Protel Technology 公司研制的普及型电路设计软件。它包含了电路原理图绘制、模拟电路与数字电路混合信号仿真、多层印制电路板设计（包含印制电路板自动布线）、可编程逻辑器件设计、图表生成、电子表格生成、支持宏操作等功能，并具有 Client/Server（客户端/服务器）体系结构，同时还兼容一些其他设计软件的文件格式，如 ORCAD，PSPICE，Excel 等。其多层印制电路板的自动布线可实现高密度 PCB 的 100％布通率。

2. Keil μVision 4

Keil 是德国 Keil Software 公司出品的单片机集成开发软件，该软件支持 8051 单片机的所有变种（目前有 400 多种型号）。Keil 提供了包括汇编编辑器、C 编辑器、编译器、宏汇编、连接器、库管理及一个功能强大的仿真调试器在内的完整开发方案，并通过一个集成开发环境（μVision4）将这些部分组合在一起。

使用 Keil μVision 4，可以从建立工程开始，然后编辑源程序、编译、链接，再进行排错（排错就是一种程序功能仿真，使用方法可以参考其他资料）。软件开发过程如图 1-4 所示。

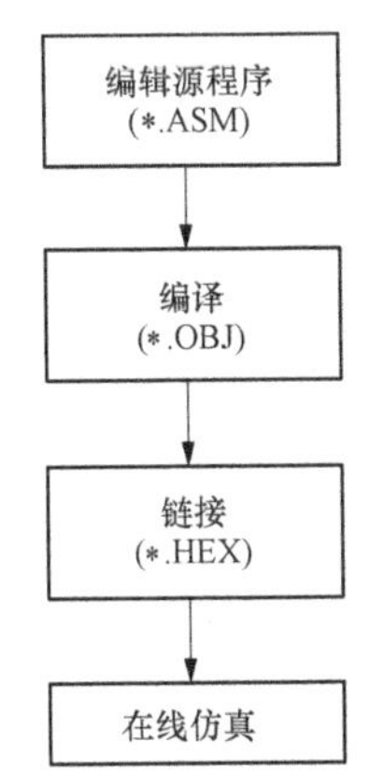

图 1-4 软件开发流程

3. Proteus

Proteus 是英国 Labcenter Electronics 公司推出的，可以对微控制器连同所有的周围电子器件一起仿真调试，用户甚至可以实时采用诸如 LED/LCD、键盘、RS232 终端等动态外设模型来对设计进行交

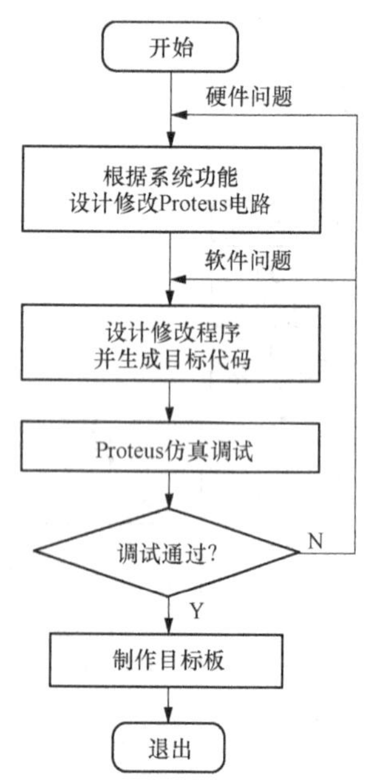

图 1-5　基于 Proteus ISIS 仿真软件的单片机系统设计流程

互仿真调试。只要原理图设计完成，软件设计者就可以开始他们的工作，不用等待一个实际的样机出现。Proteus 支持的微处理器芯片包括 8051 系列、AVR 系列、PIC 系列、ARM7 等。

Proteus VSM 包含了大量的虚拟仪器。包括示波器、逻辑分析仪、函数发生器、时钟计数器、虚拟终端及简单的电压表和电流表，为仿真调试提供了强有力的支持。

在 PC 机上安装 Proteus 软件后，即可完成单片机系统原理图绘制、PCB 设计，更为显著的特点是可以与 μVision 4 IDE 工具软件结合进行编程仿真调试。

Proteus 7.5 Professional 软件主要包括 ISIS 7 Professional 和 ARES 7 Professional，其中 ISIS 7 Professional 用于绘制原理图并进行电路仿真，ARES 7 Professional 用于 PCB 设计。本书只使用前者。

图 1-5 为基于 Proteus ISIS 仿真软件的单片机设计流程，在应用系统设计初期，可以极大地简化设计工作，并有效地降低成本和风险，得到众多单片机工程师的青睐。

习　题

1. 简述微型计算机的基本结构。
2. 单片机与一般微型计算机有什么不同?
3. 试简述单片机应用系统的开发步骤和常用工具。

第二章　51 系列单片机的基本结构与工作原理

本章主要介绍了 51 系列单片机的硬件结构。通过本章的学习，读者可以对 51 系列单片机的硬件结构有较为全面的了解，从单片机应用系统设计的角度，牢记 51 系列单片机向用户提供了哪些应用资源及如何使用这些资源。

通过对本章的学习，读者应掌握和了解以下知识：

(1) 熟悉 51 系列单片机的内部结构及工作原理；

(2) 掌握 51 系列单片机各引脚功能；

(3) 掌握 51 系列单片机存储器配置及特点，存储器地址空间分配与使用时需要注意的问题以及堆栈的概念；

(4) 掌握 51 系列单片机 4 个并行 I/O 口的内部结构及使用方法；

(5) 掌握单片机时钟电路、复位电路，了解 CPU 的时序。

第一节　51 系列单片机的内部基本结构

51 系列单片机内包含下列几个部件：

(1) 一个 8 位 CPU；

(2) 一个片内振荡器及时钟电路；

(3) ROM 程序存储器：内部 ROM 容量请参阅芯片资料，外部 ROM 最多可扩展至 64KB；

(4) RAM 数据存储器：内部 RAM 容量请参阅芯片资料，外部 RAM 最多可扩展至 64KB；

(5) 特殊功能寄存器；

(6) 32 条可编程的 I/O 线（4 个 8 位并行 I/O 端口，即 P0、P1、P2 及 P3）；

(7) 16 位的定时器/计数器；

(8) 一个可编程全双工串行口，即 UART；

(9) 5/6 个中断源，两个优先级嵌套中断结构。

51 系列单片机内部功能框图如图 2-1 所示，各个功能部件由内部总线连接在一起。

CPU 的主要功能是产生各种控制信号，控制存储器、输入/输出端口的数据传送，数据的算术运算、逻辑运算以及位操作处理等。下面分别介绍 CPU 的主要组成及功能。

1. 运算器

运算器主要完成对数据的算术运算、逻辑运算，运算结果的状态送程序状态字寄存器 PSW。

运算器还包含一个布尔处理器，用来处理位操作。它以进位标志位 C 为累加器，可执行置位、复位、取反、位判断转移，可在进位标志位与其他可位寻址的位之间进行位数据传

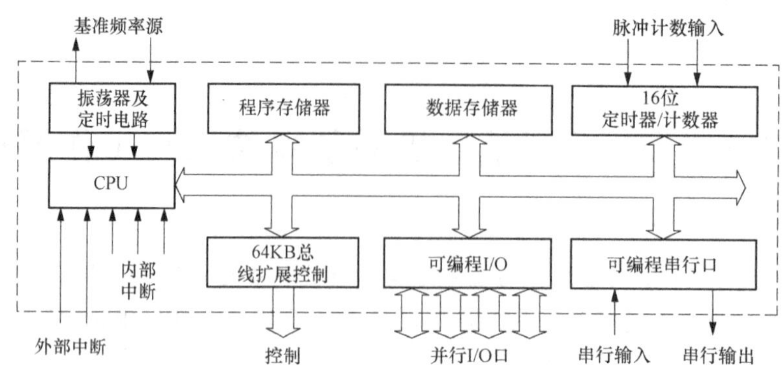

图 2-1 51 系列单片机内部功能框图

送等操作，还可以完成进位标志与其他可寻址的位之间的逻辑与、逻辑或操作。

2. 程序计数器（Program Counter，PC）

程序计数器 PC 是一个 16 位的具有自动加 1 功能的寄存器，可以对 64KB 程序存储器直接寻址，用来存放即将取出的指令的地址。当 CPU 要取指令时，PC 的内容首先送至地址总线上，然后再从存储器中取出指令，取指令后 PC 内容则自动增加，指向下一条指令的地址，以保证程序按顺序执行。

3. 指令寄存器

指令寄存器是一个 8 位的寄存器，用于暂存待执行的指令，等待译码。

4. 指令译码器

指令译码器对指令寄存器中的指令进行译码，将指令转变为执行此指令所需要的电信号。根据译码器输出的信号，再经定时控制电路产生执行该指令所需要的各种控制信号，完成指令的功能。

5. 数据指针（DPTR）

DPTR 是一个 16 位的专用地址指针寄存器。它主要用来存放 16 位地址，作为间址寄存器使用。因为 51 系列单片机可以外接 64KB 的数据存储器和 I/O 端口，所以对它们可以使用 DPTR 来间接寻址。

第二节 存 储 器

51 系列单片机的存储器配置在物理结构上有 4 个存储空间，即片内程序存储器、片外程序存储器、片内数据存储器、片外数据存储器。从用户使用的角度看，即逻辑上，51 系列单片机有 3 个存储器地址空间，即片内外统一编址的 64KB 的程序存储器地址空间、片内数据存储器地址空间和片外 64KB 的数据存储器地址空间。访问 3 个不同逻辑空间，应采用不同形式的指令。

一、程序存储器

51 系列单片机的程序存储器用于存放编好的应用程序和表格常数。程序存储器以程序计数器 PC 作为地址指针，通过 16 位地址总线，可寻址 64KB 的地址空间。

51 系列单片机的程序存储器结构如图 2-2 所示。引脚 $\overline{EA}$ 的接法决定了程序存储器的 0000～0FFFH 4KB 地址范围在单片机内部还是外部。当引脚 $\overline{EA}$ 接+5V［即图 2-2（a）中

$\overline{EA}$ =1] 时，程序存储器的地址分为两部分，片内 4KB 的程序存储器占 0000～0FFFH 的地址范围，片外程序存储器占 1000H～FFFFH 的地址范围；当引脚 $\overline{EA}$ 接地［即图 2-2（b）中 $\overline{EA}$ =0］时，片外程序存储器占 0000H～FFFFH 全部的 64KB 的地址空间，而不管片内是否有程序存储器。

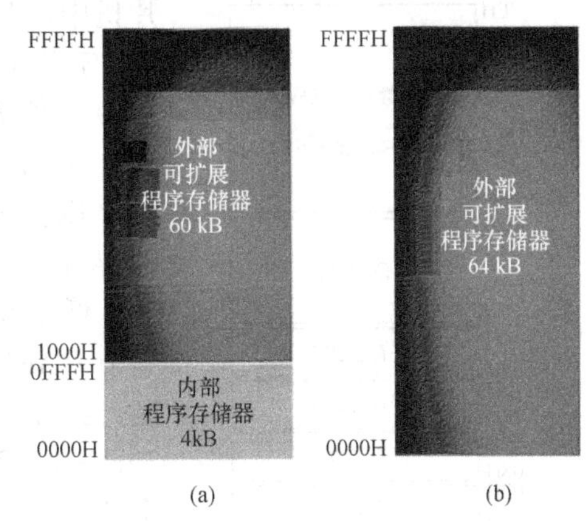

图 2-2 单片机的程序存储器结构

(a) $\overline{EA}$=1；(b) $\overline{EA}$=0

片内外的 ROM 是统一编址的，如果 $\overline{EA}$ 端保持高电平，则程序计数器 PC 将首先指向片内 0000H～0FFFH 范围的地址（前 4KB 地址），即首先执行片内 ROM 中的程序；当 PC 在 1000H～FFFFH 地址范围时，CPU 自动执行片外程序存储器中的程序。当 $\overline{EA}$ 保持低电平时，只能寻址外部程序存储器，片外存储器应从 0000H 开始编址。

由于系统复位后的 PC 内容为 0000H，故系统从 0000H 单元开始取指令，执行程序。它是系统的启动地址。一般在该单元设置转移指令，使之转向用户主程序处。

0003H～00023H 单元被保留，用于 5 个中断源的中断服务程序的入口地址，故以下 6 个特定地址应被保留。

（1）0000H：复位地址。

（2）0003H：外部中断 0 入口地址。

（3）000BH：定时器 0 中断入口地址。

（4）0013H：外部中断 1 入口地址。

（5）001BH：定时器 1 中断入口地址。

（6）0023H：串行口中断入口地址。

在使用时，中断服务程序和主程序一般应放置在 0030H 以后。而在这些入口处都应安放一条绝对跳转指令，使程序跳转到用户安排的中断服务程序的起始地址，或者从 0000H 启动地址跳转到用户设计的初始化程序入口处。

二、数据存储器

内部数据存储器是使用最多的地址空间，所有的操作指令（算术运算、逻辑运算、位操作运算等）的操作数只能在此地址空间或特殊功能寄存器（缩写为 SFR，后面介绍）中。

51 系列单片机的片内数据存储器的结构如图 2-3 所示。在 8×51 系列单片机中，只有低 128 字节 RAM，地址为 00H～7FH，它和 SFR 的地址空间是连续的（SFR 占地址 80H～FFH），如图 2-3（a）所示；而在 8×52 系列单

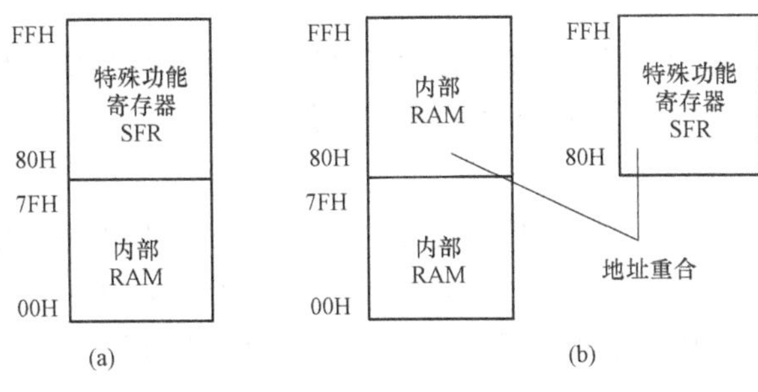

图 2-3 51 系列单片机的片内数据存储器结构图

（内部 RAM 和 SFR 地址）

(a) 8×51 系列；(b) 8×52 系列

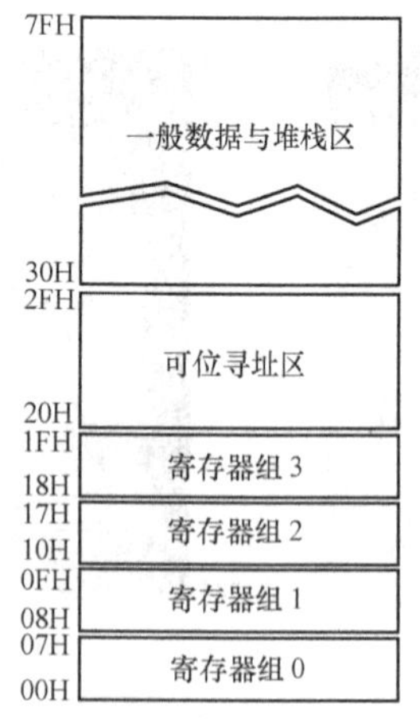

图 2-4 片内数据存储器结构

片机中，共有 256 字节内部 RAM，地址为 00H～FFH，高 128 字节 RAM 和 SFR 的地址是重合的，如图 2-3（b）所示，究竟访问哪一块，是通过不同的寻址方式加以区分的，访问高 128 字节 RAM 采用寄存器间接寻址，访问 SFR 则只能采用直接寻址，访问低 128 字节 RAM 时，两种寻址方式均可采用。

低 128 字节的片内 RAM 区结构如图 2-4 所示。在低 128 字节 RAM 中，00H～1FH 共 32 个单元通常作为工作寄存器区，共分为 4 组，每组由 8 个单元组成通用寄存器 R0～R7。20H～2FH 共 16 个字节，可用位寻址方式访问，共有 128 个位，位地址（位地址指的是某个二进位的地址）为 00H～7FH。30H～7FH 共 80 个单元，为用户 RAM 区，作为堆栈或数据缓冲器用。

1. 工作寄存器的地址与工作区的设置

工作寄存器的地址见表 2-1。每组寄存器均可选作 CPU 当前工作寄存器，通过程序状态字寄存器 PSW 中 RS1、RS0 的设置来改变 CPU 当前使用的工作寄存器组。这样设置是为了在程序中便于保护现场。

例如，主程序中使用第 0 区，即片内 RAM 的 00H～07H 8 个单元作为当前工作寄存器 R0～R7；当主程序中要调用某个子程序时，在子程序中通过位操作指令 SETB RS0 和 CLR RS1 将 RS1、RS0 置为 0、1，则子程序中就可以使用第 1 组工作寄存器区作为当前工作寄存器 R0～R7（地址为 08H～0FH），第 0 组 R0～R7 的内容保持不变。

表 2-1　　工作寄存器地址表

区号	RS1 (PSW.4)	RS0 (PSW.3)	R0	R1	R2	R3	R4	R5	R6	R7
0	0	0	00H	01H	02H	03H	04H	05H	06H	07H
1	0	1	08H	09H	0AH	0BH	0CH	0DH	0EH	0FH
2	1	0	10H	11H	12H	13H	14H	15H	16H	17H
3	1	1	18H	19H	1AH	1BH	1CH	1DH	1EH	1FH

单片机上电或复位后，RS1＝0、RS0＝0，CPU 选中的是第 0 区的 8 个单元为当前工作寄存器。若程序中并不需要 4 组，那么其余的可作一般的数据缓冲器使用。

2. 位寻址区与位地址

位地址分布见表 2-2。低 128 字节中的 20H～2FH 共 16 字节，可用位寻址方式访问这 16 字节的每个位，共有 128 位，这些位单元可以构成布尔处理机的存储器空间，这种位寻址能力是 51 系列单片机的一个重要特点。每个位均有对应的地址（简称为位地址），这 128 位的地址范围为 00H～7FH。

该区既可以按位寻址，也可以按字节寻址，如 MOV　C,20H，这里 C 是进位标志位 CY，该指令将 20H 位地址内容送 CY；而 MOV　A,20H，是将字节地址 20H 的内容送累加器 A。可见，20H 是位地址还是字节地址还要看另一个操作数的类型。

表 2-2　**位寻址区与位地址**

字节地址	D7	D6	D5	D4	D3	D2	D1	D0
2FH	7FH	7EH	7DH	7CH	7BH	7AH	79H	78H
2EH	77H	76H	75H	74H	73H	72H	71H	70H
2DH	6FH	6EH	6DH	6CH	6BH	6AH	69H	68H
2CH	67H	66H	65H	64H	63H	62H	61H	60H
2BH	5FH	5EH	5DH	5CH	5BH	5AH	59H	58H
2AH	57H	56H	55H	54H	53H	52H	51H	50H
29H	4FH	4EH	4DH	4CH	4BH	4AH	49H	46H
28H	47H	46H	45H	44H	43H	42H	41H	40H
27H	3FH	3EH	3DH	3CH	3BH	3AH	39H	38H
26H	37H	36H	35H	34H	33H	32H	31H	30H
25H	2FH	2EH	2DH	2CH	2BH	2AH	29H	28H
24H	27H	26H	25H	24H	23H	22H	21H	20H
23H	1FH	1EH	1DH	1CH	1BH	1AH	19H	18H
22H	17H	16H	15H	14H	13H	12H	11H	10H
21H	0FH	0EH	0DH	0CH	0BH	0AH	09H	08H
20H	07H	06H	05H	0H	03H	02H	01H	00H

第三节　特殊功能寄存器（SFR）

特殊功能寄存器是具有特殊用途的寄存器的集合，专用于控制、选择、管理、存放单片机内部各部分的工作方式、条件、状态、结果。不同的 SFR 管理不同的硬件模块，负责不同的功能。也就是说，要让单片机实现预定的功能，必须有相应的硬件和软件，而软件中最重要的一项工作就是设置 SFR 的值。

8×51 系列单片机中共有 21 个特殊功能寄存器（又称专用寄存器），11 个具有位寻址能力。特殊功能寄存器地址分布以及对应的位地址见表 2-3（表中不带括号的字节地址可按位寻址）。

21 个特殊功能寄存器的功能介绍如下：

（1）累加器 Acc。Acc 是一个 8 位的寄存器，简称为 A。它是 CPU 工作中使用最频繁的寄存器，用来存一个操作数或中间结果。在一般指令中用“A”表示，在位操作指令中用“Acc”表示。

（2）B 寄存器。B 寄存器在乘除法指令中用作暂存数据。乘法指令的两个操作数分别取自于 A 和 B，其结果存放在 B、A 寄存器对中，B 存积的高 8 位，A 存积的低 8 位。除法指令中被除数取自 A，除数取自 B，商存放在 A 中，余数存放在 B 中。在其他指令中，B 可以作为 RAM 中的一个单元来使用。

（3）堆栈指针 SP。堆栈是一个特殊的存储区，用来暂存数据和地址，它是按先进后出的原则存取数据的。

堆栈指针 SP 是一个 8 位特殊功能寄存器。它指示出堆栈顶部在片内 RAM 中的位置。51 系列单片机的堆栈是向上生成的，即进栈时，SP 的内容是增加的，出栈时，SP 的内容是减少的。系统复位后，SP 初始化为 07H，使得堆栈实际上从 08H 单元开始。由于 08H～1FH 单元属于工作寄存器 1～3 区，20H～2FH 为位寻址区，若程序中要用到这些区，应把

SP 值改为 30H 或更大的值，见表 2-3。

表 2-3　　51 系列单片机特殊功能寄存器地址表

SFR	MSB	位地址/位定义						LSB	字节地址
B	F7H	F6H	F5H	F4H	F3H	F2H	F1H	F0H	F0H
Acc	E7H	E6H	E5H	E4H	E3H	E2H	E1H	E0H	E0H
PSW	D7H	D6H	D5H	D4H	D3H	D2H	D1H	D0H	D0H
	CY	Ac	F0	RS1	RS0	OV	F1	P	
IP	BFH	BEH	BDH	BCH	BBH	BAH	B9H	B8H	B8H
	—	—	—	PS	PT1	PX1	PT0	PX0	
P3	B7H	B6H	B5H	B4H	B3H	B2H	B1H	B0H	B0H
	P3.7	P3.6	P3.5	P3.4	P3.3	P3.2	P3.1	P3.0	
IE	AFH	AEH	ADH	ACH	ABH	AAH	A9H	A8H	A8H
	EA	—	—	ES	ET1	EX1	ET0	EX0	
P2	A7H	A6H	A5H	A4H	A3H	A2H	A1H	A0H	A0H
	P2.7	P2.6	P2.5	P2.4	P2.3	P2.2	P2.1	P2.0	
SBUF									(99H)
SCON	9FH	9EH	9DH	9CH	9BH	9AH	99H	98H	98H
	SM0	SM1	SM2	REN	TB8	RB8	TI	RI	
P1	97H	96H	95H	94H	93H	92H	91H	90H	90H
	P1.7	P1.6	P1.5	P1.4	P1.3	P1.2	P1.1	P1.0	
TH1									(8DH)
TH0									(8CH)
TL1									(8BH)
TL0									(8AH)
TMOD	GATE	$C/\overline{T}$	M1	M0	GATE	$C/\overline{T}$	M1	M0	(89H)
TCON	8FH	8EH	8DH	8CH	8BH	8AH	89H	88H	88H
	TF1	TR1	TF0	TR0	IE1	IT1	IE0	IT0	
PCON	SMOD	—	—	—	GF1	GF0	PD	IDL	(87H)
DPH									(83H)
DPL									(82H)
SP									(81H)
P0	87H	86H	85H	84H	83H	82H	81H	80H	80H
	P0.7	P0.6	P0.5	P0.4	P0.3	P0.2	P0.1	P0.0	

（4）程序状态字寄存器 PSW。PSW 是一个 8 位的特殊功能寄存器，用于存放程序运行中的各种状态信息。它可以进行位寻址。PSW 各位的定义如下：

D7 (PSW.7)	D6 (PSW.6)	D5 (PSW.5)	D4 (PSW.4)	D3 (PSW.3)	D2 (PSW.2)	D1 (PSW.1)	D0 (PSW.0)
CY	Ac	F0	RS1	RS0	OV	F1	P

1）进位标志位 CY。在进行加或减运算时，如果操作结果最高位有进位或借位，CY 由硬件置“1”，否则清“0”。CY 可作为无符号数运算时是否产生溢出的标志位。在进行位操作时，CY 又可以被认为是位累加器，它的作用相当 CPU 中的累加器 A。

2）辅助进位标志位 Ac。在进行加或减运算时，如果低四位数向高位有进位或借位，硬件会自动将 Ac 置“1”，否则清“0”。Ac 位可用于 BCD 码调整时的判断位。

3）用户标志位 F0。由用户置位或复位，它可作为用户自行定义的标志位。

4）工作寄存器区指针 RS1 RS0。用于选择 CPU 当前工作寄存器的工作区。可由用户用软件来改变 RS1 RS0 的组合，以切换当前选用的寄存器的工作区。

5）溢出标志位 OV。当进行算术运算时，如果产生溢出，则由硬件将 OV 位置“1”，否则清“0”。

当执行加法指令或减法指令时，溢出标志 OV 的逻辑表达式为

$$OV = C'_6 \oplus C'_7$$

式中：C'_6 表示位 D6 是否向 D7 位进位或借位，有进位或借位时为“1”，否则为“0”；C'_7 表示位 D7 是否向 CY 位进位或借位，有进位或借位时为“1”，否则为“0”。

可以利用 OV 判断有符号数的加、减法运算结果是否溢出。若有符号数字长为 8 位，最高位（D7）用于表示正负号，数据有效位为 7 位，能表示－128 ～ ＋127 的数，若超出此范围即产生溢出。

【例 2-1】 设有两个有符号数＋54H、＋69H，问将这个数相加后的结果如何？

解

```
          0 1 0 1 0 1 0 0 (+54H)
    +     0 1 1 0 1 0 0 1 (+69H)
  ------------------------------
  CY=0    1 0 1 1 1 1 0 1
```

$OV = C'_6 \oplus C'_7 = 1 \oplus 0 = 1$，产生了溢出，所以结果是错误的（两个正数相加结果却为负数）。

当执行无符号数乘法指令 MUL 时，其结果也会影响溢出标志位。当累加器 A 和 B 寄存器中的两个乘数的积超过 255 时，OV＝1，否则为 0。有溢出时积的高 8 位在 B 中，低 8 位在 A 中。因此，可以利用 OV 判断积是否超出 255。当 OV＝0 时，积没有超出 255，B 中的内容为 0，意味着只要从 A 中取得乘积即可，否则要从 B、A 寄存器对中取得乘积。

除法指令 DIV 也会影响溢出标志。当除数为 0 时，OV＝1，否则 OV＝0。

6）用户标志位 F1。作用同 F0。

7）奇偶标志位 P。该位始终跟踪累加器 A 中含“1”个数的奇偶性。如果 A 中有奇数个“1”，则 P 置“1”，否则置“0”。凡是改变累加器 A 中内容的指令均会影响 P 标志位。此标志位对串行通信中的数据传输有重要的意义，在串行通信中常采用奇偶校验的方法来校验数据传输的正确性。

（5）P0～P3 端口的专用寄存器。P0～P3 寄存器是 4 个并行 I/O 端口的映射。通过对该

寄存器的读/写，可实现从相应 I/O 端口输入/输出。例如，MOV P0,A 指令实现了把累加器 A 中的内容从 P0 端口输出。

下面的寄存器在后面的相关章节做详细介绍，这里仅给出寄存器的名称。

1）IP：中断优先级控制寄存器；

2）IE：中断允许控制寄存器；

3）TMOD：定时器/计数方式控制寄存器；

4）TCON：定时器/计数控制寄存器；

5）TH0、TL0：定时器/计数器 0；

6）TH1、TL1：定时器/计数器 1；

7）SCON：串行端口控制寄存器；

8）SBUF：串行数据缓冲器；

9）PCON：电源控制寄存器。

8×52 系列单片机和 ISP 型的单片机的 SFR 个数增加到 26～31，详情请查阅有关资料。

第四节　时钟电路与复位电路

单片机的时钟信号用来提供单片机内部各种微操作的时间基准；复位操作则使单片机的片内电路初始化，使单片机从一种确定的状态开始运行。

一、时钟电路

51 系列单片机的时钟信号通常用两种电路形式得到：内部振荡方式和外部振荡方式。

在引脚 XTAL1 和 XTAL2 外接晶体振荡器（简称晶振）或陶瓷谐振器，就构成了内部振荡方式。由于单片机内部有一个高增益反相放大器，当外接晶振后，就构成了自激振荡器，并产生振荡时钟脉冲。晶振通常选用 6、12MHz 或 24MHz。内部振荡方式如图2-5 所示。图中，电容器 C1、C2 起稳定振荡频率、快速起振的作用。电容值一般为 5～30pF。内部振荡方式所得的时钟信号比较稳定，实用电路中使用较多。

外部振荡方式是把已有的时钟信号引入单片机内。这种方式适宜用来使单片机的时钟与外部信号保持一致。外部振荡方式如图 2-6 所示。

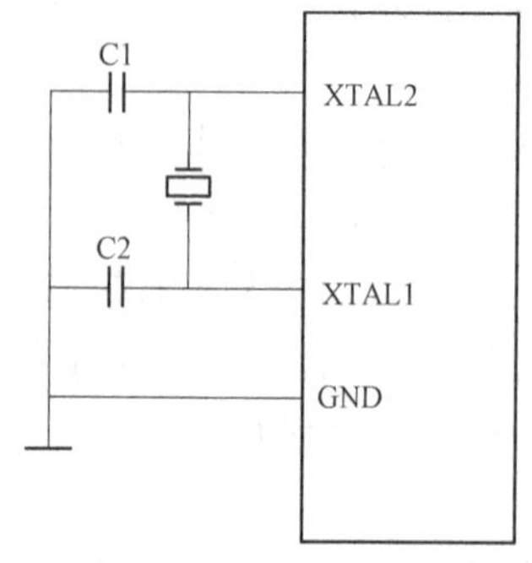

图 2-5　内部振荡方式

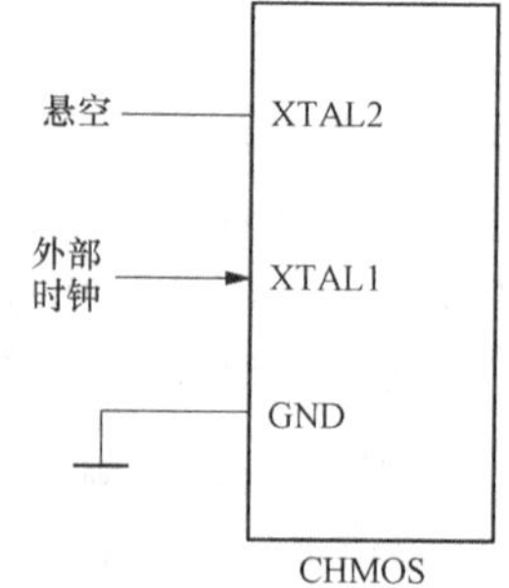

图 2-6　外部振荡方式

二、单片机的时序

计算机在执行指令时，一条指令经译码后产生若干个基本的微操作，这些微操作所对应的脉冲信号在时间上先后次序称为计算机的时序。下面介绍有关 CPU 时序的几个概念。

(1) 振荡周期。晶振的振荡周期，又称时钟周期，为最小的时序单位。

(2) 状态周期。状态周期是指振荡频率经单片机内的二分频器分频后提供给片内 CPU 的时钟周期。一个状态周期包含 2 个振荡周期。

(3) 机器周期。1 个机器周期由 6 个状态周期即 12 个振荡周期组成，是计算机执行一种基本操作的时间单位。

(4) 指令周期。指令周期是指执行一条指令所需的时间。一个指令周期由 1～4 个机器周期组成，依据指令不同而不同。

在以上 4 种时序单位中，振荡周期和机器周期是单片机内计算其他时间值（例如，波特率、定时器的定时时间等）的基本时序单位。例如，单片机外接 12MHz 晶体振荡器时的各种时序单位的大小：

$$\text{振荡周期}=\frac{1}{f_{osc}}=\frac{1}{12\text{MHz}}=0.0833(\mu s)\text{，状态周期}=\frac{2}{f_{osc}}=\frac{2}{12\text{MHz}}=0.167(\mu s)$$

$$\text{机器周期}=\frac{12}{f_{osc}}=\frac{12}{12\text{MHz}}=1(\mu s)\text{，指令周期}=(1\sim4)\text{机器周期}=1\sim4(\mu s)$$

单片机各种周期的相互关系如图 2-7 所示。

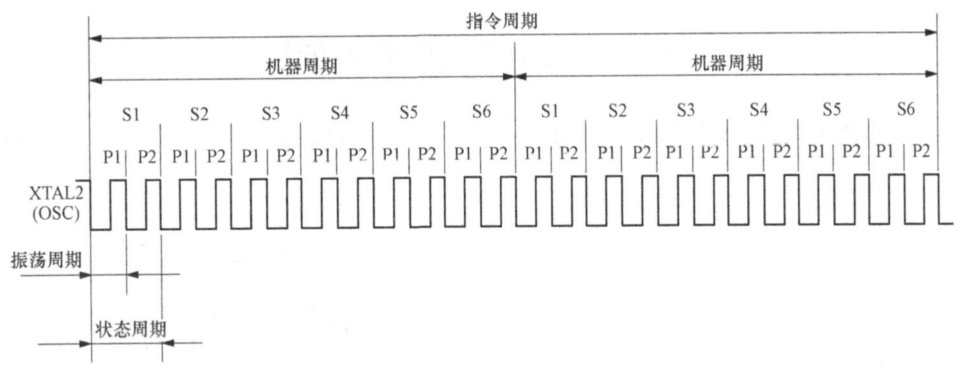

图 2-7　单片机各种周期的相互关系

三、复位电路

复位操作完成单片机内部电路的初始化，使单片机从一种确定的状态开始运行。其中包括使程序计数器 PC＝0000H，P0～P4＝0FFH，SP＝07H，其他寄存器处于零。这表明程序从 0000H 地址单元开始执行。单片机复位后不改变片内 RAM 区中的内容，21 个特殊功能寄存器复位后的状态见表 2-4。

表 2-4　　8×51 系列单片机复位后特殊功能寄存器的初态

特殊功能寄存器	初始状态	特殊功能寄存器	初始状态
A	00H	TMOD	00H
B	00H	TCON	00H
PSW	00H	TH0	00H
SP	07H	TL0	00H
DPL	00H	TH1	00H
DPH	00H	TL1	00H
P0～P3	FFH	SBUF	不定
IP	×××00000B	SCON	00H
IE	0××00000B	PCON	0×××××××B

注　表中符号×表示随机状态。

51 系列单片机的复位引脚 RST 出现两个机器周期以上的高电平时，单片机就完成了复位操作。如果 RST 持续为高电平，单片机就处于循环复位状态，而无法执行程序。因此要求单片机复位后能脱离复位状态。

根据应用的要求，复位操作通常有上电复位、按钮复位两种基本形式。上电复位要求接通电源后，自动实现复位操作。按钮复位要求在电源接通的条件下，在单片机运行期间，如果发生死机，用按钮操作使单片机复位。

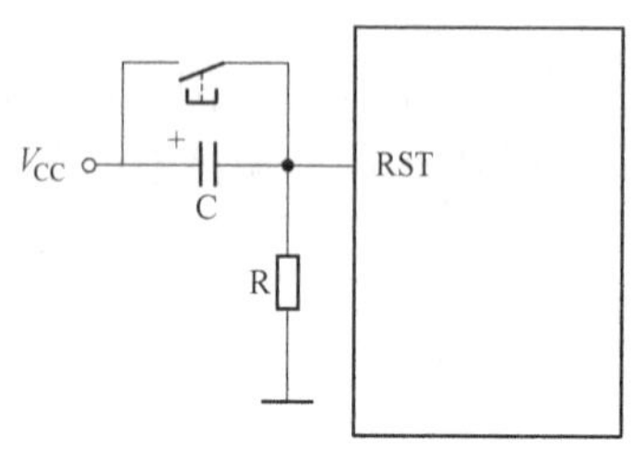

图 2-8 单片机上电+按钮复位电位

常用的上电+按钮复位电路如图 2-8 所示。上电后，由于电容充电，使 RST 持续一段高电平时间。当单片机已在运行之中时，按下按钮（复位键）也能使 RST 持续一段时间的高电平，从而实现上电+按钮复位的操作。通常选择 $C=10\sim30\mu F$，$R=10k\Omega$。

值得指出的是，记住一些特殊功能寄存器复位后的状态，对于熟悉单片机操作，减短应用程序中的初始化部分是十分必要的。

第五节 单片机的引脚及功能

单片机的常见封装形式有双列直插式（DIP）和表面粘贴式（QFP）两种，如图 2-9 所示。

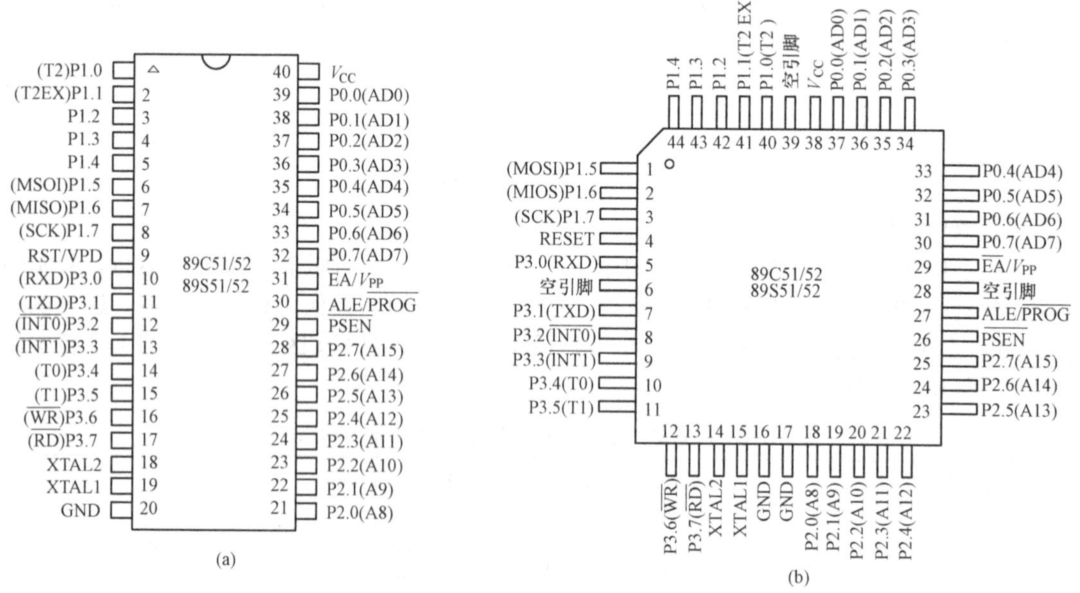

图 2-9 单片机的常见封闭形式

（a）双列直插式（DIP）；（b）表面粘贴式（QFP）

本书以 40 引脚的双列直插封装形式为例介绍单片机的引脚及功能。

（1）V_{CC}：电源端，接+5V。

（2）GND：电源端，接地。

(3) XTAL1：接外部晶体的一个引脚。CHMOS 单片机采用外部时钟信号时，时钟信号由此引脚引入。

(4) XTAL2：接外部晶体的一个引脚。HMOS 单片机采用外部时钟信号时，时钟信号由此引脚引入。

(5) RST/VPD：① 复位信号输入端。②V_{CC}掉电后，此引脚可接备用电源，低功耗条件下保持内部 RAM 的数据。

(6) ALE/$\overline{\text{PROG}}$：① 地址锁存允许控制端。当单片机访问外部存储器时，该引脚输出信号 ALE，用于锁存 P0 口的 8 位地址。不访问外部存储器时，ALE 端输出的频率为振荡频率的 1/6。②对单片机片内 EPROM 编程时，编程脉冲由该引脚引入。

(7) $\overline{\text{PSEN}}$：输出访问片外程序存储器的读选通信号。CPU 在从片外程序存储器取指令（或常数）期间，每个机器周期两次有效。

(8) $\overline{\text{EA}}$/V_{PP}：① 当 $\overline{\text{EA}}$ 输入高电平时，CPU 可访问片内程序存储器 4KB 的地址范围。若 PC 值超出 4KB 地址时，将自动转向访问片外程序存储器；当 $\overline{\text{EA}}$ 输入低电平时，不论片内是否有程序存储器，CPU 只能访问片外程序存储器。②对含有 EPROM 的单片机，在对 EPROM 编程期间，此引脚用于施加编程电压。

(9) P0.0～P0.7、P1.0～P1.7、P2.0～P2.7、P3.0～P3.7：P0、P1、P2、P3 端口输入/输出引脚。

第六节　P0～P3 端口的基本结构及功能

51 系列单片机内部有 P0、P1、P2、P3 4 个 8 位双向 I/O 口，每个口都包含一个锁存器，即特殊功能寄存器 P0～P3、一个输出驱动器和一个输入缓冲器。为方便起见，把 4 个端口和其中的锁存器都统称为 P0～P3。因此，外设可直接连接于这几个口线上，而无需另加接口芯片。P0～P3 的每个端口可以按字节输入或输出，也可以按位进行输入、输出，共 32 根口线，用于位控制十分方便。

一、端口结构及功能

4 个输入/输出口结构相似，在使用时还是有差异的，说明如下。

1. P0 口

P0 为 8 位、可按位寻址的输入/输出端口。其内部结构如图 2-10 所示。

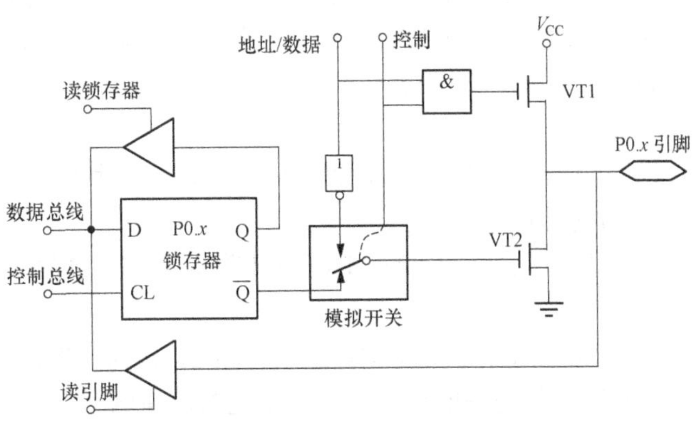

图 2-10　P0 口内部电路结构（1 位）

P0 口的特点如下：

(1) P0 口是一个 8 位漏极开路型双向 I/O 端口，每个引脚可驱动 8 个 LS 型 TTL 负载；

(2) P0 口内部无上拉电阻，作为一般输出口时，外部必须接上拉电阻（10kΩ 即可）；

(3) 若要作为一般输入口，

必须先输出高电平，才能读取该端口所连接的外部数据；

(4) 若系统连接外部存储器，则 P0 口可作为地址/数据复用总线（AD0～AD7）。

2. P1 口

P1 口为 8 位、可按位寻址的输入/输出端口。其内部结构如图 2-11 所示。

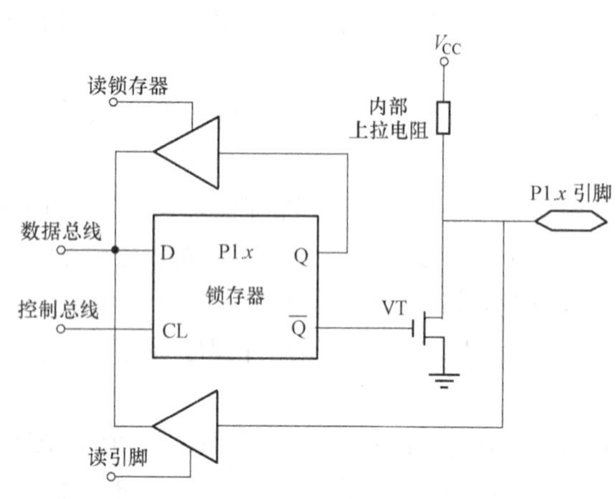

图 2-11 P1 口内部电路结构（1 位）

P1 口的特点如下：

(1) P1 口是一个 8 位类似漏极开路型双向 I/O 端口，每个引脚可驱动 4 个 LS 型 TTL 负载；

(2) P1 口内部有约 30kΩ 的上拉电阻，作为一般输出口时，不用连接外部上拉电阻；

(3) 若要作为一般输入口，必须先输出高电平，才能读取该端口所连接的外部数据；

(4) 若是 52 系列单片机，则 P1.0 兼具有 Timer2 的外部脉冲输入功能（T2），P1.1 兼具有 Timer2 的捕获/重新加载的触发输入功能（即 T2EX）。

3. P2 口

P2 口为 8 位、可按位寻址的输入/输出端口。其内部结构如图 2-12 所示。

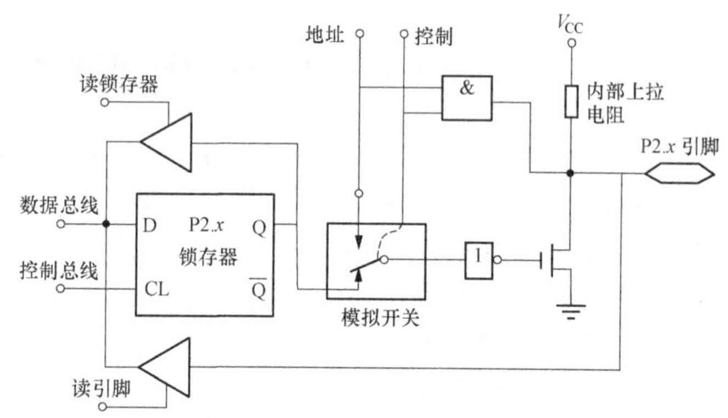

图 2-12 P2 口内部电路结构图（1 位）

P2 口的特点如下：

(1) P2 口是一个 8 位类似漏极开路型双向 I/O 端口，每个引脚可驱动 4 个 LS 型 TTL 负载；

(2) P2 口内部有约 30kΩ 的上拉电阻，作为一般输出口时，不用连接外部上拉电阻；

(3) 若要作为一般输入口，必须先输出高电平，才能读取该端口所连接的外部数据；

(4) 若系统连接外部存储器，且外部存储器的地址超过 8 位时，则 P2 口可作为地址总线的高 8 位（A8～A15）。

4. P3 口

P3 为 8 位、可按位寻址的输入/输出端口。其内部结构如图 2-13 所示。

P3 口的特点如下：

(1) P3 口是一个 8 位类似漏极开路型双向 I/O 端口，每个引脚可驱动 4 个 LS 型 TTL 负载；

(2) P3 口内部有约 30kΩ 的上拉电阻，作为一般输出口时，不用连接外部上拉电阻；

(3) 若要作为一般输入口，必须先输出高电平，才能读取该端口所连接的外部数据；

(4) P3 口的 8 个引脚各有第二功能，见表 2-5。

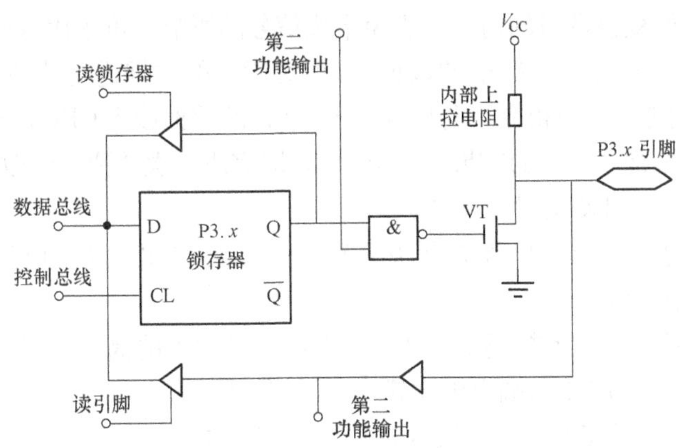

图 2-13　P3 口内部电路结构（1 个位）

表 2-5　　**P3 口各位端口线与第二功能表**

端口线	第二功能	说明
P3.0	RXD	串行口的接收引脚
P3.1	TXD	串行口的发送引脚
P3.2	$\overline{\text{INT0}}$	外部中断 0 输入引脚
P3.3	$\overline{\text{INT1}}$	外部中断 1 输入引脚
P3.4	T0	定时器 0 的外部脉冲输入引脚
P3.5	T1	定时器 1 的外部脉冲输入引脚
P3.6	$\overline{\text{WR}}$	片外数据存储器、I/O 口写选通引脚
P3.7	$\overline{\text{RD}}$	片外数据存储器、I/O 口读选通引脚

二、端口操作

1. P0 口

P0 可作为一般 I/O 口使用，也可以分时作为低 8 位地址线和 8 位双向数据总线。其工作状态由 CPU 发出的控制信号决定。当 P0 口作 I/O 端口使用时，CPU 内部发出控制电平“0”信号，当 P0 口作地址/数据总线使用时，CPU 内部发出控制电平“1”信号。

（1）P0 口作一般 I/O 口使用。P0 口作 I/O 端口使用时，CPU 内部发出控制电平“0”信号封锁与门，使输出上拉场效应晶体管 VT1 截止，同时把如图 2-10 中所示的模拟开关拨到下方，将输出锁存器 $\overline{Q}$ 端与输出场效应晶体管 VT2 的栅极接通。

输出数据时，内部数据总线上的信息由写脉冲锁存至输出锁存器，并通过模拟开关、下拉场效应管 VT2 输出到 P0 口的引脚。

输入数据时，端口中有两个三态输入缓冲器用于读操作，实现读引脚和读锁存器两种操作。

读引脚：图 2-10 下面的一个三态输入缓冲器的输入与端口引脚相连，故当执行一条读端口输入指令时，产生读引脚的选通将该三态门打开，端口引脚上的数据经缓冲器读入内部数据总线。

读锁存器：图 2-10 中上面的一个三态输入缓冲器并不能直接读取端口引脚上的数据，而是读取输出锁存器 Q 端的数据。Q 端与引脚处的数据是一致的。结构上这样的安排是为了适应“读—修改—写”一类指令的需要。这类指令实质是用于输出信号，当 P0 口的某位是输出状态时，为了改变该端口的内容，避免干扰信号的影响，可采用这些指令。这些指令的特点是先读端口数据（即锁存器Q端的数据），再对读入的数据进行修改，然后再写到端口。例如ANL　P0，A就是这一类指令，此指令先把P0口的数据读入CPU，再与累加器的内容进行逻辑与操作，然后再把“与”的结果送回P0口，即完成一次“读—修改—写”操作过程。

P0口作为一般I/O口使用时应注意：

1）作为输出口时，由于输出级为漏极开路电路，若要驱动NMOS或其他拉电流负载时，引脚上应外接上拉电阻。

2）作为输入口时，如果下拉场效管VT2导通会将输入的高电平拉为低电平造成误读，所以在进行输入操作前，应先向端口输出锁存器写“1”。

【例2-2】 将P0.0引脚上的信息读入进位标志Cy中。

解

```
SETB    P0.0        ; 向端口输出锁存器写“1”
MOV     C,P0.0      ; 读端口
RET
```

（2）P0口作地址/数据总线使用。在扩展系统中，P0端口分时作为地址/数据总线使用，此时可分为两种情况：

1）由P0口引脚输出地址/数据信息。这时CPU内部发出高电平的控制信号，打开与门，同时使模拟开关把CPU内部地址/数据总线反向后与输出驱动场效应管VT2的栅极接通。VT1和VT2两个场效应管构成了推拉式的输出电路，其负载能力大大增强。

2）由P0口输入数据。此时输入的数据是从引脚通过图2-10所示的下面一个三态输入缓冲器进入内部数据总线的。

2. P1口

P1口可作一般I/O口使用。当P1口输出高电平时，能直接驱动拉电流负载，因此不必再外接上拉电阻。当端口用作输入时，和P0口一样，为了避免误读，必须先向对应的输出锁存器写入“1”，使场效应管VT截止，然后再读端口引脚。由于片内输入电阻较大，约20～40kΩ，所以不会对输入的数据产生影响。

3. P2口

当模拟开关倒向锁存器输出Q端时，P2口作一般I/O口使用。

当模拟开关在CPU的控制下，倒向内部地址线一端时，P2口可用于输出高8位地址。

使用P2口时注意：

（1）当应用系统扩展有大于256B而小于64KB的外部存储器，且P2口用于输出高8位地址时，由于访问外部存储器的操作是连续不断的，P2口要不断输出高8位地址，故此时P2口不能再作一般I/O口使用。

（2）在片外数据存储器容量小于256B的系统中，可使用“MOVX　@Ri”类指令访问片外数据存储器，仅由P0口输出低8位地址，而P2口引脚上的内容在整个访问期间不会变化，此时P2口可作一般I/O口使用。

4. P3口

P3口是一个多功能口。当“第二功能输出”端保持高电平时，P3口作一般I/O口使用。输出数据时，锁存器输出的信号可以通过与非门经VT输出到P3口的引脚。输入时，引脚上的数据将通过两个相串的三态缓冲器在读引脚选通控制下进入内部数据总线。

P3 口除了作一般 I/O 使用外，它的各位还具有第二功能。当 P3 口某一位用于第二功能输出时，该位的锁存器会自动置“1”，打开与非门，第二功能端上的内容通过“与非门”和 VT 送至端口引脚。当作第二功能输入时，端口引脚的第二功能信号通过第一个缓冲器送到第二功能输入线上。

使用时注意：无论 P3 口作一般输入口还是作第二功能输入口用，相应位的输出锁存器和第二功能输出端都应置“1”，使 VT 截止。

三、输出电路设计

单片机输出口可直接连接数字电路，也可以用来驱动 LED、继电器或蜂鸣器等负载。

1. 驱动 LED

发光二极管（LED）体积小，功耗低，常被用作微机与数字电路的输出设备，用来指示设备状态。近年来 LED 的技术发展很快，在颜色方面，除了红色、绿色、黄色外，还出现了蓝色、白色及双色 LED；而高亮度的 LED 更是取代了传统灯泡成为交通灯的发光器件，就连汽车的尾灯也开始流行使用 LED 车灯。

一般地，LED 具有二极管的特点，反向偏压时，LED 将不发光；正向偏压时，LED 将发光。以红色 LED 为例，正向偏压时 LED 两端约有 1.7V 的压降（比二极管大），如图 2-14 所示为其特性曲线。

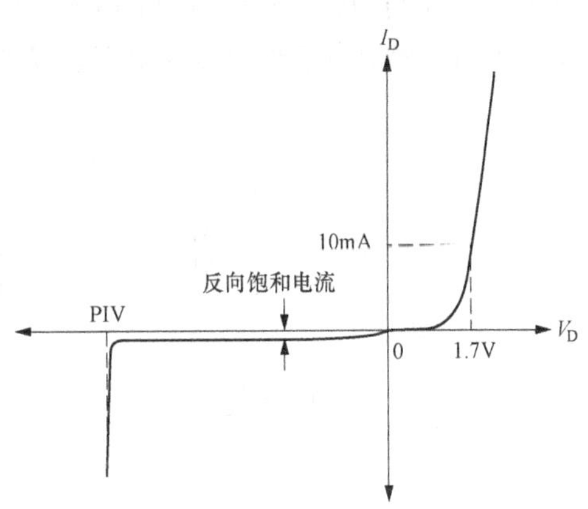

图 2-14　LED 特性曲线

随着通过 LED 正向电流的增加，LED 将更亮，而 LED 的寿命也将缩短，因此以 10～20mA 的大小为宜。8×51 系列单片机的输入/输出口都是漏极开路的输出，其中的 P1、P2 和 P3 内部有 30kΩ 的上拉电阻，因此想从 P1、P2 或 P3 流出 10～20mA 的电流（拉电流方式），恐怕有困难；如果从外面流入 8×51 系列单片机的端口，那电流就可以大点（灌电流方式）。输出口与 LED 的连接如图 2-15 所示。

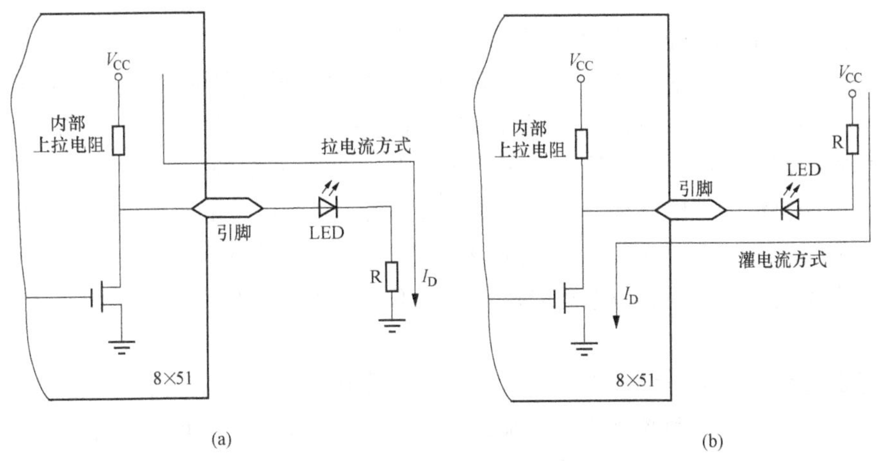

图 2-15　输出口与 LED 的连接

（a）不恰当的连接；（b）恰当的连接

如图 2-15（b）所示，当输出低电平时，输出端的场效应管将导通，输出端电压接近 0V，LED 正向偏压，两端电压为 1.7V，则限流电阻 R 两端将存在 3.3V 的电压。如果希望流过 LED 的电流为 10mA，则此限流电阻 R 的值为

$$R=\frac{5-1.7}{10\times 10^{-3}}=330(\Omega)$$

若要 LED 亮一些，可使电流拉高至 15 mA，则限流电阻 R 改为

$$R=\frac{5-1.7}{15\times 10^{-3}}=220(\Omega)$$

对于 TTL 电平的数字电路或微控制器电路，LED 所串接的限流电阻大多为 200～330Ω，电阻越小，LED 越亮。若 LED 为非连续负载（例如扫描电路或闪烁灯），则电流还可大一点，甚至采用 50～100Ω 的限流电阻。

2. 驱动继电器

如果要利用 8×51 系列单片机来控制不同电压或较大电流的负载时，则可通过继电器来实现隔离、控制功能。若要驱动继电器，仅靠 8×51 系列单片机输出口的电流恐怕不够，况且驱动继电器线圈这种感性负载还要有些保护才行，经典的继电器驱动控制电路如图 2-16 所示。

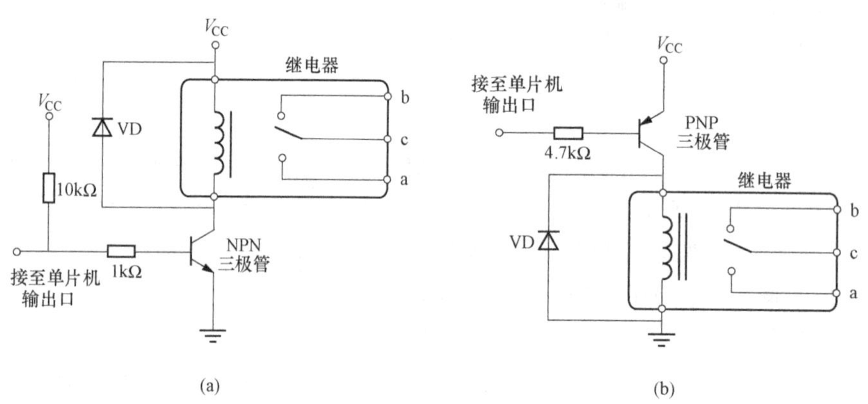

图 2-16 经典的继电器驱动控制电路

（a）高电平动作；（b）低电平动作

在图 2-16 中，晶体三极管作为开关使用。在图 2-16（a）中，8×51 系列单片机输出高电平时，晶体管工作于饱和状态，8×51 系列单片机输出低电平时，晶体管工作于截止状态；在图 2-16（b）中，8×51 系列单片机输出低电平时，晶体管工作于饱和状态，8×51 系列单片机输出高电平时，晶体管工作于截止状态。图 2-16 中的二极管 VD（续流二极管）提供继电器线圈电流的放电路径，以保护晶体管。由于线圈属于电感性负载，当晶体管截止时，$i_c=0$，而原本线圈上的电流 i_L 不可能瞬间为 0，所以二极管 VD 就提供一个 i_L 的放电路径，使线圈不会产生高的感应电动势，所以就不会破坏晶体管了。

3. 驱动蜂鸣器

微处理器电路上的发声设备称为蜂鸣器，蜂鸣器类似于小型扬声器，市售蜂鸣器分为电压型和脉冲型两种，电压型蜂鸣器得电就会鸣叫，其频率固定；脉冲型蜂鸣器必须加入脉冲才会发出声响，且其声音的频率就是加入脉冲的频率，本书使用脉冲型蜂鸣器。

8×51 系列单片机驱动蜂鸣器的信号为各种频率的脉冲，其驱动方式可采用达林顿晶体

管，或以两个常用的小晶体管（如CS9013）连接成达林顿结构。图2-17（a）适用于P1～P3，图2-17（b）增加了一个上拉电阻，适用于P0～P3。这两个驱动电路属于高电平动作，也就是输出1时蜂鸣器吸合，输出0时，蜂鸣器放开。对于蜂鸣器而言，其发声原理在于吸放动作所引起的簧片振动，至于是先吸后放，还是先放后吸，并不重要。因此，也可采用低电平驱动。也就是输出0时蜂鸣器吸合，输出1时蜂鸣器放开。而其驱动电路就非常简单，如图2-18所示，不管使用哪个端口都可以，且驱动电流都足以使晶体管输出饱和。当端口输出1时，CPU内部的场效应管不导通，所以$i_b=i_c=0$，蜂鸣器放开；当端口输出0时，CPU内部的场效应管导通，可吸入大电流（数毫安），所以蜂鸣器将被吸合。另外，晶体管be之间连接一个泄放电阻（3.3kΩ）。其目的是让晶体管从饱和到截止时，提供一个泄放be间少数载流子的路径，以加速切换，防止拖音。

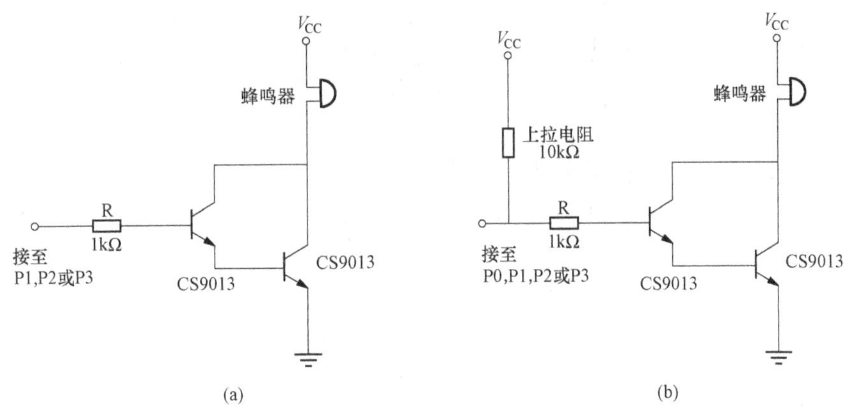

图2-17 高电平驱动蜂鸣器

（a）P1、P2、P3适用；（b）P0、P1、P2、P3适用

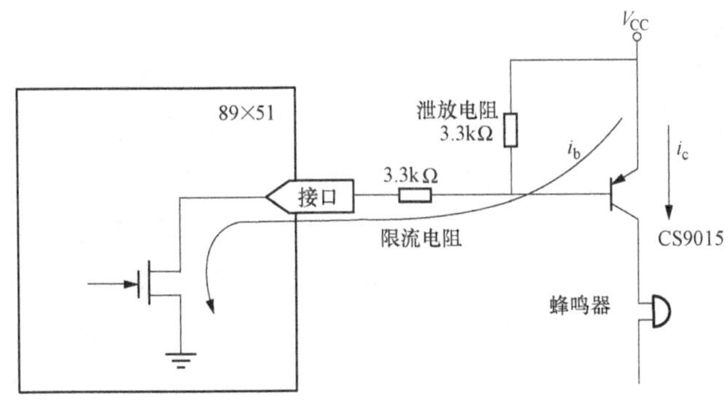

图2-18 低电平驱动蜂鸣器

第七节 应 用 实 例

一、要求

利用单片机的P2口输出控制8个LED，制作一个流水灯，实现从P2.0所连接的LED开始循环点亮（任意时刻只有一个LED点亮），循环不止。

二、参考原理图

系统参考电路如图 2-19 所示，图 2-19 中 RP1 为阻值为 330Ω 的排阻。

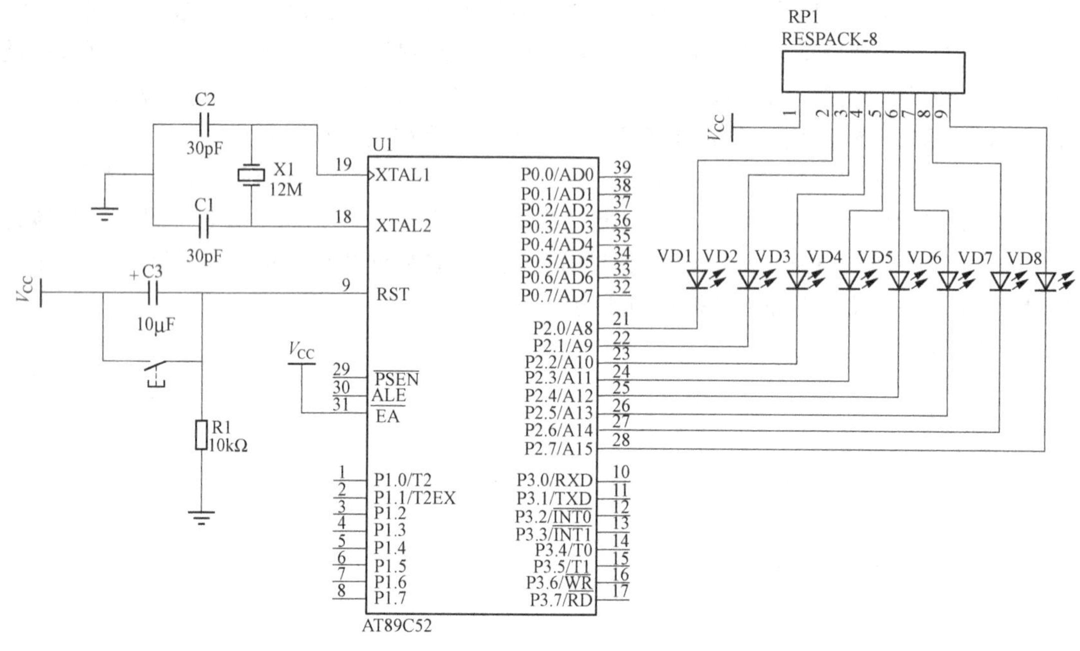

图 2-19　流水灯电路图

三、设计要点

（1）如图 2-19 所示，若要 VD1 点亮，则 P2.0 输出 0，因此刚开始时，P2 端口输出值为 1111 1110B，其余 LED 均不亮；

（2）若要从 VD1 点亮转到 VD2 点亮，可用左移指令，即 RL　A；

（3）每个 LED 亮的时间约为 100ms，因此需要一个延时子程序；

（4）要使 LED 灯无限循环点亮，则主程序采用“死”循环方式，结构为：

```
LOOP:  循环体
       LJMP   LOOP
```

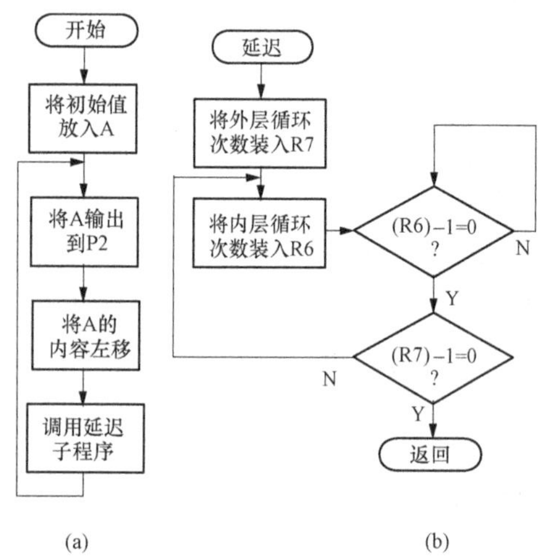

图 2-20　程序流程图

（a）主程序；（b）延迟子程序

四、流程图与程序设计

1. 主程序及延时子程序流程图

根据设计要点，主程序和延时子程序流程如图 2-20 所示。

2. 程序清单

```
ORG    0         ; 程序从 0 地址开始
LJMP   0030H     ; 转到 0030H 地址运行主程序
ORG    0030H     ; 主程序安排在 0030H 地址开始的区间
```

```
START:  MOV    A,#0FEH       ; 让累加器A的内容为1111 1110B
LOOP:   MOV    P2,A          ; 将A的内容送P2端口，使VD1发光
        LCALL  DELAY         ; 调延时子程序
        RL     A             ; 将A的内容循环左移1位
        LJMP   LOOP          ; 跳转到LOOP处继续执行
        ORG    0100H         ; 延时子程序
DELAY:  MOV    R7,#200
LOOP1:  MOV    R6,#248
        NOP
LOOP2:  DJNZ   R6,LOOP2
        DJNZ   R7,LOOP1
        RET                  ; 子程序返回
        END                  ; 结束程序
```

五、系统仿真

(1) 在Proteus中绘制仿真电路图，并存盘；

(2) 在Keil μVision3中编辑源程序，经编译、链接无误后，生成.HEX文件，并存盘；

(3) 将.HEX文件装载到仿真电路的单片机中，运行并观察结果。

注：(1) 以上过程的详细操作方法请查阅相关参考资料；

(2) 在仿真之前应该建立一个文件夹，将以上过程的结果均存放在同一文件夹内，以方便操作。

习 题

一、填空题

1. 单片机复位后，SP、PC和I/O口的内容分别为________。

2. 单片机有4个工作寄存器区，由PSW状态字中的RS1和RS0两位的状态来决定。单片机复位后，若执行SETB RS0指令，此时只能使用________区的工作寄存器，工作寄存器R0～R7的地址范围是________。

3. 51系列单片机驱动能力最强的并行端口为________。

4. 51系列单片机PC的长度为16位，SP的长度为________位，DPTR的长度为________位。

5. 访问51系列单片机程序存储器地址空间、片内数据存储器地址、片外数据存储器地址的指令分别为________、MOV和________。

6. 若A中的内容为63H，那么P标志位的值为________。

7. 当扩展外部存储器或I/O口时，P2口用作________。

8. 51系列单片机内部RAM区有________个工作寄存器区。

9. 51系列单片机内部RAM区有________个位地址。

10. 外部中断1（$\overline{INT1}$）的中断入口地址为________；定时器1的中断入口地址为________。

11. 51系列单片机有________个并行I/O口，P0～P3是准双向口，所以由输出转输入时必须先写入________。

12. 51系列单片机的堆栈建立在________内开辟的区域。

二、选择题

1. 访问片外部数据存储器时，不起作用的信号是（　　）。

A. $\overline{RD}$　　B. $\overline{WR}$　　C. $\overline{PSEN}$　　D. ALE

2. 51 系列单片机 P0 口用作一般 I/O 口输出时，应外接（　　）。

A. 上拉电阻　　B. 二极管　　C. 三极管　　D. 下拉电阻

3. 进位标志 CY 在（　　）中。

A. 累加器　　B. 算术和逻辑运算部件 ALU

C. 程序状态字寄存器 PSW　　D. DPTR

4. 堆栈数据的进出原则是（　　）。

A. 先进先出　　B. 进入不出　　C. 后进后出　　D. 先进后出

5. 51 系列单片机系统中，若晶振频率为 6MHz，一个机器周期等于（　　）μs。

A. 1.5　　B. 3　　C. 1　　D. 2

6. 51 系列单片机中既可以按位寻址，又可以按字节寻址的单元为（　　）。

A. 20H　　B. 30H　　C. 00H　　D. 70H

7. 程序计数器 PC 的值是（　　）。

A. 当前正在执行指令的前一条指令的地址　　B. 当前正在执行指令的地址

C. 当前正在执行指令的下一条指令的地址　　D. 控制器中指令寄存器的地址

8. 单片机应用程序一般存放在（　　）中。

A. RAM　　B. ROM　　C. 寄存器　　D. CPU

9. 在堆栈操作中，当进栈数据全部弹出后，这时 SP 应指向（　　）。

A. 栈底单元　　B. 7FH 单元　　C. 栈底单元地址加 1　　D. 栈底单元地址减 1

10. 51 系列单片机的并行 I/O 口信息有两种读取方法：一种是读引脚，还有一种是（　　）。

A. 读锁存器　　B. 读数据库　　C. 读 A 累加器　　D. 读 CPU

三、判断题

1. 所谓的单片机，就是将 CPU、存储器、定时器/计数器、中断功能以及 I/O 设备等主要功能部件都集成在一块超大规模集成电路上的微型计算机。（　　）

2. 51 系列单片机的程序存储器数和数据存储器扩展的最大范围都是一样的。（　　）

3. 51 系列单片机是微处理器。（　　）

四、简答题

1. 51 系列单片机存储器分为几个空间，每个空间的地址范围是多少？

2. 说明 51 系列单片机的引脚 $\overline{EA}$ 的作用，该引脚接高电平和接低电平时各有何种功能？

3. 51 系列单片机片内 RAM 低 128 个单元划分为哪三个主要部分？各部分的主要功能是什么？

4. 如果手中仅有一台示波器，可通过观察哪个引脚的状态，来大致判断 51 系列单片机是否正在工作？

第三章　单片机汇编语言基础

本章主要介绍51系列单片机的寻址方式、指令系统及汇编语言程序，并通过具体示例介绍了常用指令的使用和程序设计方法。

通过对本章的学习，应掌握和了解以下知识：

(1) 了解单片机的指令格式及指令分类；

(2) 掌握单片机的寻址方式；

(3) 熟悉并掌握单片机常用指令及其使用方法；

(4) 了解汇编语言程序设计的步骤；

(5) 熟练掌握顺序、分支和循环三大程序结构的设计方法。

第一节　单片机的指令系统概述

指令是指示单片机执行某种操作的命令。单片机的CPU能识别并执行的指令集合就是该CPU的指令系统。程序设计语言分为三类：机器语言、汇编语言和高级语言。无论使用哪种语言编写程序，最终都必须翻译成机器语言，单片机才能理解并执行。

(1) 机器语言：是由0和1编码（机器代码）组成的，计算机可以直接识别。

(2) 汇编语言：指用助记符表示指令，亦称符号语言。为了便于记忆和编程，常用英文字符来代替机器语言，这些英文字符称为助记符。但用助记符编写的程序单片机不能直接识别，需要编译成机器语言后单片机才能识别。

(3) 高级语言：由于汇编语言依赖于硬件体系，且助记符量大难记，人们又发明了更加易用的高级语言。在这种语言下，其语法和结构更类似普通英文，且由于远离对硬件的直接操作，使得一般人经过学习之后都可以编程。

一、单片机的指令系统分类

51系列单片机的指令系统共有111条指令。

(1) 按指令所占字节数分类。

1) 单字节指令：49条；

2) 双字节指令：45条；

3) 三字节指令：17条。

(2) 按指令的执行时间分类。

1) 单机器周期指令：64条；

2) 双机器周期指令：45条；

3) 四机器周期指令：2条。

(3) 按指令功能分类。

1) 数据传送交换类指令：29条；

2）算术运算类指令：24 条；

3）逻辑运算类指令：24 条；

4）位操作类指令：17 条；

5）控制转移类指令：17 条。

本书按功能分类讲解单片机指令系统。

二、指令中的符号说明

Rn：当前选中的工作寄存器区中的工作寄存器 R0～R7（n=0～7）。

Ri：当前选中的工作寄存器区中的间址寄存器 R0、R1（i=0、1）。

direct：8 位内部数据存储器单元的地址。它可以是内部 RAM 的 0～127 单元地址或特殊功能寄存器的地址。

＃data：8 位立即数。

＃data16：16 位立即数。

addr16：16 位地址。

addr11：11 位地址。

rel：8 位带符号的偏移量。

DPTR：数据指针，可用作 16 位的地址寄存器。

bit：内部 RAM 或特殊功能寄存器中的直接寻址位。

A：累加器 Acc。

B：专用寄存器。

C：进位标志位或位累加器。

@：间址寄存器或基址寄存器的前缀。

/：位操作数的前缀，表示对该位操作数取反。

( )：用于注释中表示存储单元的内容。

(( ))：用于注释中表示由间址寄存器指出的地址单元中的内容。

←：表示将箭头右边的内容传送至箭头的左边。

三、汇编语言指令格式

单片机源程序的指令格式包括 4 个字段：标号、操作码、操作数和注释，如图 3-1 所示。

START:	MOV	A,#0FEH	；让累加器 A 的内容为 1111 1110B
标号	操作码	操作数	注释

图 3-1　单片机指令格式

标号是用户定义的符号，用来设置子程序的起始标志或跳转指令的转移标志，由字母、数字和下划线组成，第一个字符必须是字母，并以冒号结尾；标号名尽可能用与该程序内容相关且有意义的英文单词或汉语拼音等；标号的实际意义代表当前指令在程序存储区中的地址信息；该字段是可选项，不是每条指令都需要设置标号。

操作码也称助记符，用于规定指令的操作性质和伪指令语句的伪操作功能；操作码是指令的核心，不可缺少。

操作数是参与指令操作功能的数据或数据存放的地址，指令不同，操作数的个数不同，在单片机中有些指令没有操作数，有些有 1、2 个或 3 个操作数。若操作数为两个以上，之间用逗号分隔。指令中若含有两个操作数，则逗号前的数为目的操作数，逗号后的数为源操作数。

操作码与操作数之间至少用一个空格隔开。

注释用来说明该指令或程序段的功能，该字段是可选项。在汇编语言中，注释必须以分号开始。

第二节　单片机的寻址方式

寻址方式是指令中所规定的寻找操作数的方式。在有操作数的指令中，参与操作的数据可能就在指令中，或在寄存器中，也可能在存储器中，或在 I/O 接口中。为了正确地执行操作，对这些寄存器、存储器或 I/O 接口要进行编号（称为地址）。不同类型的计算机，其寻址方式也不同，寻址方式的多少是反映指令系统优劣的主要标志之一。单片机有 7 种寻址方式。

1. 立即寻址

立即寻址方式的指令中直接含有所需的操作数本身。该操作数称为立即数，以“#”为标志。立即寻址指令的机器码为双字节或三字节，第一字节是指令的操作码，第二、三字节是立即数。

例如：
```
MOV   A,#30H          ; 将 8 位立即数 30H 送累加器 A 中，双字节指令。
MOV   DPTR,#2000H     ; 将 16 位立即数 2000H 送 DPTR，三字节指令。
```

2. 直接寻址

直接寻址是指指令中直接给出了操作数所存放的地址。采用直接寻址的指令一般是双字节或三字节指令，第一字节为操作码，第二、三字节为操作数的地址码。51 系列单片机中，直接地址只能包含片内低 128 字节单元和特殊功能寄存器。其中特殊功能寄存器只能用直接寻址方式来访问，直接地址可以用特殊功能寄存器的名称表示。

例如：
```
MOV   A,30H           ; 30H 为直接地址，将片内 RAM 的 30H 单元中的内容传送至 A 中。
MOV   A,80H(P0)       ; 80H（P0）为直接地址，将 P0 口内容送累加器 A 中。
```

3. 寄存器寻址

寄存器寻址由指令指定某一个寄存器中的内容为操作数。寄存器寻址方式可用于访问选定的工作寄存器 R0～R7、Acc、B 和 DPTR。其中 R0～R7 由操作码低三位的 8 种组合表示，Acc、B、DPTR 则隐含在操作码之中。

例如：
```
MOV   A,R1            ; R1 中的内容就是操作数，将 R1 中的数传送至 A 中。
INC   R0              ; R0 中的内容就是操作数，将 R0 中的数加 1 后再传送至 R0 中。
```

4. 寄存器间接寻址

寄存器间接寻址中寄存器的内容为操作数所存放的地址。该寻址方式用于访问片内数据存储器或片外数据存储器。

当访问片内 RAM 空间时，可用 R0 或 R1 作为间址寄存器；这类指令为单字节指令，操作码的最低位表示是采用 R0 还是 R1 作为间址寄存器。

例如：
```
MOV   A,@R0           ; 将 R0 指示的地址单元中的内容传送至 A 中。
```

当访问片外 RAM 空间，可用 R0、R1 或 DPTR 作为间址寄存器。DPTR 为 16 位寄存器，因此它可访问片外整个 64KB 的地址空间。当用 8 位寄存器 R0、R1 作为间址寄存器时，也可寻访片外 64KB 的地址空间，片外 RAM 的低 8 位地址由 R0、R1 给出，高 8 位地址由 P2 给出（不建议使用该方式）。

例如：
```
MOVX   A,@DPTR      ; 将 DPTR 指示的地址单元中的内容传送至 A 中。
MOV    P2,#30H      ; 将外部 RAM 3060H 单元中的内容送累加器 A。
MOV    R0,#60H
MOVX   A,@R0
```

5. 基址加变址寻址

基址加变址寻址用于访问程序存储器中的某字节。以 DPTR 或 PC 作为基址寄存器，累加器 A 作为变址寄存器，两者的内容之和为操作数所存放的地址，改变 A 中的内容即可改变操作数的地址。这种寻址方式常用于查表操作。

例如：`MOVC A,@A+DPTR`

设该指令放在 2040H 单元，A 的原内容为 E0H，DPTR 中的值为 2000H，则操作数所存放的地址为：

$$E0H+2000H=20E0H$$

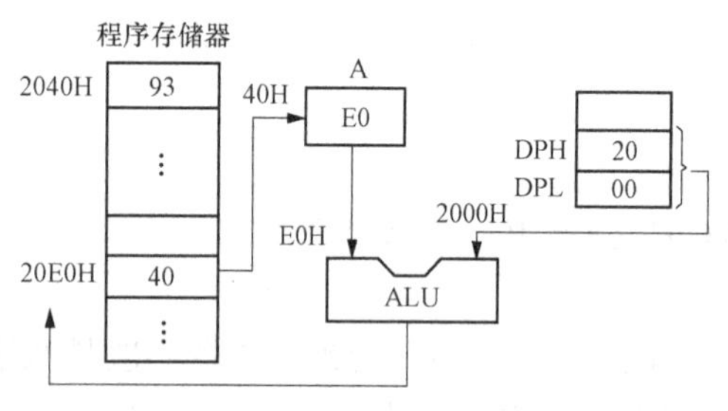

图 3-2 MOVC A,@A+DPTR 执行示意图

即将 20E0H 单元中的内容传送至 A 中。该指令的执行过程如图 3-2 所示。图中 93H 为 MOVC A,@A+DPTR 的指令代码，20E0H 单元内容为 40H，A 中原内容为 E0H，执行指令后，A 中内容变为 40H。

6. 相对寻址

相对寻址是将程序计数器 PC 中的当前内容与指令第二字节所给出的数相加，其和为跳转指令的转移地址，也称为转移目的地址。PC 中的当前值称为基地址，指令第二字节的数据称为偏移量。偏移量为带符号的数，其取值范围为－128～＋127。故指令的跳转范围相对 PC 的当前值在－128～＋127 之间跳转。此种寻址方式一般用于相对跳转指令，使用时应注意指令的字节数。

例如：`SJMP 08H`

该指令代码是双字节，现设 PC＝2000H 为本指令的地址，则 PC 的当前值为 2000H＋2＝2002H，转移目的地址为（2000H＋02）＋08H＝200AH。

7. 位寻址

位寻址是指对片内 RAM 的位寻址区（20H～2FH）和可以用于按位寻址的特殊功能寄存器进行位操作时的寻址方式。在进行位操作时，进位标志 CY 作为位累加器。

例如：`MOV C,00H`

将位地址 00H 的内容送至 C 中，其中位地址 00H 为字节地址 20H 的 D0 位。该指令也可写成：MOV C,20H.0。

位寻址的位地址与直接寻址的字节地址形式完全一样，主要由操作码来区分，使用时需注意。例如：MOV C,20H，指令中的 20H 是位地址，而 MOV A,20H，指令中的 20H 是字节地址。

第三节 指令系统及应用举例

一、数据传送类指令

这类指令包括以 A、Rn、DPTR、直接地址单元、间接地址单元为操作数的指令，访问外部 RAM 的指令，读程序存储器的指令，数据交换指令及堆栈操作指令。

1. 内部 RAM 和特殊功能寄存器间的传送指令 MOV

MOV 的操作如图 3-3 所示。图中，→表示单向传送，↔表示双向传送，箭头指向目的操作数。

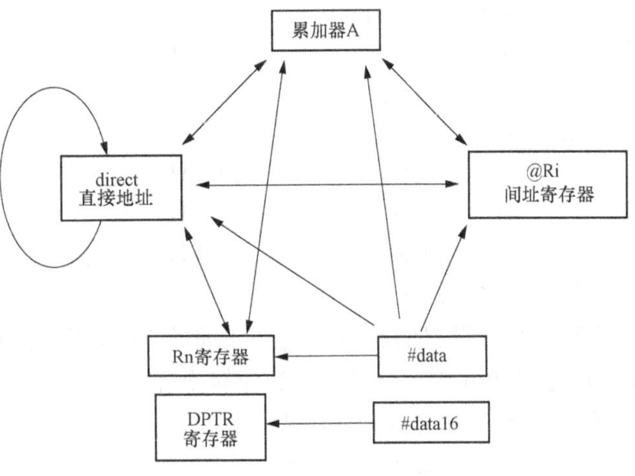

图 3-3 片内 RAM 传送指令

2. 累加器 A 与片外数据存储器的传送指令 MOVX

外部数据存储器只能和累加器 A 之间进行传送，而不能与内部 RAM 和 SFR 之间进行传送，指令如图 3-4 所示。

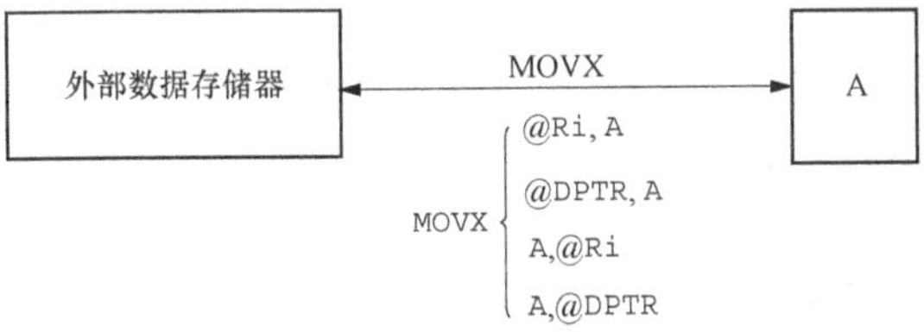

外部数据存储器 ← MOVX → A

MOVX { @Ri,A / @DPTR,A / A,@Ri / A,@DPTR

图 3-4 外部数据存储器与累加器 A 之间的传送

DPTR 中包含的外部数据存储器的 16 位地址信息的低 8 位由 P0 口输出，高 8 位由 P2 口输出，寻址 64KB 的存储空间。Ri 包含的外部数据存储器的低 8 位地址信息由 P0 口输出，寻址由 P2 决定的 256B 的存储空间。

单片机的指令系统中没有设置访问外设的专用 I/O 指令，扩展的 I/O 端口与片外 RAM 是统一编址的，因此使用以上 4 条指令可实现对 I/O 端口的访问。

例如：将外部 RAM 2000H 单元中的内容送至 2009H 单元的程序段为：

```
MOV     DPTR,#2000H
MOVX    A,@DPTR
MOV     DPTR,#2009H
MOVX    @DPTR,A
```

3. 累加器 A 与程序存储器之间的传送指令 MOVC（也称为查表指令）

程序存储器只能读，不能写，其内容只能传送给累加器 A，指令如图 3-5 所示。

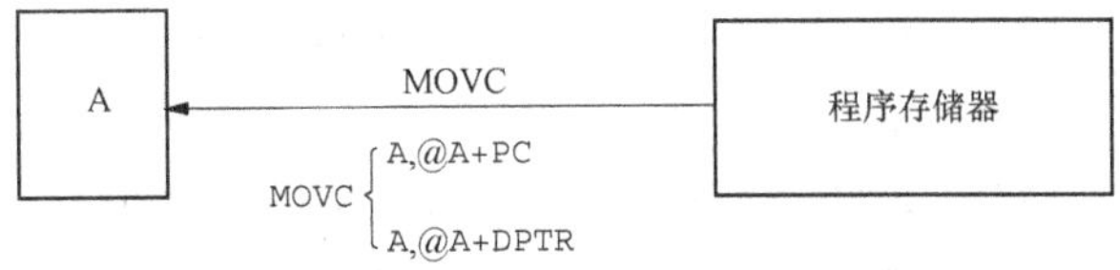

图 3-5 累加器 A 与程序存储器之间的传送

该类指令是以 DPTR（PC）作为基址寄存器，A 作为变址寄存器。将 A 的内容和 DPTR（PC）的内容相加后得到一个 16 位地址，然后将该地址指定的程序存储器单元中的内容送累加器 A 中，其中 PC 的内容是 MOVC 下一条指令的首地址。

【例 3-1】 执行下列程序段后，A 中的内容为多少？

```
        ORG     2100H           ; 各指令的起始地址为：
        MOV     A,#09H          ; 2100H
        MOVC    A,@A+PC         ; 2102H
        RET                     ; 2103H
        ORG     210AH
TAB:    DB      0C0H            ; 210AH
        DB      0F9H            ; 210BH
        DB      0A4H            ; 210CH
        DB      0B0H            ; 210DH
```

解 运行结果：(A)＝0A4H。

【例 3-2】 设累加器 A 中为非压缩的 BCD 码。试编程将其转换为 ASCII 码，并将其送到 50H 地址单元中。这是一个数值转换程序。

解 实现该功能的程序段为：

```
        MOV     DPTR,#TABASC
        MOVC    A,@A+DPTR
        MOV     50H,A
TABASC: DB      30H,31H,32H,33H,34H,35H,36H,37H,38H,39H
```

4. 堆栈操作类指令

堆栈操作类指令有 2 条：

```
        PUSH    direct          ; 操作：SP←(SP)+1,
                                ;       (SP)←(direct)
        POP     direct          ; 操作：direct←((SP)),
                                ;       SP←(SP)-1
```

堆栈操作指令说明：

(1) 初始化时 (SP)＝07H，如不重置 SP，将从内部数据存储器 08H 单元开始压入，而 08H～1FH 正好也是 CPU 的工作寄存器区，20H～2FH 为位寻址区，一般不能被占用，使用时将 SP 设置为 30H 或更大值，但应保证堆栈有一定的深度；

(2) 堆栈操作是字节数据操作，每次压入或弹出一个 8 位数；

(3) 入栈时栈顶向地址增加的方向生长，即 SP 先加 1，再压入；弹出时栈顶向地址减少的方向进行，即先弹出，SP 再减 1。

5. 交换类指令

交换类指令有 5 条：

```
(1)     XCH     A,Rn            ; (A)↔(Rn)
(2)     XCH     A,@Ri           ; (A)↔((Ri))
(3)     XCH     A,direct        ; (A)↔(direct)
(4)     XCHD    A,@Ri           ; (A)3~0↔((Ri))3~0
(5)     SWAP    A               ; (A)7~4↔(A)3~0
```

这组指令的前三条为全字节交换指令，其功能是将 A 的内容与源操作数所指出的数据互换。后两条指令为半字节交换指令，XCHD A,@Ri 是将 A 中内容的低 4 位与 Ri 所指的片内 RAM 单元中的低 4 位数据互换，而各自的高 4 位保持不变。SWAP A 指令是将 A 中内容的高、低 4 位数据互换。

6. 小结

数据传送类指令一般是把源操作数传送到目的操作数，指令执行后，源操作数不变，目的操作数修改为源操作数。传送类指令一般不影响标志位，只有目的操作数为累加器 A 的指令将影响奇偶标志位 P。传送类指令的类型、目的操作数、助记符、功能、字节数、执行所用的振荡周期等见表 3-1。

表 3-1 数据传送类指令

类型	目的操作数	指令格式	功能	字节数	振荡周期
片内RAM传送指令	A	MOV A,Rn	A←(Rn)	1	12
		MOV A,@Ri	A←((Ri))	1	12
		MOV A,#data	A←#data	2	12
		MOV A,direct	A←(direct)	2	12
	Rn	MOV Rn,A	Rn←(A)	1	12
		MOV Rn,direct	Rn←(direct)	2	24
		MOV Rn,#data	Rn←#data	2	12
	direct	MOV direct,A	direct←(A)	2	12
		MOV direct,Rn	direct←(Rn)	2	24
		MOV direct1,direct2	Direct1←(direct2)	3	24
		MOV direct,@Ri	direct←((Ri))	2	24
		MOV direct,#data	direct←#data	3	24
	@Ri	MOV @Ri,A	(Ri)←(A)	1	12
		MOV @Ri,direct	(Ri)←(direct)	2	24
		MOV @Ri,#data	(Ri)←#data	2	12
	DPTR	MOV DPTR,#data16	DPTR←#data16	3	24
片外RAM传送指令	A	MOVX A,@Ri	A←((Ri))	1	12
		MOVX A,@DPTR	A←((DPTR))	1	24
	@Ri	MOVX @Ri,A	(Ri)←(A)	1	24
	@DPTR	MOVX @DPTR,A	(DPTR)←(A)	1	24
ROM传送指令	A	MOVC A,@A+PC	A←((A)+(PC))	1	24
		MOVC A,@A+DPTR	A←((A)+(DPTR))	1	24
交换指令	A	XCH A,Rn	(A)↔(Rn)	1	12
		XCH A,@Ri	(A)↔(Ri))	1	12
		XCH A,direct	(A)↔(direct)	2	12
		XCHD A,@Ri	$(A)_{0\sim3}\leftrightarrow((Ri))_{0\sim3}$	1	12
		SWAP A	$(A)_{0\sim3}\leftrightarrow(A)_{4\sim7}$	1	12
堆栈指令	direct	PUSH direct	SP←(SP)+1;(SP)←(direct)	2	24
		POP direct	Direct←((SP));SP←(SP)−1	2	24

二、算术运算类指令

单片机指令系统中算术运算有加、进位加（两数相加后还加上进位位 CY）、借位减（两数相减后还减去借位位 CY）、加 1、减 1、十进制调整、乘、除指令。

算术运算类指令用到的助记符有：ADD、ADDC、SUBB、INC、DEC、DA、MUL 和 DIV 8 种，其指令的类型、助记符、功能、字节数、执行所用的振荡周期等见表 3-2。

在 51 系列单片机的程序状态字 PSW 寄存器中，有 4 个状态标志位：P（奇偶）、OV

(溢出)、CY(进位)、AC(辅助进位)。算术运算指令对标志位的影响，归纳如下。

(1) P标志仅对A操作的指令有影响，凡是对A操作的指令(包括传送指令)都将A中含“1”个数的奇偶性反映到PSW的P标志位上。即A中有奇数个“1”，P=1，偶数个“1”，P=0；

(2) INC、DEC指令中除以累加器为目的操作数的指令会影响P外，不影响其他标志位。

(3) 加、减运算指令影响P、OV、CY、AC 4个测试标志位，乘、除指令使CY=0，当乘积大于255时，或除数为0时，OV=1。

具体指令对标志位的影响可参阅表3-2，标志位的状态是控制转移指令的条件，因此指令对标志位的影响应该记住。

表3-2 算术运算类指令

类型	指令格式	功能	对PSW的影响	字节数	振荡周期
不带进位加	ADD A,Rn	A←(A)+(Rn)	CY OV AC P	1	12
	ADD A,@Ri	A←(A)+((Ri))	CY OV AC P	1	12
	ADD A,direct	A←(A)+(direct)	CY OV AC P	2	12
	ADD A,#data	A←(A)+#data	CY OV AC P	2	12
带进位加	ADDC A,Rn	A←(A)+(Rn)+CY	CY OV AC P	1	12
	ADDC A,@Ri	A←(A)+((Ri))+CY	CY OV AC P	1	12
	ADDC A,direct	A←(A)+(direct)+CY	CY OV AC P	2	12
	ADDC A,#data	A←(A)+#data+CY	CY OV AC P	2	12
带进位减	SUBB A,Rn	A←(A)−(Rn)−CY	CY OV AC P	1	12
	SUBB A,@Ri	A←(A)−((Ri))−CY	CY OV AC P	1	12
	SUBB A,direct	A←(A)−(direct)−CY	CY OV AC P	2	12
	SUBB A,#data	A←(A)−#data−CY	CY OV AC P	2	12
加1	INC A	A←(A)+1	P	1	12
	INC Rn	Rn←(Rn)+1	无影响	1	12
	INC @Ri	(Ri)←((Ri))+1	无影响	1	12
	INC direct	Direct←(direct)+1	无影响	2	12
	INC DPTR	DPTR←(DPTR)+1	无影响	1	24
减1	DEC A	A←(A)−1	P	1	12
	DEC Rn	Rn←(Rn)−1	无影响	1	12
	DEC @Ri	(Ri)←((Ri))−1	无影响	1	12
	DEC direct	Direct←(direct)−1	无影响	2	12
乘法	MUL AB	BA←(A)×(B)	CY=0 OV P	1	48
除法	DIV AB	A←(A)/(B)(商), B←余数	CY=0 OV P	1	48
十进制调整	DA A	BCD码加法修正指令	CY OV AC P	1	12

三、逻辑运算类指令

逻辑运算类指令共24条，包括与、或、异或、清零、求反、左右移位等操作指令。这些指令执行时一般不影响程序状态寄存器PSW，仅当目的操作数为A时，对奇偶标志位P有影响，带进位的移位指令影响CY位。逻辑运算指令用到的助记符有ANL、ORL、XRL、RL、RLC、

RR、RRC、CLR 和 CPL 共 9 种。其指令见表 3-3。

(1) ANL(逻辑与)、ORL(逻辑或)及 XRL(逻辑异或)三类共 18 条指令，是双操作数指令，以目的操作数的不同，分为两小类：第一类以 A 为目的操作数，第二类以 direct 为目的操作数。

表 3-3　逻辑运算类指令

类 型	指令格式	功 能	字节数	振荡周期
与	ANL A,Rn	A←(A)∧(Rn)	1	12
	ANL A,@Ri	A←(A)∧((Ri))	1	12
	ANL A,#data	A←(A)∧data	2	12
	ANL A,direct	A←(A)∧(direct)	2	12
	ANL direct,A	Direct←(direct)∧(A)	2	12
	ANL direct,#data	Direct←(direct)∧data	3	24
或	ORL A,Rn	A←(A)∨(Rn)	1	12
	ORL A,@Ri	A←(A)∨((Ri))	1	12
	ORL A,#data	A←(A)∨data	2	12
	ORL A,direct	A←(A)∨(direct)	2	12
	ORL direct,A	Direct←(direct)∨(A)	2	12
	ORL direct,#data	Direct←(direct)∨data	3	24
异或	XRL A,Rn	A←(A)⊕(Rn)	1	12
	XRL A,@Ri	A←(A)⊕((Ri))	1	12
	XRL A,#data	A←(A)⊕data	2	12
	XRL A,direct	A←(A)⊕(direct)	2	12
	XRL direct,A	Direct←(direct)⊕(A)	2	12
	XRL direct,#data	Direct←(direct)⊕data	3	24
求反	CPL A	A←($\overline{A}$)	1	12
清零	CLR A	A←0	1	12
左循环移位	RL A	A 左循环移一位	1	12
	RLC A	A 带进位左循环移一位	1	12
右循环移位	RR A	A 右循环移一位	1	12
	RRC A	A 带进位右循环移一位	1	12

逻辑运算类指令的特点是：

1) ANL、ORL、XRL 是按位进行运算的；

2) 若是对 I/O 口操作，即为“读—修改—写”指令；

3) 以 A 为目的操作数的指令仅影响标志位 P，以 direct 为目的操作数的指令不影响标志位。

(2) CPL (求反)、CLR (清零) 指令，仅对累加器 A 进行操作，影响标志位 P。

(3) 循环移位指令有 4 条，只能对累加器 A 进行移位操作。其指令格式及操作如图 3-6 所示。

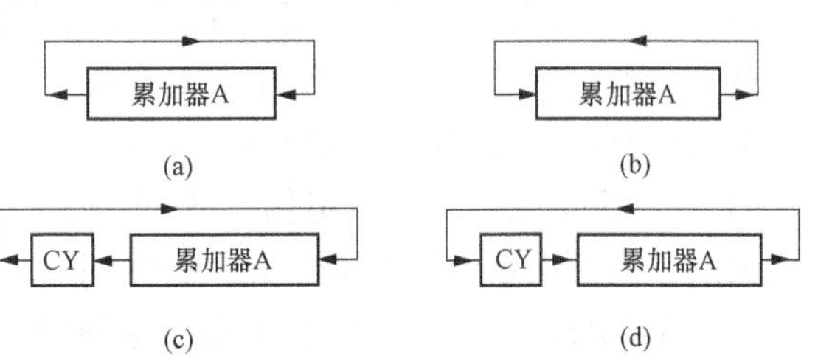

图 3-6　循环移位指令操作示意图

(a) RL A; (b) RR A; (c) RLC A; (d) RRC A

前 2 条指令是将 A 的内容向左、右循环移一位，执行后不影响标志位。后 2 条指令是将 A 的内容与进位标志位 CY 的内容一起向左、右循环移一位，执行后影响 CY 位和 P 位。实际应用中，可用于多字节的乘法、除法以及对 I/O 口的操作中。

四、位（布尔变量）操作类指令

位操作类指令包括位传送、位逻辑运算、位控制转移等指令。在布尔处理器中，位的传送和位逻辑运算是通过 CY 标志位来完成的，CY 称为位累加器，作用相当于一般 CPU 中的累加器。

被操作的位可以是片内 RAM 中 20H～2FH 单元的 128 位和特殊功能寄存器中的可寻址位。位操作指令见表 3-4。

表 3-4　位操作类指令

<table>
<tr><th colspan="2">类　型</th><th>助记符</th><th>功　能</th><th>字节数</th><th>振荡周期</th></tr>
<tr><td colspan="2" rowspan="2">位传送</td><td>MOV　C, bit</td><td>CY←bit</td><td>2</td><td>12</td></tr>
<tr><td>MOV　bit, C</td><td>bit←CY</td><td>2</td><td>12</td></tr>
<tr><td rowspan="6">位修正</td><td rowspan="2">清零</td><td>CLR　C</td><td>CY←0</td><td>1</td><td>12</td></tr>
<tr><td>CLR　bit</td><td>bit←0</td><td>2</td><td>12</td></tr>
<tr><td rowspan="2">取反</td><td>CPL　C</td><td>CY←$\overline{CY}$</td><td>1</td><td>12</td></tr>
<tr><td>CPL　bit</td><td>bit←$\overline{bit}$</td><td>2</td><td>12</td></tr>
<tr><td rowspan="2">置位</td><td>SETB　C</td><td>CY←1</td><td>1</td><td>12</td></tr>
<tr><td>SETB　bit</td><td>bit←1</td><td>2</td><td>12</td></tr>
<tr><td rowspan="4">逻辑运算</td><td rowspan="2">与</td><td>ANL　C, bit</td><td>CY←CY∧bit</td><td>2</td><td>24</td></tr>
<tr><td>ANL　C, /bit</td><td>CY←CY∧$\overline{bit}$</td><td>2</td><td>24</td></tr>
<tr><td rowspan="2">或</td><td>ORL　C, bit</td><td>CY←CY∨bit</td><td>2</td><td>24</td></tr>
<tr><td>ORL　C, /bit</td><td>CY←CY∨$\overline{bit}$</td><td>2</td><td>24</td></tr>
<tr><td colspan="2" rowspan="5">位控制转移</td><td>JC　rel</td><td>CY=1，转移</td><td>2</td><td>24</td></tr>
<tr><td>JNC　rel</td><td>CY=0，转移</td><td>2</td><td>24</td></tr>
<tr><td>JB　bit, rel</td><td>bit=1，转移</td><td>3</td><td>24</td></tr>
<tr><td>JNB　bit, rel</td><td>bit=0，转移</td><td>3</td><td>24</td></tr>
<tr><td>JBC　bit, rel</td><td>bit=1，转移，且 bit←0</td><td>3</td><td>24</td></tr>
</table>

注　/bit 将直接寻址位取反后再进行指定操作。

（1）位地址的表达方式。

1）直接位地址表达方式：直接用位地址表示，如位地址 07H（20H 单元的 D7 位）。

2）点操作符表达方式：即采用在字节地址或在 8 位寄存器名称后面缀上相应位来表示。字节或 8 位寄存器名称与位之间用点操作符“.”隔开。如 PSW. 4、P1. 0、20H. 0 等。

3）位寄存器名称方式：如 RS1、RS0。

4）用户定义名方式：如用伪指令 bit 定义用户使用的位名称。如 USR _ FLG bit F0，经定义后，允许指令中用 USR _ FLG 代替 F0。

（2）位 MOV、ORL、ANL 等指令是围绕 CY 进行的。

（3）转移指令中的 rel 可以直接用目的标号地址代替。但应注意目的标号地址与转移指令之间的距离，即 rel 的取值范围。rel 取值范围应为－128～＋127；rel 的计算应从转移指令后面的第一条指令的第一字节所在的地址算起。计算时应注意转移指令字节的大小及指令的操作。

五、控制转移类指令

控制转移类指令主要功能是使程序从当前的地址转移到 PC 所指向的新地址。这类指令用到的助记符有 ACALL、AJMP、LCALL、LJMP、SJMP、JMP、JZ、JNZ、CJNE、DJNZ 等 10 个。其指令见表 3-5。

表 3-5　控制程序转移类指令

类型	助记符	功能	字节数	振荡周期
无条件转移	LJMP addr16	PC←(PC)+3，PC←addr16	3	24
	AJMP addr11	PC←(PC)+2，PC10～0←addr10～0，PC15～11 不变	2	24
	SJMP rel	PC←(PC)+2，PC←(PC)+rel	2	24
间接转移	JMP @A+DPTR	PC←(A)+(DPTR)	1	24
无条件调用及返回	LCALL addr16	断点入栈，PC←addr16	3	24
	ACALL addr11	断点入栈，PC10～0←addr11，PC15～11 不变	2	24
	RET	子程序返回	1	24
	RETI	中断服务程序返回	1	24
条件转移	JZ rel	(A)为 0 转移，PC←(PC)+2+rel	2	24
	JNZ rel	(A)不为 0 转移，PC←(PC)+2+rel	2	24
	CJNE A, #data, rel	(A)不等于 data 转移，PC←(PC)+3+rel	3	24
	CJNE A, direct, rel	(A)不等于(direct)转移，PC←(PC)+3+rel	3	24
	CJNE Rn, #data, rel	(Rn)不等于 data 转移，PC←(PC)+3+rel	3	24
	CJNE @Ri, #data, rel	((Ri))不等于 data 转移，PC←(PC)+3+rel	3	24
	DJNZ Rn, rel	(Rn)−1→Rn，(Rn)≠0 转移，PC←(PC)+2+rel	2	24
	DJNZ direct, rel	(direct)−1→direct，(direct)≠0 转移，PC←(PC)+3+rel	3	24
空操作	NOP	PC←(PC)+1	1	12

1. 无条件转移指令

无条件转移指令有 3 条：

```
LJMP  addr16     ; 操作：PC←(PC)+3，PC←addr16
AJMP  addr11     ; 操作：PC←(PC)+2，PC10～0←addr10～0，PC15～11 不变
SJMP  rel        ; 操作：PC←(PC)+2，PC←(PC)+rel
```

当程序执行该类指令后，无条件地转移到指令所提供的地址处。指令执行后均不影响标志位。

（1）LJMP 指令称长转移指令。允许转移的目的地址在 0～64KB 空间范围内。

（2）AJMP 指令称绝对转移指令。指令中包含目的地址的低 11 位，转移最大范围为 2KB。它是把 PC 所指向的当前地址的高 5 位与目的地址的 10～0 位合并在一起构成新的 16 位的目的转移地址。

PC 所指向地址的高 5 位有 32 种组合，每种组合对应 2KB 区域，称为 1 页。因此，单片机把 64KB 的存储器空间划分为 32 页，见表 3-6。

表 3-6　单片机的页与地址

页号	地址	PC15	PC14	PC13	PC12	PC11	a_{10}	a_9	a_8	a_7	a_6	a_5	a_4	a_3	a_2	a_1	a_0
00	0000H	0	0	0	0	0	0	0	0	0	0	0	0	0	0	0	0
	⋮								⋮								
	07FFH	0	0	0	0	0	1	1	1	1	1	1	1	1	1	1	1
01	0800H	0	0	0	0	1	0	0	0	0	0	0	0	0	0	0	0
	⋮								⋮								
	0FFFH	0	0	0	0	1	1	1	1	1	1	1	1	1	1	1	1
02	1000H	0	0	0	1	0	0	0	0	0	0	0	0	0	0	0	0
	⋮								⋮								
	17FFH	0	0	0	1	0	1	1	1	1	1	1	1	1	1	1	1
03	1800H	0	0	0	1	1	0	0	0	0	0	0	0	0	0	0	0
	⋮								⋮								
	1FFFH	0	0	0	1	1	1	1	1	1	1	1	1	1	1	1	1
⋮	⋮								⋮								

使用 AJMP addr11 编程时必须注意：转移的目的地址必须与该转移指令后面的第一条指令的首地址同在一页内，即二者地址的高 5 位相同。否则，不能正常转移。

【例 3-3】 在以下三种情况，判断执行 KRD：AJMP KWRD 后能否实现正常跳转。KRD 为转移指令所在的地址，KWRD 为跳转目的标号地址。

1）KRD＝0730H；KWRD＝0100H

2）KRD＝07FEH；KWRD＝0100H

3）KRD＝07FEH；KWRD＝0830H

解　第一种情况能够实现正常跳转，因为 KRD＋02＝0732H 与 KWRD＝0100H 的高 5 位相同，在同 1 页内。

第二种情况不能实现正常跳转，因为 KRD＋02＝0800H 与 KWRD＝0100H 的高 5 位不相同，不在同 1 页内。

第三种情况能够实现正常跳转。

（3）SJMP 指令是无条件相对转移指令，又称短转移指令。该指令为双字节，指令中的相对地址是一个带符号的 8 位偏移量，其范围为－128～＋127。负数表示向小地址方向转移，正数表示向大地址方向转移，该指令执行后程序转移到当前 PC 与 rel 之和所指示的地址单元。指令中的 rel 可以直接用目的标号地址代替。rel 的计算应从转移指令后面的第一条指令的首地址算起。

2. 间接长转移指令

```
JMP    @A+DPTR      ; 操作：PC←(A)+(DPTR)
```

该指令是无条件间接转移（又称散转）指令。目的地址由数据指针 DPTR 和 A 的内容之和形成。相加之后不修改 A 也不修改 DPTR 的内容，而是把相加的结果直接送 PC 寄存器，指令执行后不影响标志位。

【例 3-4】 根据 A 的数值设计散转程序。

解　实现该功能的程序段为：

```
MOV    R1,A
```

```
         MOV    B,#02
         MUL    AB
         MOV    DPTR,#TABLE    ; DPTR指向数据散转表首地址
         JMP    @A+DPTR
         RET
TABLE:   AJMP   ROVT0          ; 散转表
         AJMP   ROVT1
         AJMP   ROVT2
                ⋮
```

当（A)=0时，转到ROVT0；（A)=1时，转到ROVT1，…因为AJMP是双字节指令，所以程序开始将A的内容乘以2。

3. 子程序调用及返回指令

子程序调用及返回指令有4条：

```
LCALL  addr16      ; 操作：PC←(PC)+3
                          SP←(SP)+1, (SP)←(PC)0～7
                          SP←(SP)+1, (SP)←(PC)8～15
                          PC←addr16
ACALL  addr11      ; 操作：PC←(PC)+2
                          SP←(SP)+1, (SP)←(PC)0～7
                          SP←(SP)+1, (SP)←(PC)8～15
                          PC0～10←addr0～10, (PC)11～15不变
RET                ; 操作：PC8～15←((SP)),SP←(SP)-1
                          PC0～7←((SP)),SP←(SP)-1
RETI               ; 中断返回，除具有RET指令的功能外，还将清除优先级状
                   ; 态触发器。
```

该类指令的执行均不影响标志位。

(1) LCALL指令是长调用指令，允许子程序放在64KB空间范围内的任何地方。

(2) ACALL指令是绝对调用指令，允许最大调用范围为2KB地址空间，16位调用地址的形成与AJMP指令相同。

(3) RET指令是子程序返回指令。RETI指令是中断返回指令。这两条指令的功能基本相同，只是RETI指令除把栈顶的内容弹出送PC外，同时释放中断逻辑使之能接收同级的另一个中断请求。使用时应注意，PSW不能自动地恢复到中断前的状态。

4. 条件转移指令

条件转移指令有8条：

```
JZ   rel           ; (A)=0转移
                   ; 操作：PC←(PC)+2
                   ;        (A)=0：PC←(PC)+rel，转移
                   ;        (A)≠0：顺序执行
JNZ  rel           ; (A) ≠0转移
                   ; 操作：PC←(PC)+2
                   ;        (A)≠0：PC←(PC)+rel，转移
                   ;        (A)=0：顺序执行
```

```
CJNE  A,#data,rel      ; 比较，不相等转移
                       ; 操作：PC←(PC)+3
                       ;       (A)=data：顺序执行，CY←0
                       ;       (A)>data：PC←(PC)+rel，转移，CY←0
                       ;       (A)<data：PC←(PC)+rel，转移，CY←1
CJNE  A,direct,rel     ; 比较，不相等转移
                       ; 操作：PC←(PC)+3
                       ;       (A)=(direct)：顺序执行，CY←0
                       ;       (A)>(direct)：PC←(PC)+rel，转移，CY←0
                       ;       (A)<(direct)：PC←(PC)+rel，转移，CY←1
CJNE  Rn,#data,rel     ; 比较，不相等转移
                       ; 操作：PC←(PC)+3
                       ;       (Rn)=data：顺序执行，CY←0
                       ;       (Rn)>data：PC←(PC)+rel，转移，CY←0
                       ;       (Rn)<data：PC←(PC)+rel，转移，CY←1
CJNE  @Ri,#data,rel    ; 比较，不相等转移
                       ; 操作：PC←(PC)+3
                       ;       ((Ri))=data：顺序执行，CY←0
                       ;       ((Ri))>data：PC← (PC) +rel，转移，CY←0
                       ;       ((Ri))<data：PC←(PC)+rel，转移，CY←1
DJNZ  Rn,rel           ;  减1不为零转移
                       ; 操作：PC←(PC)+2
                       ;       Rn←(Rn)-1
                       ;       (Rn)≠0：转移，PC←(PC)+rel
                       ;       (Rn)=0：顺序执行
DJNZ  direct,rel       ; 减1不为零转移
                       ; 操作：PC←(PC)+3
                       ;       direct←(direct)-1
                       ;       (direct)≠0：转移，PC←(PC)+rel
                       ;       (direct)=0：顺序执行
```

这类指令先测试某一条件是否满足。当满足条件时，程序转移到当前 PC 值加偏移量所得到的地址去执行指令，否则继续执行下一条指令。

(1) JZ、JNZ 指令是根据 A 的内容是否为“0”来确定是否转移，不影响标志位。

(2) CJNE 指令为比较转移指令，是 3 字节指令。该类指令的功能是比较前两个无符号操作数的大小，若不相等则转移，否则顺序执行。该类指令既具有比较功能，又能根据比较结果使程序转移，是一类很有用的指令，特别适用于多分支结构程序。

(3) DJNZ 指令是减 1 不为零转移指令。在应用中，当需要多次重复执行某段程序时，可以将工作寄存器或片内 RAM 中的地址单元作为一个计数器，每执行一次该段程序，计数器内容减 1。当计数器内容减 1 不为 0 时，继续执行该段程序，直至减至 0 时退出。使用时，应先设置计数器初值，然后再执行该段程序和 DJNZ 指令。

【例 3-5】 从 P1.0 输出 15 个方波。

解 实现该功能的程序为：

```
        MOV     R2,#30          ; 预置方波数
PULSE:  CPL     P1.0            ; P1.0 取反
        DJNZ    R2,PULSE        ; (R2)-1 不等于 0 继续循环
        RET
```

因为执行 CPL　P1.0 需要 1 个机器周期，执行 DJNZ R2，PULSE 需要 2 个机器周期，二者之和为 3 个机器周期。所以执行上面程序时，P1.0 输出方波的周期为 6 个机器周期，高低电平各 3 个机器周期。

【例 3-6】 限幅程序。将 A 中的内容限制在 50H 到 60H 之间。

解　实现该功能的程序为：

```
        CJNE    A,#60H,Aba1
        LJMP    Abret
Aba1:   JC      Abret1
        MOV     A,#60H
Abret:  RET
Abret1: CJNE    A,#50H,Abret2
        LJMP    Abret
Abret2: JNC     Abret
        MOV     A,#50H
        LJMP    Abret
```

第四节　伪　指　令

伪指令也称为伪操作指令，它在形式上与指令相似。伪指令在汇编时不产生机器码，不影响程序的执行，仅指明在汇编时执行一些特殊的操作。例如，为程序指定一个存储区，将一些数据、表格常数存放在指定的存储单元，说明源程序结束等。不同的单片机开发工具所定义的伪指令不全相同。下面简单介绍 51 系列单片机汇编程序中常用的几类伪指令语句。

一、定位伪指令

ORG　表达式

作用：改变地址计数器初值，指示此语句后面的程序或数据块，以表达式的值为起始地址连续存放在程序存储器中。

例如：ORG　1000H　；指示后面的程序或数据块以 1000H 为起始地址连续存放

在一个源程序中，可以多次使用 ORG 伪指令来定义，但每次定义不应和前面生成的机器指令的存放地址重叠。

二、数据区定义伪指令 DB、DW

1. 字节定义

标号：DB　字节常数、字符或表达式

作用：指示在程序存储器中以标号为起始地址的单元里存放的数为字节数据。

例如：AB：DB 32,'A',25H　；AB～AB+2 地址单元依次存放 20H，41H，25H

2. 字定义

标号：DW　字常数或表达式

作用：指示在程序存储器中以标号为起始地址的单元里存放字数据。

例如：AW：DW 1234H,25H ；AW～AW+3 地址单元依次存放 12H，34H，00H，25H

注意：DB、DW 伪指令都只作用于程序存储器，不能对数据存储器进行初始化。

三、数据区保留伪指令 DS

标号：DS 数值表达式

作用：指示在程序存储器中保留以标号为起始地址的若干字节单元，其单元个数由数值表达式指定。

例如：L1:DS 32 ；从 L1 地址开始保留 32 个存储单元

四、标号定义伪指令 EQU

标号 EQU 数值表达式

作用：表示 EQU 两边的量等值，用于对符号进行定义。

例如：P8255A EQU 30H ；程序中凡是出现 P8255A 的地方，汇编将以 30H 代之。

通常将标号定义放在程序开始部分。

五、位定义伪指令 BIT

标号 BIT 位地址

作用：同 EQU 指令，不过定义的是位操作地址。

例如：A1 BIT P1.1

六、汇编结束伪指令 END

标号 END

作用：指示源程序段结束。

在一个程序中，只允许出现一条 END 伪指令，汇编程序遇到 END 伪指令就结束，对 END 后面的所有指令都不进行编译。

单片机汇编程序还有一些其他的伪指令，请读者查阅相关资料。

第五节 综合编程举例

一、汇编源程序设计方法

为了使用计算机求解某一些问题或完成某一特定功能，首先要对问题或特定功能进行分析，确定相应的算法和步骤，然后选择相应的指令，并按一定顺序排列起来，这样就构成了求解某一问题或实现特定功能的程序。通常将这一编制程序的工作称为程序设计。

程序设计步骤如下：

(1) 分析题意确定算法。对复杂的问题进行具体分析，找出合理的计算方法及适当的数据结构。

(2) 根据算法画出程序流程图。画程序流程图可以把算法和解题步骤逐步具体化，以减少出错的可能性。

(3) 编写程序。根据程序流程图所表示的算法和步骤，选用适当指令排列起来，构成一个有机整体即程序。

(4) 静态调试。查看程序是否具备所要求的功能，选用的指令是否合适，语法和格式上是否有错误，指令中引用的语句标号和变量名是否定义正确，程序执行流程是否符合算法等。

（5）上机调试、运行程序。上机调试可以检查源程序中的语法错误，按指出的语法错误修改程序，直至无误，再检查运行程序后是否能达到预期的结果。

二、汇编语言源程序的基本结构

汇编语言源程序的基本结构包括顺序结构、分支结构、循环结构和子程序设计4种。

（一）顺序结构

顺序结构程序是指没有使用控制转移类指令的程序段，是程序设计中最基本、最简单的编程结构，所以也称为简单结构或直线结构。顺序结构程序按照指令存储的位置，按从低地址到高地址的顺序一条一条地执行。这类程序结构简单，易于阅读和理解。

（二）分支结构

在处理实际事务时，大部分程序会包括判断、比较等情况，根据判断、比较的结果转向不同的分支。分支程序在结构上有单分支和多分支两种。

1. 单分支结构

当程序的判别仅有两个出口，二者选一，称为单分支结构。通常用条件转移指令来选择并转移。

（1）结构类型。这类单分支结构程序有以下两种典型的形式（见图3-7）。

1）当条件满足时执行分支程序1，否则执行分支程序2，如图3-7（a）所示。

2）当条件满足时跳过程序段1，从程序段2开始继续顺序执行。否则，顺序执行程序段1和程序段2，如图3-7（b）所示。

由于条件转移指令均属相对寻址方式，其相对偏移量rel是个带符号的8位二进制数。因此，它可向大地址方向转移，也可向小地址方向转移。

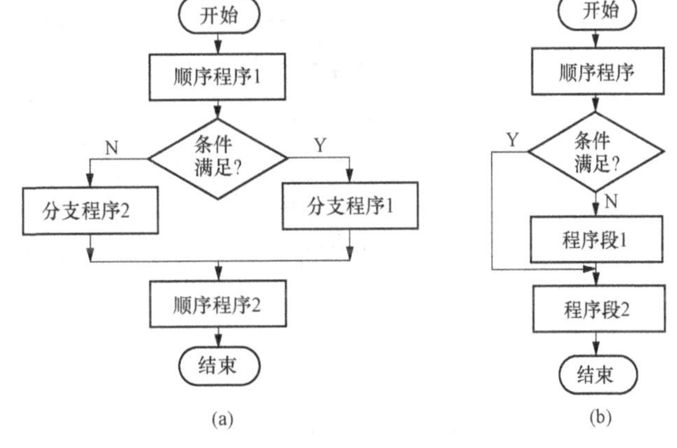

图3-7　单分支选择结构形式

（a）条件满足执行分支程序1；（b）条件满足跳过程序段1

（2）单分支程序设计。单分支程序设计一般根据运算结果的状态或者某种状态的检测，选用对应的条件转移指令来实现。

【例3-7】 比较内部RAM的30H和40H单元中的两个无符号数的大小，将大数存入20H单元，小数存入21H单元，若两数相等，则使片内RAM的20H.0位置1。

分析：分支程序很多是根据标志决定程序转移方向的，因此应善于利用指令产生的标志。本例题可以采用CJNE指令，既可以判断两数相等与否，还可以通过CY标志判断两数的大小。

解　程序如下：

```
ORG     0000H
MOV     A,30H
CJNE    A,40H,LOOP1     ；两数不等转 LOOP1
SETB    20H.0           ；两数相等，20H.0 置 1
SJMP    DONE
```

```
LOOP1： JC    LOOP2      ； A（30H单元）的内容小，转LOOP2
        MOV   20H,A      ； A（30H单元）的内容大，大数存20H单元
        MOV   21H,40H
        SJMP  DONE
LOOP2： MOV   20H,40H
        MOV   21H,A      ； A（30H单元）的内容小，小数存21H单元
DONE：  SJMP  $
```

上述程序采用JC指令进行分支的选择。51系列单片机还可根据具体条件，选用JZ、JB等指令，进行分支的选择。

2. 多分支结构

程序的判别部分有两个以上的出口流向的结构，称为多分支结构。

一般微机要实现多分支需由几个单分支判别进行组合来实现。这不仅复杂，执行速度慢，而且分支数有一定限制。单片机的散转指令给这类应用提供了方便。

（1）结构类型。多分支结构通常有两种形式，如图3-8所示。

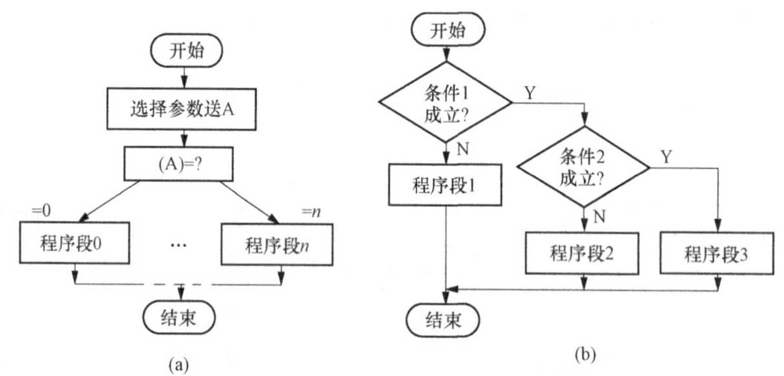

图3-8 多分支程序结构形式

分支结构程序允许嵌套，即一个程序的分支又由另一个分支结构程序所组成，从而形成多级分支程序结构。汇编语言本身并不限制这种嵌套的层次数，但过多的嵌套层次将使程序的结构变得十分复杂和臃肿，以致造成逻辑上的混乱，因而应该尽量避免。

一个较复杂的程序，总是包含多个分支程序段，为防止分支流向的混乱，应采用程序流程图标明每个分支的确切流向。

（2）多分支程序设计。在实际应用中，常常需要从两个以上的流向中选一。例如两个数的比较，必然存在大于、等于和小于三种情况，这时就需从三个分支中选一。再如散转程序，将根据运算结果值，在多个分支中选一，这就形成了多分支选择结构。

单片机常通过下面两条指令实现多分支结构：散转指令和比较不相等转移指令。

散转指令由数据指针DPTR决定多分支转移程序的首地址，由累加器A中的内容选择对应的分支程序。

比较不相等转移指令能对所有单元内容进行比较，当不相等时程序做相对转移，并指出其大小，以备做第二次判断。若两者相等，则程序按顺序往下执行。

【例3-8】 设30H和40H中有两个无符号数，试将其中的大数存于50H中。其程序流程如图3-9所示。

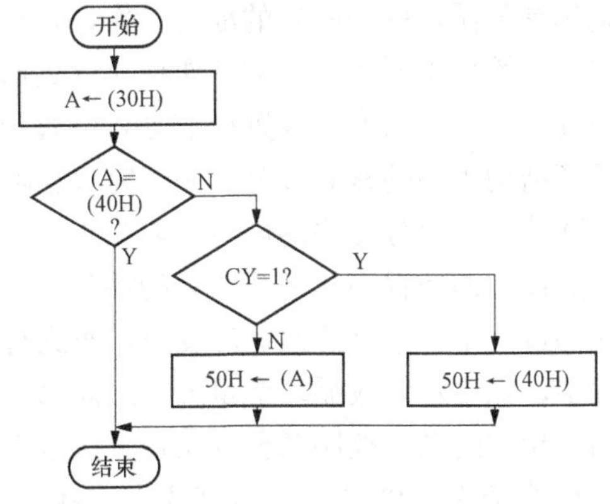

图 3-9 求大数程序流程图

解 程序如下：

```
START: MOV    A, 30H            ; 将 30H 中内容送 A
       CJNE   A, 40H, LOOP1     ; 两数比较，不相等则转 LOOP1
LOOP3: RET                      ; 相等返回
LOOP1: JC     LOOP2             ; 当 CY=1，转 LOOP2
       MOV    50H, A            ; CY=0，(A)>(40H)
       SJMP   LOOP3             ; 转返回
LOOP2: MOV    50H, 40H          ; CY=1，(40H)>(A)
       SJMP   LOOP3
```

由此可见，CJNE 是功能极强的比较转移指令，它可判断出两数的大于、小于和相等关系，属于相对转移指令。

（三）循环结构

循环是强制 CPU 重复多次地执行一串指令的基本程序结构。从本质上看，循环程序结构只是分支程序中的一个特殊形式而已。由于其在程序设计中经常用到，通常把它单独作为一种程序结构的形式进行设计。

循环程序的基本结构由 4 个主要部分组成，如图 3-10、图 3-11 所示。

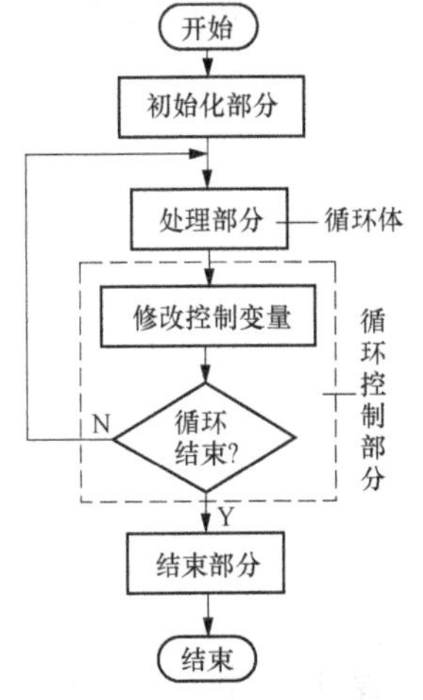

图 3-10 计数循环结构形式

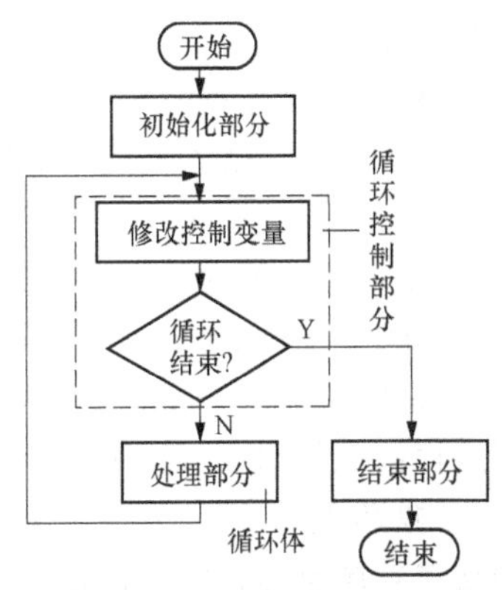

图 3-11 条件循环结构形式

（1）初始化部分。初始化是为循环程序所做的准备工作，它是保证循环程序正确执行所必需的。在进入循环体之前，需给用于循环过程的工作单元设置初值，如循环控制计数初值的设置、地址指针的起始地址的设置、为变量预置初值等，都属于循环程序初始化部分。

（2）处理部分。它是循环结构程序的核心部分，用于完成实际的处理工作，是需反复循环执行的部分，故又称为循环体。这部分程序的内容，取决于实际需处理问题的本身。

（3）循环控制部分。这是控制循环程序循环或结束的部分，通过循环变量和结束条件进行控制。在重复执行循环体的过程中，不断修改循环变量，直到符合结束条件，然后结束循环程序的执行。在循环过程中，除不断修改循环变量外，还需修改地址指针等有关参数。循环处理程序的结束条件不同，相应的循环控制部分的实现方法也不一样，分循环计数控制法和条件控制法两种。例如，计算结果达到给定的精度要求或找到某一个给定值时就结束循环，这时的循环次数是不确定的。

（4）结束部分。这是对循环程序执行的结果进行分析、处理和存放的部分。

由图 3-10、图 3-11 可见，主机对循环程序的初始化和结束部分均只执行一次，而对循环体和循环控制部分则常需重复执行多次。这两部分是循环程序的主体，它影响着循环程序的效率，是循环程序设计的重点所在，应精心设计、正确编程。

上述 4 部分有时能较明显地划分，有时则相互包含，不一定能明显区分。

循环程序结构一般有两种形式：

（1）先进入处理部分，再判断，至少执行一次循环体（见图 3-10）。通常用计数器控制循环次数，称之为计数循环程序结构。

（2）先判断，后进入处理部分，即根据判断结果，控制是否执行循环体（见图 3-11）。通常采用条件判断指令控制循环，称之为条件循环程序结构。

在图 3-10 中，计数循环结构程序受循环计数值的控制，不管条件如何，它至少执行一次循环体，当循环计数回“0”时，结束循环。

在图 3-11 中，条件循环先检查控制条件是否成立，再决定循环程序的执行。当条件一开始就已成立，则可能一次也不执行循环体。这是这两种不同结构的本质区别。

【例 3-9】 利用循环程序实现软件延时 100ms，晶振频率为 12MHz。

设计思路：因晶振频率为 12MHz，故 1 个机器周期（1Tm）为 1μs。利用指令的执行时间实现延时。

解 其程序为：

```
DELAY:  MOV    R6,#200      ; 1Tm
LOOP1:  MOV    R7,#248      ; 1Tm
        NOP                 ; 1Tm
LOOP2:  DJNZ   R7,LOOP2     ; 2Tm
        DJNZ   R6,LOOP1     ; 2Tm
        RET                 ; 1Tm
```

计算过程：$((1+1+248\times2)+2)\times200\times1\mu s=100(ms)$

（四）子程序设计

在编写子程序之前，首先应确定子程序名及初始条件和结果条件，以及所用的寄存器。子程序所用的存储器单元通常是 51 单片机片内 RAM 区的地址单元或工作寄存器等，在编程前应合理安排、规划好。

入口条件：包括程序入口参数、所用的寄存器以及初始化要求。

出口条件：表示子程序执行结果所存放的存储单元。

初始条件和结果条件主要是为了方便子程序的调用。

子程序应具有以下两个特点：

(1) 子程序的第一条指令地址，称为子程序首地址或入口地址，必须用标号标明，以便调用者调用。

(2) 子程序的末尾要用 RET 指令结束，以便正确返回到原调用处，继续执行原程序。

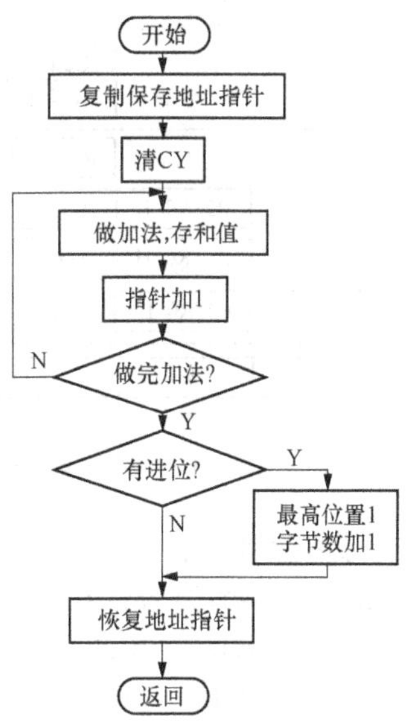

图 3-12　多字节无符号加法程序流程图

【例 3-10】　多个字节无符号数加法子程序。

(1) 入口：R0（被加数低字节地址指针），R1（加数低字节地址指针），R3（字节数）。

(2) 出口：R0（和值低字节地址指针），R3（和值字节数）。

子程序流程图如图 3-12 所示。

解　子程序如下：

```
MADD:   MOV     A,R0        ; 保存地址指针
        MOV     R2,A
        MOV     A,R3
        MOV     R7,A
        CLR     C
LP:     MOV     A,@R0       ; 相加
        ADDC    A,@R1
        MOV     @R0,A
        INC     R0          ; 指针加 1
        INC     R1
        DJNZ    R7,LP
        JNC     LAR
        INC     R3
        MOV     @R0,#01H
LAR:    MOV     A,R2        ; 恢复地址指针
        MOV     R0,A
        RET
```

【例 3-11】　双字节乘法运算子程序：

$$R2R3 * R6R7 \rightarrow R4R5R6R7$$

(1) 入口：R3（被乘数低字节）；R2（被乘数高字节）；R7（乘数低字节）；R6（乘数高字节）。

(2) 出口：R4R5R6R7（积）。

解　单片机指令系统中有专门单字节乘法指令 MUL AB，该指令功能为 (A) * (B)→(BA)。可以用该乘法指令实现无符号双字节的乘法运算。

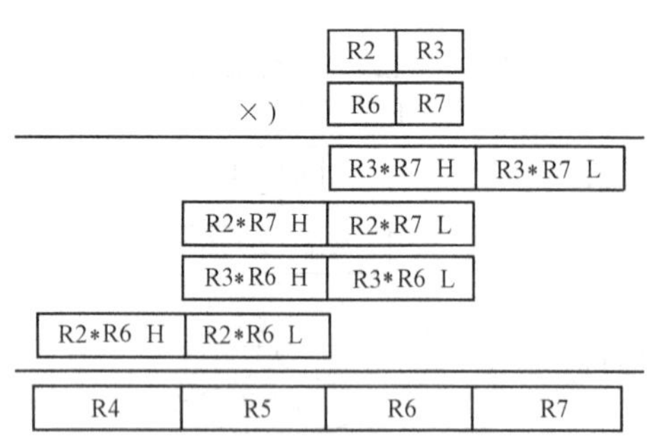

图 3-13 两个字节相乘

由于两个单字节相乘，其结果为双字节。因此，可以用以字节为单位的竖式乘法来描述双字节乘法的运算过程，如图 3-13 所示。

由图 3-13 可知，当双字节被乘数在 R2R3，双字节乘数在 R6R7 时，R3 * R7→R3R7，R2 * R7→R2R7。同理 R3 * R6→R3R6，R2 * R6→R3R6。执行 4 次乘法后，每次乘积经累加器相加。结果在 R4R5R6R7 中。由以上分析可知，多字节乘法的基础是加法。即各字节相乘后，再将积中的对应字节相加。

子程序如下：

```
DBMUL:  MOV   A,R3
        MOV   B,R7
        MUL   AB          ; R3 * R7
        XCH   A,R7        ; 乘积低位→R7，R7→A 准备乘数
        MOV   R5,B        ; 乘积高位暂存 R5
        MOV   B,R2
        MUL   AB          ; R7 * R2
        ADD   A,R5        ; 乘积低位加上一次的乘积高位暂存 R4
        MOV   R4,A
        CLR   A           ; 清累加器
        ADDC  A,B         ; 高位加从低位来的进位暂存 R5
        MOV   R5,A
        MOV   A,R6
        MOV   B,R3
        MUL   AB          ; R6 * R3
        ADD   A,R4        ; 第三次乘积低位加 R4 暂存 R6
        XCH   A,R6
        XCH   A,B
        ADDC  A,R5        ; 第三次乘积高位加 R5 暂存 R5
        MOV   R5,A
        MOV   F0,C        ; 保存进位位
        MOV   A,R2
        MUL   AB          ; R2 * R6
        ADD   A,R5        ; 第四次乘积低位加 R5 暂存 R5
        MOV   R5,A
        CLR   A
        MOV   ACC.0,C
        MOV   C,F0
        ADDC  A,B         ; 第四次乘积高位加低位来的进位后存 R4
        MOV   R4,A
        RET
```

【例 3-12】 双字节无符号数除法子程序：

R4R5R6R7÷R2R3→R6R7，余数→R4R5 中。

(1) 入口：被除数存放在 R6R7，R4R5 的内容为零，R6 为高字节，R7 为低字节；除数存放在 R2R3，R2 为高字节，R3 为低字节。

(2) 出口：商送 R6R7，R6 为高字节，R7 为低字节；余数存放在 R4R5，R4 为高字节，R5 为低字节。

解 首先以单字节无符号数除法为例说明除法运算的算法。

如：R6R7÷R3→R7，余数→R6 中。入口时 R6 为零。

设：(R6R7)=0008H，(R3)=03H。结果：(R7)=02H，(R6)=02H。其除法过程如图 3-14 所示。

由以上运算可以看出，要完成 R6R7÷R3，除数乘商后的结果要右移 8 次，因为计算机在运算时采用这种方式很不方便，所以在实际运算中，不采用右移除数与商的乘积，而是将被除数左移，然后相减。所以双字节无符号数除法程序的算法为：首先将被除数左移 1 位后减除数，够减则商为 1，不够减商为 0，共进行 16 次。程序流程图如图 3-15 所示。

```
               商        0 00000010
   (R3)    (R6)          (R7)              除数右移
                                            次数
 00000011  00000000 00001000
           00000000
           ------------------
           00000000 00001000                 1
            0000000 0
           ------------------
           00000000 00001000                 2
             000000 00
           ------------------
           00000000 00001000                 3
              00000 000
           ------------------
           00000000 00001000                 4
               0000 0000
           ------------------
           00000000 00001000                 5
                000 00000
           ------------------
           00000000 00001000                 6
                 00 000000
           ------------------
           00000000 00001000                 7
                  0 0000011
           ------------------
           00000000 00000010                 8
                    00000000
           ------------------
           00000000 00000010                余数
```

图 3-14　除法过程

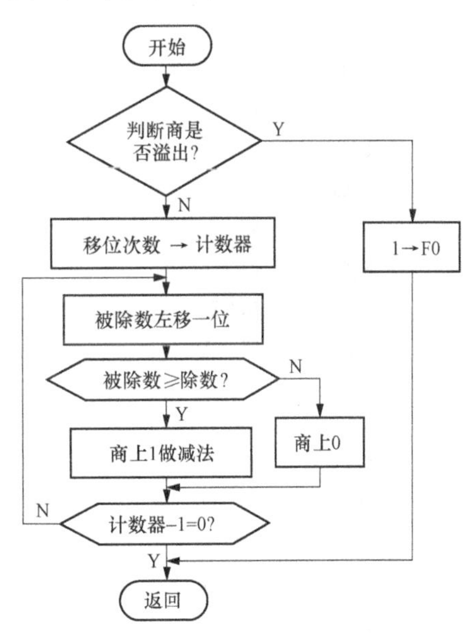

图 3-15　双字节无符号数除法程序流程图

[例 3-12] 中的商送 R6R7，即商为 16 位。若商大于 16 位则溢出。在进行除法前，应该检查是否发生溢出。一般可在进行除法前先比较 R4R5 和 R2R3 的内容，如被除数高字节（两字节）大于等于除数，则溢出，不执行除法，F0 置“1”，表示出错直接返回。否则执行除法，这时将 F0 清“0”。

用减法实现被除数和除数比较，结果保存在累加器 A 和寄存器 R1 中。如果够减，商为 1，回送减法结果，否则不回送。商 1 用加 1 的方法实现，商 0 不加 1。

子程序如下：

```
BDIV:   MOV     A,R5            ; 判商是否产生溢出
        CLR     C
```

```
        SUBB   A,R3
        MOV    A,R4
        SUBB   A,R2
        JNC    DIV1         ; 被除数高位字节大于除数，转溢出处理
        MOV    B,#16        ; 无溢出执行除法，置循环次数
DIV2:   CLR    C            ; 被除数向左移一位，低位送 0
        MOV    A,R7
        RLC    A
        MOV    R7,A
        MOV    A,R6
        RLC    A
        MOV    R6,A
        MOV    A,R5
        RLC    A
        MOV    R5,A
        XCH    A,R4
        RLC    A
        XCH    A,R4
        MOV    F0,C         ; 保护移出的最高位
        CLR    C
        SUBB   A,R3         ; 被除数与除数比较
        MOV    R1,A
        MOV    A,R4
        SUBB   A,R2
        JB     F0,DV2       ; 高位移出位为 1，够减转 DV2
        JC     DV3
DV2:    MOV    R4,A         ; 回送减法结果
        MOV    A,R1
        MOV    R5,A
        INC    R7           ; 商 1
DV3:    DJNZ   B,DIV2       ; 不够减，循环次数-1
        CLR    F0           ; 正常执行无溢出，F0=0
        RET                 ;
DIV1:   SETB   F0           ; 置溢出标志
        RET
```

第六节 应 用 实 例

一、设计内容

试用子程序调用的方法完成：计算片外 RAM 1000H 开始单元的 100 个无符号字节数的平均值，结果存放在 2000H 开始的 2 个单元中（2000H 单元存放商，2001H 单元存放余数）。

二、设计目的

通过此次练习，重点掌握通用子程序调用方法，关键在于子程序入口参数及出口参数的

处理。

三、分析

(1) 单片机的加法指令只能针对单片机内部的操作数进行运算，题目中的操作数在单片机片外数据区，所以第一步应将所有数据转移到单片机片内 RAM 中；

(2) 100 个无符号字节数据的和最大为 25500，只需要两字节单元来存放和值（最大可存放 65535）；

(3) 单片机的除法指令只针对两个单字节操作数进行运算，本例中的和值有可能为双字节操作，所以不能直接用单片机的除法指令来完成求平均数的操作，需调用［例 3-12］双字节无符号数相除子程序来完成。子程序中被除数在 R4R5R6R7 中，除数在 R2R3 中，商在 R6R7 中，余数在 R4R5 中。本例中被除数最多是两字节，所以调用前 R4R5 的内容需置 0，和存放于 R6R7 中；除数为 100，是个单字节数，存放于 R3 中，R2 应置 0；商也是一字节，所以结果在 R7 中，R6 的内容应为 0；余数存放在 R5 中，R4 的内容应为 0；

(4) 调用后将存放在 R7 中的商送到片外 2000H 单元，存放在 R5 中的余数送到片外 2001H 单元。

四、源程序

```
; 将片外 1000H 开始的 100 字节数据传送到片内从 10H 开始的单元
        ORG     0
        MOV     DPTR,#1000H
        MOV     R0,#10H
        MOV     R1,#100
LOOP:   MOVX    A,@DPTR
        MOV     @R0,A
        INC     R0
        INC     DPTR
        DJNZ    R1,LOOP
; 求片内 10H 开始的 100 个单元中字节数据的和，结果存放于 7FH（高）、7EH（低）
MADD:   MOV     A,#0
        MOV     R1,#100
        MOV     R0,#10H
        MOV     7EH,#0
        MOV     7FH,#0
LOOP1:  ADD     A,@R0           ; 求和
        MOV     7EH,A
        MOV     A,7FH
        ADDC    A,#0            ; 加进位标志位
        MOV     7FH,A
        MOV     A,7EH           ; 和的低字节存于 A，便于在此基础上求和
        INC     R0              ; 修改地址指针
        DJNZ    R1,LOOP1
; 调用 BDIV 求平均数
        MOV     R4,#0           ; 调用 BDIV 前的入口参数的初始化
```

```
        MOV     R5,#0
        MOV     R7,7EH
        MOV     R6,7FH          ; 被除数初始化
        MOV     R2,#0
        MOV     R3,#100         ; 除数初始化
        LCALL   BDIV            ; 调用 BDIV 子程序
; 将结果存放到片外 2000H 和 2001H 单元中
        MOV     DPTR,#2000H
        MOV     A,R7            ; 取 BDIV 的出口参数（商）
        MOVX    @DPTR,A
        INC     DPTR
        MOV     A,R5            ; 取 BDIV 出口参数（余数）
        MOVX    @DPTR,A
        SJMP    $               ; 程序运行结束后，指针 PC 不再发生变化
; 多字节无符号数除法子程序（见［例 3-12］）
BDIV:
        ⋮
        END
```

习　题

一、选择题

1. 在相对寻址方式中，寻址的结果存放在（　　）。

A. PC 中　B. A 中　C. DPTR 中　D. 某个存储单元中

2. 在寄存器间接寻址方式中，指定寄存器中存放的是（　　）。

A. 操作数　B. 操作数地址　C. 转移地址　D. 地址的偏离量

3. 对程序存储器的读操作，只能使用（　　）。

A. MOV 指令　B. PUSH 指令　C. MOVX 指令　D. MOVC 指令

4. 不能为程序存储器提供或构成地址的有（　　）。

A. PC　B. A　C. DPTR　D. PSW

5. 以下各项中不能用来对内部数据存储器进行访问的是（　　）。

A. DPTR　B. 按存储单元地址或名称

C. SP　D. 由 R0 或 R1 作为间址寄存器

6. 若原来工作寄存器 0 区为当前寄存器区，现要改 1 区为当前寄存器区，不能使用的指令是（　　）。

A. SETB　PSW.3　B. SETB　D0H.3

C. MOV　PSW.3，1　D. CPL　PSW.3

7. 在进行 BCD 码运算时，紧跟加法运算指令后面的指令必须是（　　）指令。

A. ADD　B. DA A　C. ADDC　D. 由实际程序确定

8. 有如下程序段：

```
MOV     31H,#24H
```

```
MOV    A,31H
SWAP   A
ANL    A,#0F0H
```

执行结果是（　　）。

A. (A)=24H　　B. (A)=42H　　C. (A)=40H　　D. (A)=00H

9. 使用单片机开发系统调试程序时，对原程序进行汇编的目的是（　　）。

A. 将源程序转换成目标程序　　B. 将目标程序转换成源程序

C. 将低级语言转换成高级语言　　D. 连续执行键

10. 设内部 RAM 中 (30H)=40H，(40H)=10H，(10H)=00H，分析以下程序执行后（B）=（　　）。

```
MOV    R0,#30H
MOV    A,@R0
MOV    R1,A
MOV    B,@R1
```

A. 00H　　B. 40H　　C. 30H　　D. 10H

11. 调用子程序、中断响应过程及转移指令的共同特点是（　　）。

A. 都能返回　　B. 都通过改变 PC 实现转移

C. 都将返回地址压入堆栈　　D. 都必须保护现场

二、判断题

1. MOV A,30H 这条指令执行后的结果 (A)=30H。（　　）
2. 指令字节数越多，执行时间越长。（　　）
3. 51 系列单片机可执行指令：MOV R6,R7。（　　）
4. 指令中直接给出的操作数称为直接寻址。（　　）
5. MOV A,@R0，将 R0 中的数据作为地址，从该地址中取数，送入 A 中。（　　）
6. 51 系列单片机可执行指令：MOV A,@R3。（　　）
7. 当向堆栈压入一字节的数据后，SP 的内容减 1。（　　）
8. 内部寄存器 Rn(n=0～7) 作为间接寻址寄存器。（　　）
9. MOV A,@R0 这条指令中@R0 的寻址方式称为寄存器间址寻址。（　　）
10. 堆栈是单片机内部的特殊区域，与 RAM 无关。（　　）

三、填空题

1. 51 系列单片机共有 111 条指令，有________种不同寻址方式。如：MOV A,@R1 属于________寻址方式，MOV C,bit 属于________寻址方式。(仅给出源操作数的寻址方式)

2. 访问 51 系列单片机片外数据存储器采用的是________寻址方式，访问片外程序存储器采用的是________寻址方式。

3. 在中断子程序使用累加器、工作寄存器等资源时，要先将其原来的内容保存起来，这一过程叫做________。当中断子程序执行完毕，在返回主程序之前，要将这些内容再取出，送还到累加器、工作寄存器等原单元中，这一过程称为________。

4. 已知：

```
MOV    A,#28H
MOV    R0,#20H
MOV    @R0,A
```

```
        ANL     A,#0FH
        ORL     A,#80H
        XRL     A,@R0
```

执行结果 A 的内容为________。

四、下列指令是否错误，如错请改正（不能修改指令助记符）

1. MOV A,#1000H
2. MOVX A,1000H
3. MOVC A,1000H
4. MOVX 60H,A
5. MOV R0,60H
   MOV 61H,@R0
6. XCH R1,R2
7. MOVX 60H,@DPTR

五、综合题

1. 结合图 3-16 阅读程序。

（1）说明连续运行该程序时，二极管的变化规律；

（2）如果要使发光二极管依次轮流点亮，如何修改以下程序。

```
            ORG     0000H
            AJMP    MAIN
            ORG     0100H
MAIN:       MOV     SP,#60H
LEDRESET:   MOV     R2,#80H
            MOV     R1,#08H
            CLR     P2.7
IEDUP:      MOV     P1,R2
            ACALL   DELAY
            MOV     A,R2
            RR      A
            MOV     R2,A
            DJNZ    R1,IEDUP
            AJMP    LEDRESET
```

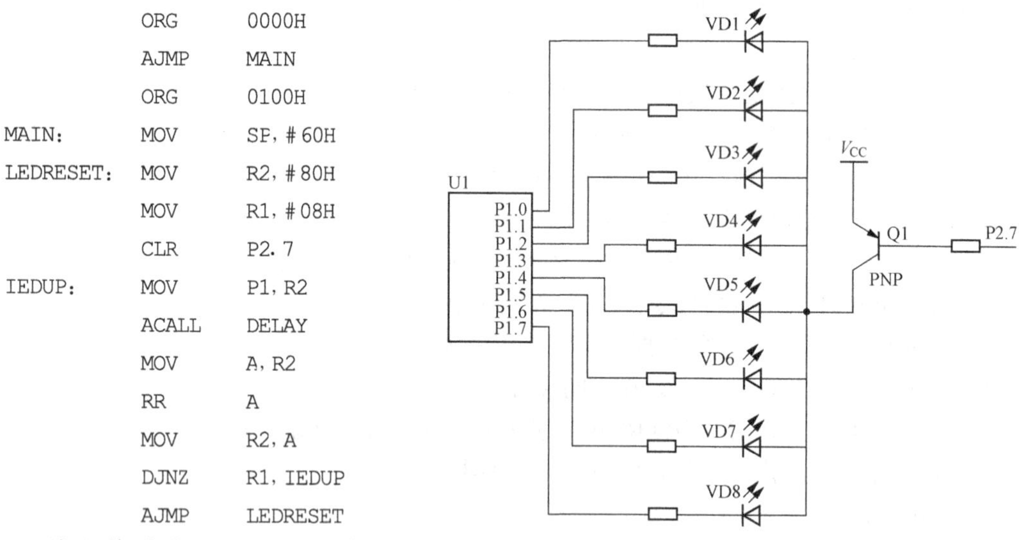

图 3-16 综合题 1 图

2. 编程将片内 RAM 30H 单元开始的 15 字节的数据传送到片外 RAM 3000H 开始的单元中去。

3. 片外 RAM2000H 开始的单元中有 10 字节的二进制数，试编程求出它们的和，并将结果存储在片内 RAM 的 30H 的单元中（和小于 256）。

4. 下列程序段经汇编后，从 1000H 开始的各有关存储单元的内容将是什么？

```
        ORG     1000H
        TAB1    EQU  1234H
        TAB2    EQU  3000H
        DB      "MAIN"
```

```
        DW      TAB1,TAB2,70H
```

5. 试编写程序，查找在内部 RAM 的 30H～50H 单元中是否有 0AAH 这一数据。若有，则将 51H 单元置为“01H”；若未找到，则将 51H 单元置为“00H”。

6. 试编程将片外 RAM 从 2040H 开始的连续 50 个单元的内容按降序排列，结果存入片外 3000H 开始的存储区中。

7. 在片外 2000H 开始的单元中有 100 个有符号数，试编程统计其中正数、负数和 0 的个数。

第四章　单片机的C语言基础——C51

本章介绍51系列单片机的C语言编程方法和仿真开发环境的使用。
通过对本章的学习，读者应掌握和了解以下知识：
(1) 掌握C51程序结构；
(2) 掌握C51数据类型、存储器类型；
(3) 熟悉并掌握C51对单片机资源的定义；
(4) 掌握C51运算符和程序流程控制；
(5) 了解C51与汇编语言混合编程方法；
(6) 掌握C51仿真开发环境。

第一节　C51的程序结构

单片机的C语言采用C51编译器（简称C51）。C51产生的目标代码短、运行速度高、所占存储空间小、符合C语言的ANSI标准，而且可与A51汇编语言混合使用。

应用C51编程具有以下优点：

(1) C51管理内部寄存器和存储器的分配，编程时，无需考虑不同存储器的寻址和数据类型等细节问题；

(2) 程序由若干个函数组成，具有良好的模块化结构；

(3) 有丰富的子程序库可直接调用，从而大大减少用户编程的工作量；

(4) C语言和汇编语言可以交叉使用，汇编语言程序代码短、运行速度快，但复杂运算编程耗时。如果用汇编语言编写与硬件有关的部分程序，用C语言编写与硬件无关的运算部分程序，充分发挥两种语言的长处，可以提高开发效率。

和汇编语言一样，C语言源程序经过C51编译器编译、链接/定位后生成目标程序为.BIN文件和.HEX文件，目前C51大多使用Keil C51编译器。C语言程序仿真调试的集成软件和汇编语言使用的是同一个集成软件包（WAVE或Keil包）。

一、C51程序结构

同标准C语言一样，C51的程序由一个个函数组成，这里的函数和其他语言的“子程序”或“过程”具有相同的意义。其中必须有一个主函数main ( )，程序的执行从主函数开始，调用其他函数后返回主函数，最后在主函数中结束，整个程序不管函数的排列顺序如何。

C语言程序的组成结构如下所示：

```
全局变量说明                          /* 可被程序中所有函数引用的变量 */
函数声明
main (  )                             /* 主函数，程序入口 */
{
```

```
    局部变量说明                          /*只能在本函数体内引用的变量*/
    C执行语句，包括可能的函数调用语句等
}
函数类型函数名（形参列表）                /*函数1*/
{
    局部变量说明
    C执行语句，包括可能的函数调用语句等
}
    ⋮
函数类型函数名（形参列表）                /*函数N*/
{
    局部变量说明
    C执行语句，包括可能的函数调用语句等
}
```

C语言的规则如下：

（1）变量必须先声明后使用，所有符号对大小写敏感。

（2）中断函数不需要声明。

（3）每条语句必须以分号“;”结尾，一行可以写多条语句，一条语句也可以写多行。

（4）注释用/*……*/或//表示。

（5）花括号必须成对出现，书写位置不限，可在紧挨函数名后，也可另起一行，多个花括号可以同行书写，也可逐行书写，为使层次分明、增加可读性，同一层的“{”应对齐，采用逐层缩进方式书写。

二、应用实例

【例4-1】 求最大值。

解　程序如下：

```
#include <stdio.h>                      //预处理命令
#include <reg51.h>
main( )                                 //主函数
{
    int a,b,c;                          //主函数内部变量定义
    int max(int,int);                   //函数声明
    SCON = 0x52;                        //串行口初始化,为使用scanf和printf
    TMOD = 0x20;
    TCON = 0x69;
    TH1 = 0xf3;
    printf("please input a,b:");
    scanf("%d%d",&a,&b);                //输入变量a,b
    c = max(a,b);                       //调用max函数
    printf("max = %d",c);               //输出变量c的值
}
    int max(int x,int y)                //定义max函数
{
```

```
    int z;
    z= (x>y)?x:y;                          //求 x,y 两数中的大数并赋值给 z
    return z;                              //返回 z 的值
}
```

第二节　数据类型、存储类型及存储模式

一、常量和变量

与标准 C 语言一样，C51 的数据也分为常量和变量。

常量是在程序的运行过程中不能被改变的量，可以是字符、十进制数或十六进制数。十六进制数以“0x”开始。

常量有数值型常量和符号型常量。对于符号型常量，必须用宏定义指令（#define）定义（相当于汇编的“EQU”伪指令），如：

```
#define  PI  3.1415926
```

以上定义了符号常量 PI，编译时只要出现符号常量 PI 的位置都以 3.1415926 代替。

一个变量由变量名和变量值构成，变量名即是以存储单元地址的符号表示，而变量的值就是该单元存放的内容。定义一个变量，编译系统就会自动为它分配一个存储单元，具体的地址值用户不必在意。

二、C51 变量的类型

所有的数据都存放在存储单元中。数据类型不同，其占用的存储单元的个数也不同。所以必须对每个变量进行定义说明，以便编译器根据每个变量的类型为其分配存储空间。正如汇编语言中存放数据的单元要用 DB 或 DW 伪指令进行定义一样，编译系统以此为根据预留存储单元，这就是定义数据类型的意义。

C51 编译器所支持的数据类型见表 4-1。

表 4-1　　C51 的数据类型

	数据类型	长　度	值　　域
位型	bit	1bit	0 或 1
字符型	signed char	1B	−128～127
	unsigned char	1B	0～255
整型	signed int	2B	−32768～+32767
	unsigned int	2B	0～65535
	signed long	4B	−2147483648～+2147483647
	unsigned long	4B	0～4294967295
实型	float	4B	1.176E−38～3.40E+38
指针型	data/idata/pdata	1B	1 字节地址
	code/xdata	2B	2 字节地址
	通用指针	3B	其中 1 字节为存储器类型编码，2、3 字节为地址偏移量
访问 SFR 的数据类型	sbit	1bit	0 或 1
	sfr	1B	0～255
	sfr16	2B	0～65535

说 明

(1) 字符型、整型和长整型数据均分为有符号型和无符号型两种。有符号型数据以补码形式在内存中存放。如果不是必须的，尽可能选择 unsigned 型，这将会使编译器省去符号位的检测，使生成的程序代码比 signed 类型短得多。

(2) 编译程序时，编译器自动进行数据类型转换。当运算符两边的数据类型不同时，编译器将低级的数据类型转换为较高级的数据类型。运算结果为高级数据类型。

(3) 51 系列单片机内部数据存储器的可寻址位（20H～2FH）定义为 bit 型，而特殊功能寄存器的可寻址位只能定义为 sbit。

三、指针型数据

1. 指针型变量

在汇编语言程序中，要取存储单元 m 的内容可用直接寻址方式，也可以用寄存器间接寻址方式，如果用 R1 寄存器指示 m 的地址，用@R1 取 m 单元的内容。相应地，在 C 语言中用变量名表示取变量的值（相当于直接寻址），也可以用另一个变量（如 P）存放 m 的地址，P 就相当于 R1 寄存器。用 * P 取得 m 单元的内容（相当于汇编的间接寻址方式），这里 P 即是指针型变量。这两种语言将 m 单元的内容送 n 单元的对照语句见表 4-2。

表 4-2　　汇编语言和 C 语言的对照

直接寻址		间接寻址	
汇编语言	C 语言	汇编语言	C 语言
mov n，m 传送语句	n=m; 赋值语句	mov R1，#m ；m 的地址送 R1 mov n，@R1 ；m 的内容送 n	P=&m; /* m 的地址送 P */ n= * P; /* m 的内容送 n */

2. 指针型数据类型

由于 C51 是结合 51 系列单片机硬件的，51 系列单片机的不同存储空间有不同的地址范围，即使对同一外部数据存储器，又有用@Ri 分页寻址和用@DPTR 寻址两种寻址方式，而指针本身也是一个变量。因此，在指针类型的定义中要说明：被指向的变量的数据类型和存储类型、指针变量本身的数据类型（占几字节）和存储类型（即指针本身存放在什么存储区）。例如，指针变量类型定义为 data 或 idata 表示指示内部数据存储器的 8 位指针，定义为 pdata 表示指向外部数据存储器的 8 位指针，用@Ri 寻址，而 code 和 xdata 表示指向程序存储器和外部数据存储器的 16 位指针。

四、C51 存储器类型和存储器模式

1. 数据的存储器类型

C51 是面向 51 系列单片机及硬件控制系统的开发语言，它定义的任何变量必须以一定的存储器类型的方式定位在单片机的某一存储区中，否则便没有意义。因此在定义变量类型时，还必须定义它的存储器类型。C51 变量的存储器类型见表 4-3。

访问内部数据存储器（idata）比访问外部数据存储器（xdata）相对要快些，因此可将经常使用的变量置于内部数据存储器中，而将较大或很少使用的变量置于外部数据存储器中。如果用户不对变量的存储器类型进行定义，则编译器采用默认的存储器类型。默认的存储器类型由编译器控制命令指定。

表 4-3 **C51 的变量的存储器类型**

存储器类型	描　述
data	直接寻址内部数据存储区，访问变量速度最快（128B）
bdata	可位寻址内部数据存储区，允许位与字节混合访问（16B）
idata	间接寻址内部数据存储区，可访问全部内部地址空间（256B）
pdata	分页（256B）外部数据存储区，由指令 MOVX @Ri 访问
xdata	外部数据存储区（64KB），由指令 MOVX @DPTR 访问
code	程序存储区（64KB），由指令 MOVC @A+DPTR 访问

下面是一些变量定义的例子：

```
char data var;                      /*字符型变量 var 被定义为 data 存储类型，C51 编译器将变量 var 定位在片内数据存储区中*/
bit bdata flag;                     /*位类型变量 flag 被定义为 bdata 存储类型，C51 编译器将变量 flag 定位在片内数据存储区的可位寻址区中*/
unsigned int idata temp;            /*无符号数整型变量 temp 被定义为 idata 存储类型，C51 编译器将变量 temp 定位在片内数据存储区中且只能用间接寻址方式访问*/
unsigned char xdata array[50];      /*无符号字符型数组变量 array[50]被定义为 xdata 存储类型，C51 编译器将该变量定位在片外数据存储区中*/
```

2. 存储器模式

存储器模式决定了变量的默认存储器类型、参数传递区和无明确存储区类型的说明。C51 的存储器模式有 SMALL、LARGE 和 COMPACT，见表 4-4。

表 4-4 **存储器模式**

存储器模式	描　述
SMALL	参数及局部变量放入可直接寻址的内部存储器（最大 128B，默认存储器类型为 data）
COMPACT	参数及局部变量放入分页外部数据存储器（最大 256B，默认存储器类型为 pdata）
LARGE	参数及局部变量直接放入外部数据存储器（最大 64KB，默认存储器类型为 xdata）

在固定的存储器地址进行变量参数传递是 C51 的一个标准特征，在 SMALL 模式下，参数传递是在内部数据存储区中完成的。LARGE 和 COMPACT 模式允许参数在外部存储器中传递。C51 同时也支持混合模式，例如，在 LARGE 模式下生成的程序可将一些函数分页放入 SMALL 模式中，从而加快执行速度。

设定存储器模式可使用两种方法。第一种方法是在编译命令行中加入参数，如使用命令：C51 PROGRAM1. C COMPACT，PROGRAM1 是要编译的程序文件名；第二种方法是在程序的第一行加预处理命令：#pragma compact。

3. 变量的定义方法

变量定义格式：

[存储种类] 数据类型　[存储器类型] 变量名;

存储种类有：自动（auto）、外部（extern）、静态（static）和寄存器（register），具体使用方法请参考 C 语言程序设计相关教材。

存储器类型有：data、idata、bdata、xdata、pdata 和 code。

例如：

```
#define uchar unsigned char
#define uint unsigned int
uchar data a1;                /*字符变量 a1 定位在片内数据存储区中*/
bit   bdata flag;             /*位变量 flag 定位在片内数据存储区中的可位寻址区*/
float idata x;                /*浮点变量 x 定位在片内数据存储区中并只能通过间接寻址来访
                                问*/
uchar xdata s[]={3,4,7,2,12,8};        /*无符号字符数组 s 定位在片外数据存储区中*/
uchar code table[]={0x3f,0x06,0x5b,0x4f,0x66,0x6d,0x7d,0x07,0x7f,0x6f};
                                       /*无符号字符数组 table 定位在 ROM 区中*/
uint  xdata  *dp2;                     /*定义一个指向 xdata 区的指针 dp2 */
uchar  data  *dp3;                     /*定义一个指向 data 区的指针 dp3 */
```

如果在变量说明时略去存储器类型标志符，编译器会自动选择默认的存储器类型。默认的存储器类型由控制指令 SMALL、COMPACT 和 LARGE 限制。例如，如果声明 char var，则默认的存储器模式为 SMALL，var 放在 data 存储区；如果使用 COMPACT 模式，var 放入 idata 存储区；在使用 LARGE 模式的情况下，var 被放入外部数据存储区（xdata 存储区）。

第三节　C51 对单片机资源的定义

前已述及，C51 是面向 51 系列单片机的 C 编程语言，C51 对内部硬件资源的操作必须建立在对象有明确定义的基础上，所定义的内容包括了 51 系列单片机的内部 RAM、特殊功能寄存器、片外 RAM、程序存储器、存储器绝对地址和中断等，定义的方法将在本节逐一介绍。

一、特殊功能寄存器的定义

特殊功能寄存器（SFR）是单片机各种硬件资源在内部数据存储器的映射，通过对 SFR 的读写可方便地实现对单片机相应硬件资源的操作。

C51 提供了一种自主形式的定义方式，使用特定关键字 sfr。如：

```
sfr  SCON= 0x98;        /*串行通信控制寄存器地址 98H*/
sfr  TMOD= 0x89;        /*定时器模式控制寄存器地址 89H */
sfr  ACC= 0xE0;         /*累加器 A 地址 E0H */
sfr  P1= 0x90;          /*P1 端口地址 90H*/
```

定义了以后，程序中就可以直接引用寄存器名。

C51 也建立了一个头文件 reg51.h（增强型为 reg52.h），在该文件中对所有的特殊功能寄存器进行了 sfr 定义，对特殊功能寄存器的可寻址位进行了 sbit 定义，因此，只要使用包含语句 #include <reg51.h>，就可以直接引用特殊功能寄存器名，或直接引用位名称。

要特别注意：在引用时，特殊功能寄存器或者位名称必须大写。

二、对位变量的定义

C51 对位变量的定义有 3 种方法。

（1）将变量用 bit 类型的定义符定义为 bit 类型。

如：bit a;

a 为位变量，其值只能是“0”或“1”，其位地址 C51 自行安排在可位寻址区的 bdata 区。

（2）采用字节寻址变量．位的方法。

如：
```
bdata int a;        /* a 定义为整型变量 */
sbit a0= a^0;       /* a0 定义为 a 的第 0 位 */
```

这里位是运算符“ ^ ”，相当于汇编中的“.”，其后的最大取值依赖于该位所在的字节寻址变量的定义类型，如定义为 char，最大值只能为 7。

（3）对特殊功能寄存器的位的定义。

方法 1：使用头文件及 sbit 定义符，多用于无位名的可寻址位。例如：

```
#include <reg51.h>
sbit P1_1= P1^1;          /* P1_1 为 P1 口的第 1 位 */
sbit ac= ACC^7;           /* ac 定义为累加器 A 的第 7 位 */
```

方法 2：使用头文件 reg51.h，再直接用位名称。例如：

```
#include < reg51.h>
RS1= 1;
RS0= 0;
```

方法 3：用字节地址位表示，例如：

```
sbit OV= 0xD0^2;
```

方法 4：用寄存器名定义，例如：

```
sfr PSW= 0xD0;            /* 定义 PSW 地址为 D0H */
sbit CY= PSW^7            /* CY 定义为 PSW 的第 7 位 */
```

三、对存储器和外接 I/O 接口地址的访问

1. 采用绝对地址访问方式

（1）对存储器的访问。头文件 absacc.h 可对不同的存储区的绝对地址进行访问，该文件包括的函数有：

CBYTE（访问 code 区字符型） CWORD（访问 code 区整型）

DBYTE（访问 data 区字符型） DWORD（访问 data 区整型）

PBYTE（访问 pdata 或 I/O 区字符型） PWORD（访问 pdata 区整型）

XBYTE（访问 xdata 或 I/O 区字符型） XWORD（访问 xdata 区整型）

绝对宏的使用可以通过以下几个例子来理解。

```
rval= CBYTE[0x0002];      //指向程序存储区地址 0x0002
rval= CWORD[0x0002];      //指向程序存储区地址 0x0004
rval= DBYTE[0x0002];      //指向内部数据存储区地址 0x0002
rval= DWORD[0x0002];      //指向内部数据存储区地址 0x0004
rval= XBYTE[0x0002];      //指向外部数据存储区地址 0x0002
rval= XWORD[0x0002];      //指向外部数据存储区地址 0x0004
```

CWORD、DWORD、XWORD 所用的索引不代表存储区地址的整数值。为了得到存储区地址，必须索引乘以一个整数（2 字节）的大小。

（2）对外部 I/O 接口的访问。51 系列单片机 I/O 接口与外部数据存储区是统一编址的，

因此对 I/O 接口地址可用 XBYTE 或 PBYTE。

例如：

```
XBYTE [0x7fff]= 0x30;
```

将 30H 输出到地址为 7fffH 的接口。

2. 通过指针方式访问

采用指针的方式可以实现在 C51 程序中对任一支持间接寻址的存储器单元进行访问。

例如：

```
#define uchar unsigned char
#define uint unsigned int
void func(void )
{
uchar  data  var;
uint  xdata  *p1;           //定义一个指向 xdata 区的指针变量 p1
uchar  data  *p2;           //定义一个指向 data 区的指针变量 p2
p1= 0x2000;                 //给 p1 指针赋值，指向 xdata 区的 2000H 单元
*p1= 0x1234;                //将数据 1234H 送入片外 2000H，2001H 单元
p2= &var;                   //给 p2 指针赋值，指向 data 区的 var 变量
*p2= 0x20;                  //将 20H 赋给变量 var
}
```

四、中断函数的定义

C51 语言扩展了函数的定义，使它可以直接编写中断服务函数，可以不必考虑出入栈问题，从而提高了工作效率。

C51 对中断的定义主要包括如何确定中断源及相应的中断服务程序。在通常的应用中，这种定义包括函数名、中断源的类型号以及执行此中断服务程序所使用的寄存器组。

定义格式：

```
void 函数名(void)  interrupt n  [using m]
{ …          /* 中断服务程序 */
}
```

前一个 void 表明中断无返回值，函数名（ ）中的 void 表明无参数传递；关键字为 interrupt 是不可缺少的，由它告诉编译器该函数是中断服务函数，并由后面的 n 指明所使用的中断号。n 的取值范围为 0～31，但具体的中断号要取决于芯片的类型，如 51 系列单片机实际只使用 0～4 号中断。每个中断号都对应一个中断向量，具体地址为 8n+3，中断源响应后处理器会跳转到中断向量所在的地址执行程序，编译器会在这个地址处产生一个无条件转移语句，转到中断服务函数所在的地址执行程序。51 系列单片机的中断向量和中断号对应关系见表 4-5。

表 4-5　　51 系列单片机的中断向量和中断号对应关系

中断号	中断源	中断向量
0	外部中断 0	0003H
1	定时器/计数器 T0	000BH
2	外部中断 1	0013H
3	定时器/计数器 T1	001BH
4	串行口	0023H

选项 using 是指定选用 51 芯片内部 4 组工作寄存器区中的哪个区。工作寄存器组的设定可由编译器完成，用户可以不予考虑，避免产生不必要的错误。

例如：

```
void timer0(void )  interrupt 1  using 2
{
:          /* 中断服务程序 */
}
```

其中，中断函数名为 timer0 ()，中断类型号为 1。由表 4-5 可知，中断源为定时器/计数器 T0，执行此中断函数使用第 2 组寄存器。关于中断定义后中断编程的方法将在后续章节中介绍。

第四节　C51 的运算符和程序流程控制

一、C51 的运算符

C51 具有十分丰富的运算符，有很强的数据处理能力，利用这些运算符可以组成各种表达式及语句。在 C51 中运算符按其在表达式中所起的作用，可分为赋值运算符、算术运算符、关系运算符、逻辑运算符、位操作运算符、自增与自减运算符、复合赋值运算符、逗号运算符、条件运算符、指针和地址运算符及强制类型转换运算符等。

1. 赋值运算符：＝

将“＝”右边的表达式的值赋给左边的变量。

2. 算术运算符

＋（加或正号）、－（减或负号）、*（乘号）、/（除号）、%（求余）。

优先级顺序为先乘除后加减，先括号内后括号外。

3. 关系运算符

<（小于）、>（大于）、<=（小于等于）、>=（大于等于）、==（相等）、!=（不相等）。

优先级顺序为前 4 个同级（高），后两个同级（低）。

4. 逻辑运算符

&&（逻辑与）、||（逻辑或）、!（逻辑非）。

逻辑表达式与关系表达式都是以 1 代表真，0 代表假。

优先级由高到低顺序为：逻辑非、算术运算符、关系运算符、逻辑与和逻辑或、赋值运算符。

5. 位操作运算符

&（按位与）、|（按位或）、^（按位异或）、~（按位取反）、<<（左移位右补 0）、>>（右移位左补 0）。

例如，若 a=0xF0，则执行表达式 a=~a 后 a=0x0F。

6. 自增、自减运算符

++i、--i（在使用 i 前，先使 i 的值加 1、减 1）

i++、i--（在使用 i 后，再使 i 的值加 1、减 1）

例如：设 i 的原值为 6，j=++i，则 j 的值为 7，i 的值也为 7；j=i++，则 j 的值为

6，i的值为7。

7. 复合赋值运算

+=、-=、*=、/=、<<=、>>=、&=、^=、|=。

例如：x+=y 相当于 x=x+y，x<<=6 相当于 x=x<<6。

8. 条件运算符

?:

例如：(x> y)? x:y;　　//若 x>y，则 x 的值为表达式的值，否则 y 的值为表达式的值

9. 指针和地址运算符

& 是指取地址运算。

* 是指取内容运算（间址运算符）。

这里注意：

(1)“&”与按位与运算符的差别：如果“&”为“与”运算符，& 的两边必须为变量或常量；

(2)“*”与指针定义时指针前的“*”的差别：如 char *pt，这里的“*”只表示 pt 为指针变量，不代表间址取内容的运算。

10. 强制类型转换运算符

( )

例如，

```
float i;
(int)i;      //将单精度浮点型变量i强制转换成整型变量（临时转换，不改变i本身的类型）
```

二、程序流程控制

C51 程序有三种基本结构：顺序结构、选择结构与循环结构。顺序结构较为简单，这里介绍选择结构和循环结构。

1. 选择结构

(1) if 选择语句。C51 提供了 3 种形式的 if 语句：

```
1) if(条件表达式)
     {语句;}
2) if (条件表达式)
     {语句 1;}
   else
     {语句 2;}
3) if (条件表达式 1)
     {语句 1;}
   else if (条件表达式 2)
     {语句 2;}
     ⋮
   else if (条件表达式 m)
     {语句 m;}
   else
```

```
        {语句 n;}
```

（2）switch/case 语句。该语句也是一种用来实现多分支的语句形式。虽然可以用 if 来实现，但当分支较多时 if 语句的嵌套层次太多，使程序冗长，可读性降低。而 switch/case 语句可直接处理多分支选择，使程序结构清晰，使用方便。该语句格式如下：

```
switch(表达式)
{
case 常量表达式 1：{语句 1; } break;
case 常量表达式 2：{语句 2; } break;
⋮
case 常量表达式 n:{语句 n;} break;
default:{语句 n+1;}
}
```

2. 循环结构

（1）while 语句。while 语句的一般格式为：

```
while（条件表达式）
    {
    语句;
    }
```

（2）do while 语句。do while 语句的一般格式为：

```
do
    {
    语句;
    } while（条件表达式）;
```

（3）for 语句。for 语句的一般格式为：

```
for（表达式 1; 表达式 2; 表达式 3）
    {
    语句;
    }
```

第五节 C 语言与汇编语言的混合编程

C51 提供了丰富的库文件，具有很强的数据处理能力，可生成高效简洁的目标代码，在绝大多数场合采用 C51 编程即可完成预期的任务。尽管如此，有时仍需要采用一定的汇编语言程序，如对于某些特殊的 I/O 接口地址的处理、中断向量地址的安排、提高程序代码的执行速度等。为此，C51 编译器提供了与汇编语言程序的接口规则，按此规则可以方便地实现 C51 程序与汇编语言程序的相互调用。

为简便起见，本节仅讨论在 C51 中调用汇编程序和在 C51 中嵌入汇编代码两种方法。

一、在 C 语言中调用汇编语言程序

要实现在 C51 函数中调用汇编函数，需要了解 C51 编译器的编译规则。下面通过一个实例，介绍有关内容。

例如：在两个给定数据中选出较大的数据，其程序源代码如下：

```
/*以下代码在文件 1.c 中实现    */
#include "stdio.h"
#include "reg51.h"
char max(char x ,char y);
void main()
{
  char  x= 30,y= 40,c;
  c= max(x,y);
}
```

在上面的主函数中，max 函数是在下面的汇编文件中实现的。

```
;以下代码在汇编文件 max.asm 中实现
PUBLIC  _MAX
DE SEGMENT CODE
RSEG DE
_MAX: MOV A,R7
      MOV 30H,R5
      CJNE A,30H,TAG
  TAG:JNC EXIT
      MOV 07H,R5
 EXIT:RET
      END
```

从上面的例子可以看出，要想使以汇编语言实现的函数能在C语言程序中被调用，需要解决下面三个问题：

(1) 程序的寻址，在 main.c 中调用的 max（）函数，如何与汇编文件中的相应代码对应起来；

(2) 参数传递，从 main.c 传递给 max（）函数的参数 x 和 y，存放在何处可使汇编程序能够获取它们的值；

(3) 返回值的传递，汇编语言计算得到的结果，存放在何处可使C语言程序能够获取。

1. 程序的寻址

程序的寻址是通过在汇编文件中定义同名的“函数”来实现，例如上例汇编代码中的：

```
PUBLIC  _MAX
DE SEGMENT CODE
RSEG DE
_MAX:……
```

其中，PUBLIC _MAX 的作用是声明函数为公共函数，RSEG 伪指令选择一个事先用 SEGMENT 伪指令声明的普通段。

RSEG 伪指令的格式：RSEG 段名

其中段名是事先由 SEGMENT 伪指令定义的，如上例中的 DE。

_MAX 与C程序中的 max 相对应。在C语言程序和汇编语言程序之间，函数名的转换规则见表 4-6。

表 4-6 函数名转换规则

C51 函数说明	转换后函数名	说　明
void func (void)	FUNC	无参或参数不经寄存器传递时
void func1 (char)	_FUNC1	参数经寄存器传递时
void func2 (void) reentrant	_?FUNC2	可重入函数采用堆栈传递参数

2. 参数传递

传递参数的简单办法是使用寄存器，这种做法能够产生精练高效的代码，具体规则见表 4-7。

表 4-7 参数传递规则

参数类型	char	int	long，float	一般指针
第 1 个参数	R7	R6，R7	R4～R7	R1，R2，R3
第 2 个参数	R5	R4，R5	R4～R7	R1，R2，R3
第 3 个参数	R3	R2，R3	无	R1，R2，R3

例如前面的例子语句 char max (char x,char y);中第一个 char 型参数 x 放在寄存器 R7 中，第二个 char 型参数 y 放在寄存器 R5 中。因此在后面的汇编代码中，就是分别从 R7 和 R5 中取这两个参数：

```
      ⋮
_MAX:MOV A,R7         ; 取第一个参数
     MOV 30H,R5       ; 取第二个参数
      ⋮
```

3. 返回值传递

汇编语言通过寄存器或存储器传递参数给 C 语言程序，返回值见表 4-8。

表 4-8 汇编程序返回值传递规则

返回值	寄存器	说　明
bit	C	进位标志
(unsigned) char	R7	
(unsigned) int	R6，R7	高位在 R6，低位在 R7
(unsigned) long	R4，R5，R6，R7	高位在 R4，低位在 R7
float	R4，R5，R6，R7	32 位 IEEE 格式，指数和符号在 R4，尾数低位字节在 R7
指针	R1，R2，R3	R3 存放寄存器类型，高位在 R2，低位在 R1

在前面例子中，汇编语言就是通过把两个数中较大的一个保存在寄存器 R7 中返回给 C 语言函数的。

二、在 C 语言函数中嵌入汇编语言

通常，在 C51 程序中嵌入汇编程序的处理方法如下：

第一步：在 C 文件中按如下方式嵌入汇编程序。

```
#pragma asm
; 汇编程序代码
```

```
#pragma endasm
```

第二步：在Keil C51软件的“Project”窗口右击嵌入汇编代码的C文件，选择“Options for...”，单击右边的“Generate Assembler SRC File”和“Assemble SRC File”，使检查框由灰色变成黑色（有效）状态；

第三步：根据选择的编译模式，把相应的库文件（如Small模式时，是Keil\C51\Lib\C51S.Lib）加入工程中，该文件必须作为工程的最后文件；

第四步：编译，即可生成目标代码。

例如：

```
void main(void)
{
    #pragma  asm
        MOV R1,#0AH
LOOP:   INC A
        DJNZ R1,LOOP
  #pragma  endasm
}
```

第六节　C51仿真开发环境的使用

Keil是德国Keil Software公司出品的单片机集成开发软件，该软件支持51系列单片机的所有变种（目前有400多种型号）。Keil提供了包括C编辑器、编译器、宏汇编、连接器、库管理及一个功能强大的仿真调试器在内的完整开发方案，并通过一个集成开发环境（μVision3）将这些部分组合在一起。

μVision3的软件界面包括4大组成部分，即菜单工具栏、项目管理窗口、文件窗口和输出窗口（见图4-1）。

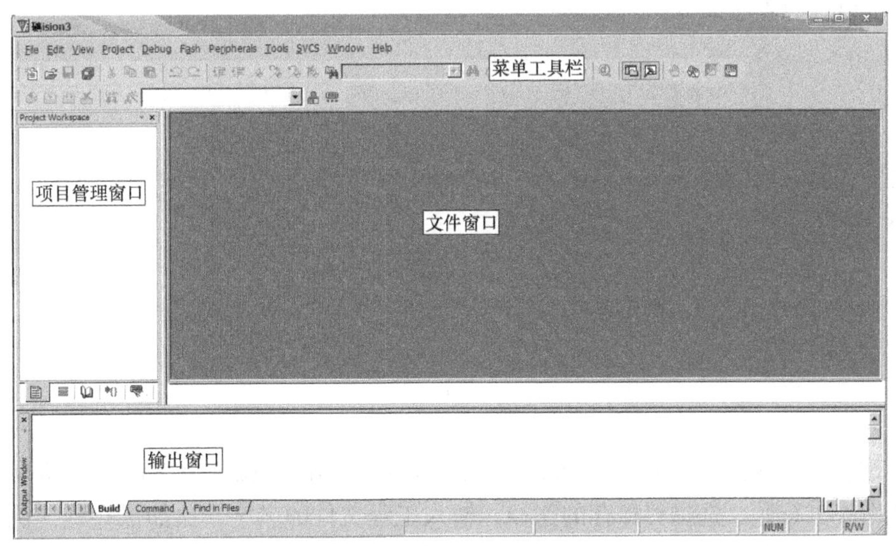

图4-1　μVision3软件的界面

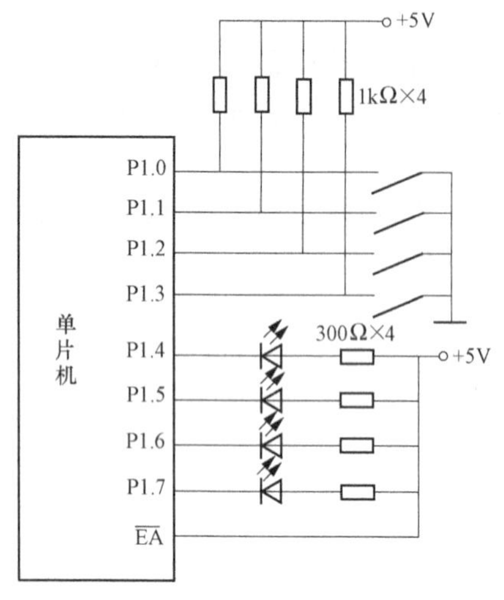

图 4-2　[例 4-2] 硬件连接图

下面通过 [例 4-2] 的编程、调试，引导读者学习 Keil C51 软件的基本使用方法和基本的调试技巧。

【例 4-2】　如图 4-2 所示，P1.0～P1.3 接 4 个开关，P1.4～P1.7 接 4 个发光二极管，编程将开关的状态反映到发光二极管上。

分析：当开关断开时，对应口线输入高电平，对应数字量为"1"，开关闭合时，对应口线输入低电平，对应数字量为"0"；LED 正偏时才能发亮，按电路图 4-2 接法，当对应口线输出"0"时，LED 发光，当对应口线输出"1"时，LED 熄灭。

解　(1) 汇编语言源程序如下：

```
        ORG     0H
        MOV     P1,#0FFH      ;高 4 位 LED
                              ;全灭，低 4 位输入线送"1"
ABC:    MOV     A,P1          ;读 P1 口开关状态，并送入 A
        SWAP    A             ;将低 4 位开头状态换到高 4 位
        ANL     A,#0F0H       ;保留高 4 位
        MOV     P1,A          ;从 P1 口输出
        ORL     P1,#0FH       ;高 4 位不变，低 4 位送"1"，准备下一轮读开关状态
        SJMP    ABC           ;循环执行，反复调整并观察执行结果
```

上述程序中每次读开关之前，输入位都先置"1"，保证了开关状态的正确读入。

(2) C 语言源程序如下：

```
#include < reg51.h>
main()
{
    P1 = 0xFF;
    while(1)
{
    P1 = P1< < 4;
    P1 = P1 | 0x0F;
    }
}
```

(1) 建立一个新工程。单击"Project"菜单，在弹出的下拉菜单中选中"New Project"选项 [见图 4-3 (a)]。选择要保存的路径，输入工程文件的名字，比如保存到 [例 4-1] 目录里，工程文件的名字为 4-1 [见图 4-3 (b)]，然后单击"保存"按钮。

(2) 这时会弹出一个对话框，要求选择单片机的型号，可以根据所使用的单片机来选择

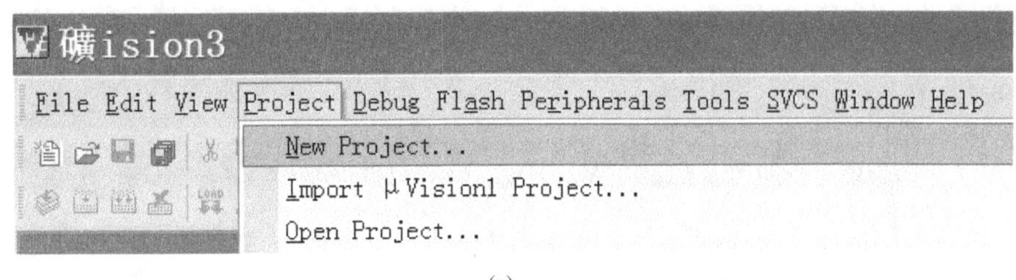

(a)

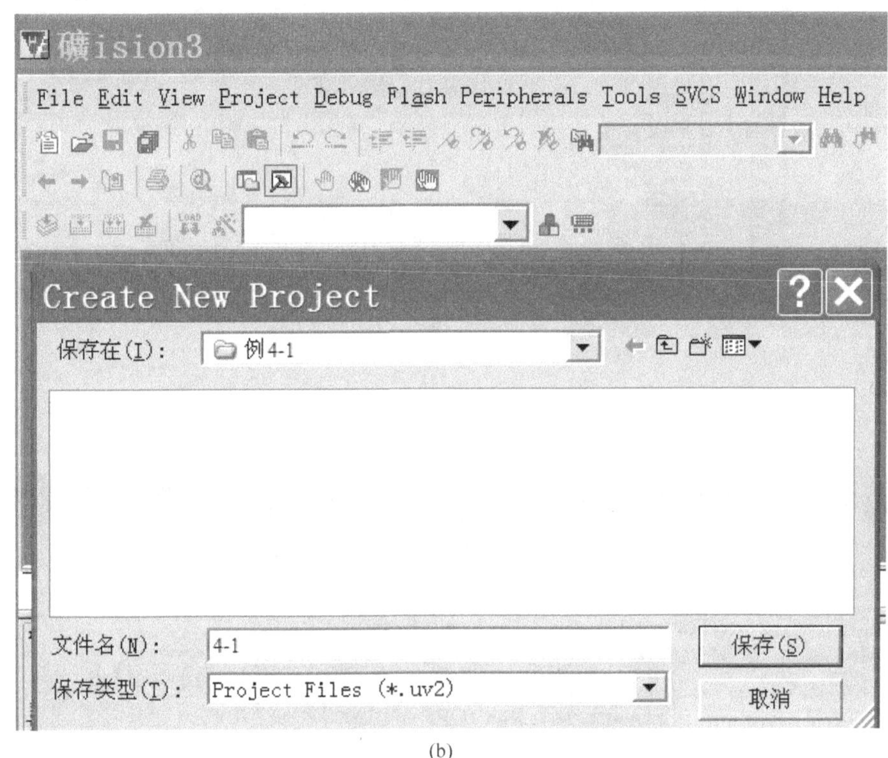

(b)

图 4-3　新建工程

(a) 选中“New Project”；(b) 输入文件名字，选择保存路径

(Atmel 的 89C51)，如图 4-4 (a) 所示。选择 89C51 之后，右边栏是对这个单片机的基本的说明，然后单击确定，对话框消失，界面如图 4-4 (b) 所示。

(3) 编写程序。单击“File”菜单，再在下拉菜单中单击“New”选项 [见图 4-5 (a)]，此时光标在编辑窗口里闪烁，这时可以输入用户的应用程序了，建议首先保存该空白的文件，屏幕如图 4-5 (b) 所示，在“文件名”栏右侧的编辑框中，键入欲使用的文件名 (4-1. c)，同时，必须键入正确的扩展名。注意，如果用 C 语言编写程序，则扩展名为 . c；如果用汇编语言编写程序，则扩展名必须为 . asm。然后，单击“保存”按钮。

(4) 回到编辑界面后，单击“Target 1”前面的“+”号，然后在“Source Group 1”上右击，弹出菜单，如图 4-6 (a) 所示。单击“Add File to Group ‘Source Group 1’”结果图如图 4-6 (b) 所示，选中 4-1. c，然后单击“Add ”，结果如图 4-6 (c) 所示。

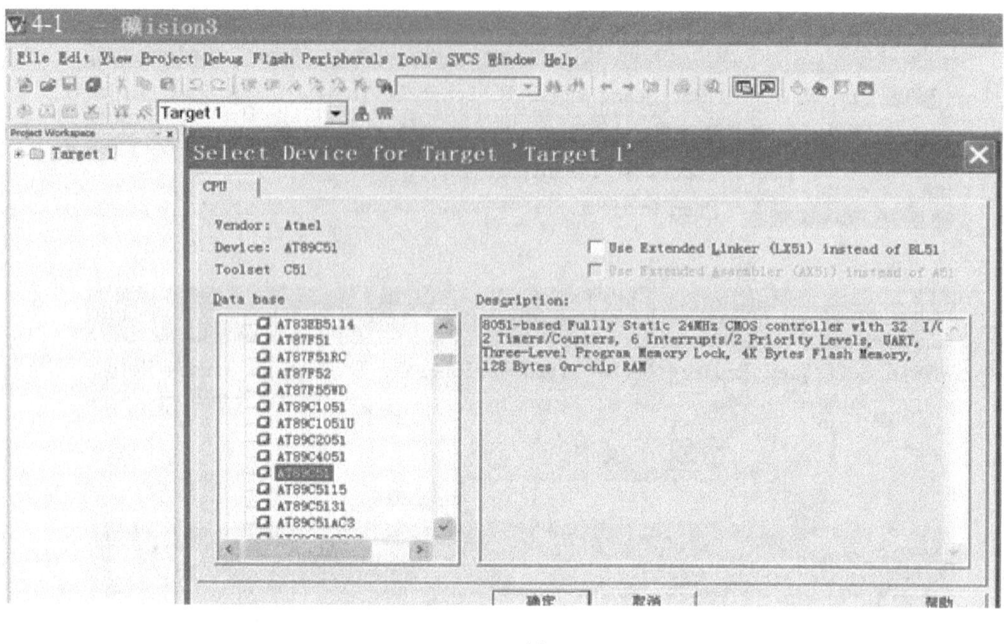

(a)

(b)

图 4-4 选择单片机型号

(a) 选择单片机型号；(b) 单击确定后

(a)

图 4-5 新建文件（一）

(a) 选择“File”下的“New”选项

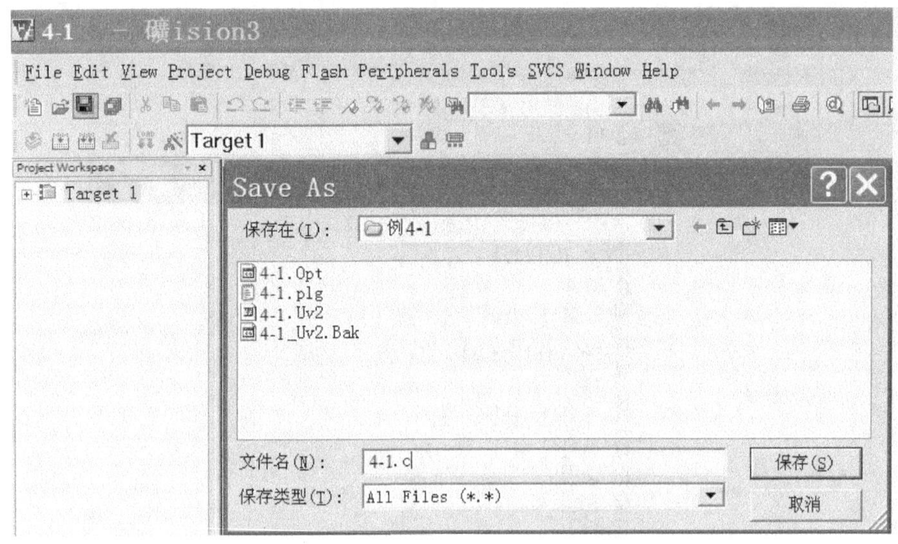

(b)

图 4-5　新建文件（二）

（b）保存文件

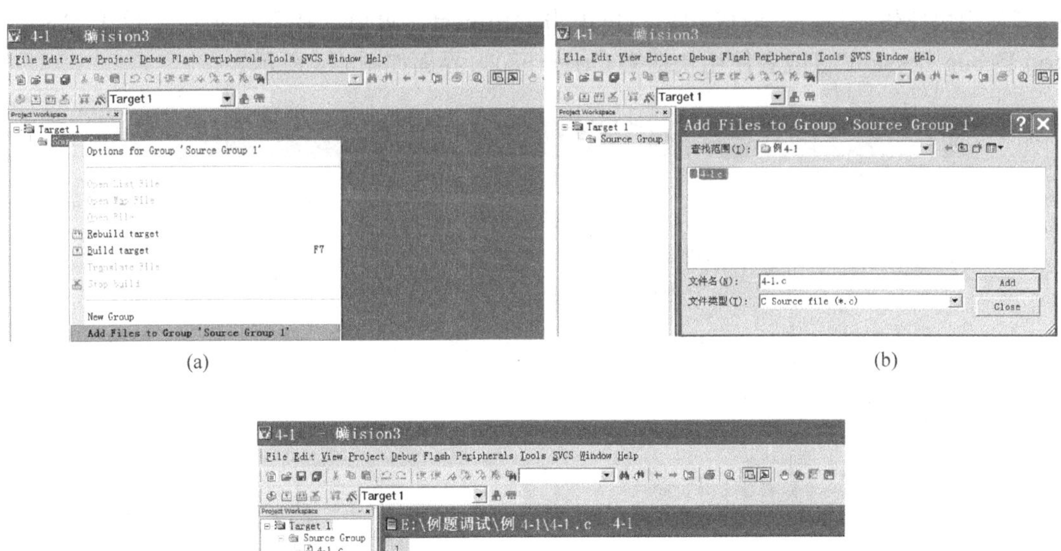

(a)　　　　(b)

(c)

图 4-6　添加文件到工程

（a）右击 “Source Group 1”；（b）单击 “Add File to Group ‘Source Group 1’”；（c）单击 “Add”

（5）输入［例 4-2］的 C 语言源程序。在输入程序时，可以看到事先保存待编辑的文件的好处，即 Keil C51 会自动识别关键字，并以不同的颜色提示用户加以注意，这样会使用户少犯错误，有利于提高编程效率。程序输入完毕后，如图 4-7 所示。

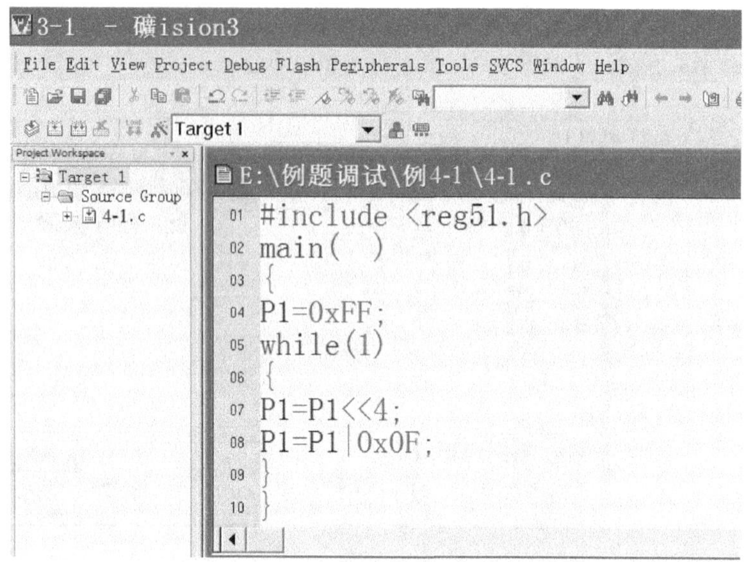

图 4-7 编辑源程序

（6）在图 4-7 中，单击“Project”菜单，再在下拉菜单中单击“Built Target”选项（或者使用快捷键 F7），编译成功后，再单击“Project”菜单，在下拉菜单中单击“Start/Stop Debug Session”（或者使用快捷键 Ctrl+F5），界面如图 4-8 所示。

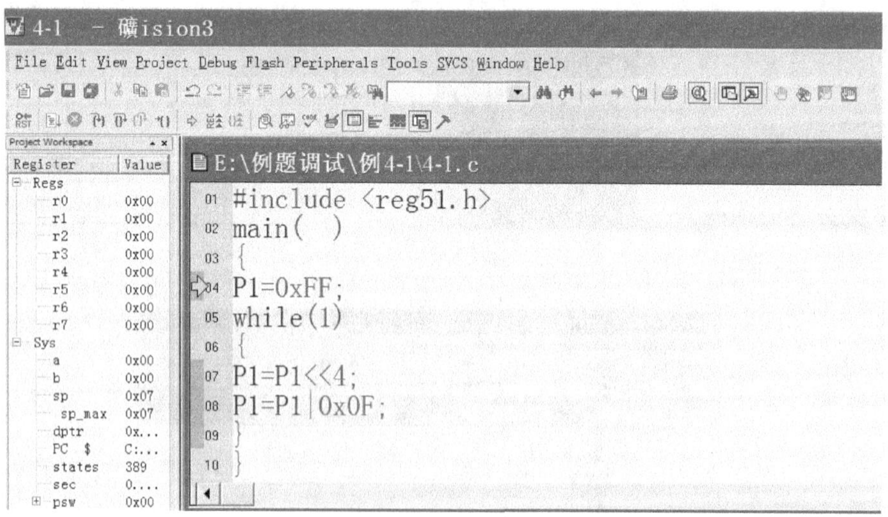

图 4-8 调试界面

（7）调试程序。为了观察 P1 口的变化，按照如图 4-9（a）所示的提示方法打开 P1 口调试窗口，打开各界面如图 4-9（b）所示。单步执行源程序至 P1=P1<<4 时，将 P1.1 清零［见图 4-9（c）］，运行完 P1=P1<<4 指令后，P1 口的状态如图 4-9（d）所示，可以发现该程序可以实现系统要求的将“开关的状态反映到发光二极管上”。

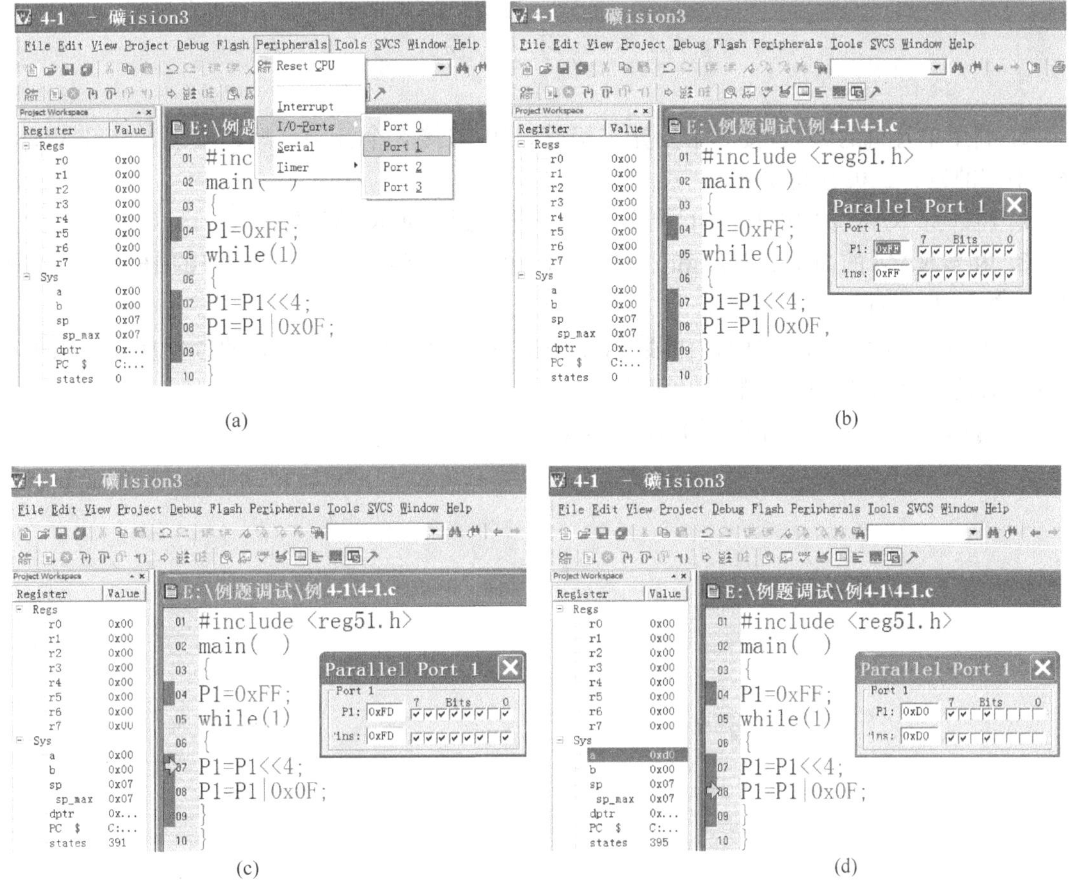

(a)　(b)　(c)　(d)

图 4-9　单步调试过程

(a) 打开 P1 口调试窗口方法；(b) 打开后界面；(c) 清零 P1.1；(d) P1 口状态

至此，在 μVision3 中做了一个完整工程的全过程。但这只是纯软件的开发过程，如何使用程序下载器看一看程序运行的结果呢？

(8) 单击“Project”菜单，再在下拉菜单中单击“ Options for Target ‘Tanget 1’”在如图 4-10 所示界面中，在“Output”选项卡下勾选“Create HEX File”，使程序编译后产生 HEX 代码，供下载器软件使用。

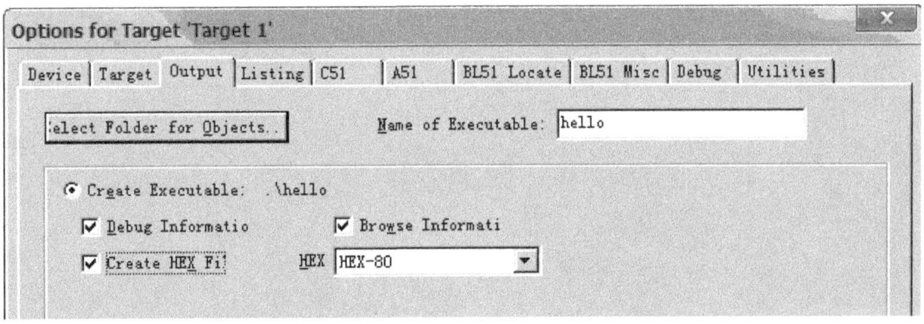

图 4-10　生成 HEX 文件的设置

习　题

1. 利用单片机的 P0 口接 8 个发光二极管，P1 口接 8 个开关，编程实现，当开关动作时，对应的发光二极管亮或灭。

2. 将外部 RAM 的 10H～15H 单元的内容传送到内部 RAM 的 10H～15H 单元。

3. 内部 RAM 的 20H、21H 和 22H、23H 单元分别存放着两个无符号的 16 位数，将其中的大数置于 24H 和 25H 单元。

4. 编程将 51 系列单片机的内部数据存储器 20H 单元和 35H 单元的数据相乘，结果存到外部数据存储器 2000H 开始的单元中。

5. 将第三章习题中的编程题用 C51 实现。

第五章　典型人机接口电路

本章主要介绍单片机应用系统中键盘和显示器的内部结构、工作原理及与单片机的接口电路设计、编程方法及应用。

通过对本章的学习，应掌握和了解以下知识：

(1) 了解 LED 显示的结构及工作原理；

(2) 掌握 LED 数码管的译码方法；

(3) 掌握 LED 数码管的显示方法；

(4) 了解键盘的结构和工作原理；

(5) 掌握矩阵式键盘的扫描方法。

对一个系统进行操作时，往往离不开人与机器的对话，人机接口界面可以满足人与机器之间的交流。键盘和显示器是单片机应用系统中实现人机对话的一种基本形式，可以通过按键将所需要的信号与信息输入系统，系统经过处理后，又可以通过显示器将所期待的效果显示出来，这样就可以达到人与机器交流的目的。一个好的单片机应用系统，通常要有优秀的人机交互接口。

第一节　LED 数码管结构及驱动

显示器的种类很多，从液晶显示器、发光二极管显示器到 CRT 显示器，都可以与微机配接。在单片机应用系统中，常用的显示器主要有发光二极管数码显示器（简称 LED 数码管）和液晶显示器（简称 LCD 显示器）。LED 数码管具有耗电少、成本低廉、配置简单灵活、安装方便、寿命长等优点，但显示内容有限，不能显示图形，因而其应用具有局限性；LCD 显示器除了具有 LED 的特点外还能实现汉字和图形显示，但其驱动较为复杂。

本节着重介绍 LED 数码管的种类与结构、工作原理及与单片机的接口技术。

一、LED 数码管结构与工作原理

LED 数码管是由若干个发光二极管组成的显示字段的显示器件，当发光二极管导通时，相应的一个点或一个笔画发光，控制不同组合的二极管导通就能显示不同字符。LED 数码管有多种形状，如“米”字形显示器、点阵显示器和七段数码显示器等，在单片机系统中使用最多的是七段数码管显示器。

七段 LED 数码管显示器由 8 个发光二极管组成。根据内部发光二极管的连接形式不同，LED 数码管分共阴极和共阳极两种。所有发光二极管的阳极连在一起称共阳极 LED；所有阴极连在一起称为共阴极 LED。LED 的结构及连接如图 5-1 所示。

当选用共阴极 LED 数码管时，所有发光二极管的阴极连在一起接地，当某个发光二极管的阳极接高电平时，对应的二极管点亮（LED 数码管每段需要 10～20mA 的驱动电流）。

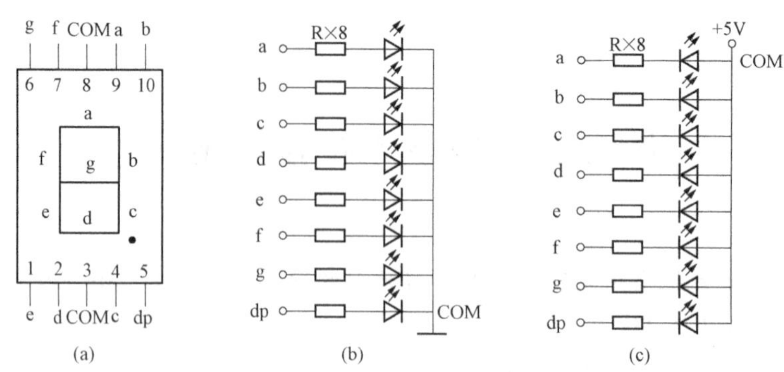

图 5-1 LED 结构及连接

(a) 管脚配置；(b) 共阴极；(c) 共阳极

当选用共阳极的 LED 数码管时，所有发光二极管的阳极连在一起接高电平。当某个发光二极管的阴极接低电平时，对应的二极管点亮。因此要显示某字形就应使此字形的相应段的二极管点亮，实际上就是送一个用不同电平组合代表的数据字（显示码）来控制 LED 的显示，此数据称为字符的段码或字形码。字形码与 LED 数码管各段的关系如下：

D7	D6	D5	D4	D3	D2	D1	D0
dp	g	f	e	d	c	b	a

其中，dp 为小数点段，字符 0～9、A～F 的段码（字形码）见表 5-1。

表 5-1　常用字符的段码表（字形码表）

字符	dp	g	f	e	d	c	b	a	段码（共阴）	段码（共阳）
0	0	0	1	1	1	1	1	1	3FH	C0H
1	0	0	0	0	0	1	1	0	06H	F9H
2	0	1	0	1	1	0	1	1	5BH	A4H
3	0	1	0	0	1	1	1	1	4FH	B0H
4	0	1	1	0	0	1	1	0	66H	99H
5	0	1	1	0	1	1	0	1	6DH	92H
6	0	1	1	1	1	1	0	1	7DH	82H
7	0	0	0	0	0	1	1	1	07H	F8H
8	0	1	1	1	1	1	1	1	7FH	80H
9	0	1	1	0	1	1	1	1	6FH	90H
A	0	1	1	1	0	1	1	1	77H	88H
B	0	1	1	1	1	1	0	0	7CH	83H
C	0	0	1	1	1	0	0	1	39H	C6H
D	0	1	0	1	1	1	1	0	5EH	A1H
E	0	1	1	1	1	0	0	1	79H	86H
F	0	1	1	1	0	0	0	1	71H	8EH
—	0	1	0	0	0	0	0	0	40H	BFH
.	1	0	0	0	0	0	0	0	80H	7FH
熄灭	0	0	0	0	0	0	0	0	00H	FFH

二、LED 数码管的译码方法

从 LED 数码管的原理可知，为了显示字母与数字，必须转换为相应的段码。这种转换可以通过硬件译码或软件译码来实现。

1. 硬件译码法

硬件译码法采用 BCD 码译码器/驱动器（如 4511、74LS48 等），如图 5-2 所示。通过译码把一位 BCD 码数翻译为相应的字形码，然后由驱动器提供足够的功率去驱动发光二极管。

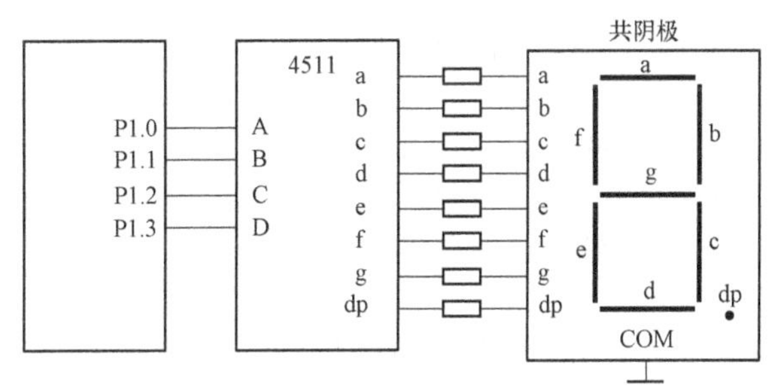

图 5-2 硬件译码电路

硬件译码器一般都具有直接驱动 LED 的能力，且占用单片机系统接口资源少（字形码只需 4 根口线），编程简单。缺点是显示字符有限，通常只能显示 0～9 十个字符。

【例 5-1】 在如图 5-2 所示 LED 数码管上循环显示 0～9 十个数字。

分析：要在一个 LED 数码管上循环显示多个数字，为了能看清数字的变化，中间必须停留至少 200ms 以上的时间。否则，可能就无法点亮 LED（即使能点亮，也无法分辨显示的内容）。

解 （1）汇编语言源程序如下：

```
        ORG     0H
        LJMP    START
        ORG     0100H
START:  MOV     SP,#60H
LOOP:   MOV     R3,#0            ；设定要显示的第一个数字
NEXT:   MOV     A,R3
        ANL     A,#0FH           ；屏蔽高半字节
        MOV     P1,A             ；送显示器
        LCALL   DELAY            ；调 1s 延时程序
        INC     R3               ；修改要显示的数字
        CJNE    R3,#0AH,NEXT     ；若 0～9 还未显示一遍，则继续显示下一数字
        SJMP    LOOP             ；若显示一遍，则重新开始显示
DELAY:  MOV     R5,#10           ；延时子程序
LOOP0:  MOV     R6,#200
LOOP1:  MOV     R7,#250
LOOP2:  DJNZ    R7,LOOP2
        DJNZ    R6,LOOP1
        DJNZ    R5,LOOP0
        RET
        END
```

（2）C51 程序：

```
#include"reg51.h"
```

```
#define uint unsigned int
#define uchar unsigned char
delay( )
{
uint i;
for(i = 0; i< 65535; i++);
}
void main( )
{ uchar j;
    while(1)
    {
     for(j = 0; j<= 9; j++)
     {
     P1 = j;
     delay( );
     }
    }}
```

2. 软件译码法

软件译码法由软件完成译码功能，该方式显示字形较多，可由用户自己编码决定。其缺点是占用单片机系统接口资源较多（字形口需要 8 个口线），且一般要配置驱动器（如 7406、7407、74LS373 等），编程相对复杂。

【例 5-2】 在如图 5-3 所示的 LED 数码管上循环显示十六进制数字 0～9、A～F。

分析：采用软件译码法循环显示多个字符时，必须采用查表的方式。即先建立一个字形码表格，然后根据要显示的字符通过查表指令从字形码表格中取出对应的字形码，并送显示器的字形口实现字符显示。

图 5-3 软件译码电路

解 （1）汇编语言程序如下：

```
        ORG     0000H
START:  MOV     SP, #60H
LOOP:   MOV     R3, #0
        MOV     DPTR, #TAB        ; 将字形码表首地址送数据指针
NEXT:   MOV     A, R3
        ANL     A, #0FH
        MOVC    A, @A+DPTR        ; 查字形码表
        MOV     P1, A
        LCALL   DELAY             ; 延时程序见［例 5-1］
        INC     R3
        CJNE    R3, #10H, NEXT
        SJMP    LOOP
TAB:    DB      3FH, 06H, 5BH, 4FH ; 共阴极字形码表
```

```
        DB      66H,6DH,7DH,07H
        DB      7FH,6FH,77H,7CH
        DB      39H,5EH,79H,71H
        END
```

注意：如果驱动器具有取反作用，共阴极数码管在显示时应采用共阳极字形码表。

(2) C51 程序：

```
#include "reg51.h"
#define uint unsigned int
#define uchar unsigned char
uint i
uchar j
uchar leddata[ ]={ 0x3F,0x06,0x5B,0x4F,0x66,0x6D,0x7D,0x07,0x7F,0x6F,
                   0x77,0x7C,0x39,0x5E,0x79,0x71,0x40,0x00 }
delay( )
{
for(i =0; i<65535; i++ )
}
void main( )
{
    while(1)
    {
     for(j =0; j<=15; j++ )
     {
     P1 =leddata[ j ]
     delay( )
     }
    }
 }
```

三、LED 数码管的显示方法

在实际的单片机应用系统中，使用单个 LED 数码管的情况比较少，经常需要同时使用多个 LED 数码管来显示大于 1 位的数据或字符串。以 4 个 LED 数码管并列使用的情况为例，这 4 个数码管可以显示−999～9999 的任何数字，也可以同时显示 4 个字符构成的字符串。可见使用多个 LED 数码管可以大大地扩展显示的信息量。

对于使用单个 LED 数码管的场合，直接用单片机的一个并行口便可以控制显示。控制显示多个 LED 数码管仍采用这种方法显然是不太可能的，因为典型的 51 单片机只有 4 个并行 I/O 口，而且有些 I/O 口还需用于其他用途。此时便需要根据系统资源占用情况，来选用合理的显示控制方式。

LED 数码管分为静态显示和动态显示两种显示控制方式。

1. LED 静态显示方式

LED 静态显示方式要求每位 LED 数码管的公共端（COM）必须接地（共阴极），或接高电平（共阳极）。而每位 LED 数码管都由一个具有锁存功能的 8 位端口去控制。这里所指的 8 位端口可以直接采用并行 I/O 接口（如单片机的 P0～P3、8155 的 PA 与 PB、8255 的 PA～PC 等，在单片机应用系统中很少使用），也可以采用扩展的串行输入/并行输出移位寄存器（具体使用方法参见本教材第八章，本章暂不予讨论）。

静态显示方式的优点是显示程序简单，显示亮度高，由于单片机不需要经常扫描显示器，所以可以节省 CPU 的时间。其缺点是占用 I/O 口资源多，硬件成本高，功耗大。静态显示器接口电路在字位数较多时，电路比较复杂，需要的接口芯片较多，成本也较高。因而在实际应用中常常采用动态显示方式接口电路。

2. LED 动态显示方式

LED 动态显示方式是单片机应用系统中最常用的显示方式之一。它是把所有显示器的同名字段互相连接在一起，并把它们连到字形口上。为了防止各个显示器同时显示出相同的字符，每个显示器的公共端（COM）还要受另一组信号控制，即把它们接到字位口上。这样对于一组 LED 数码显示器，需要有两种信号控制：一组是字形口输出的字形码，用来控制显示内容；另一组是扫描口输出的字位码，用来控制将字符显示在第几位显示器上（见图 5-4）。在这两组信号的控制下，各个显示器从左到右依次轮流点亮一遍，过一段时间再轮流点亮一遍，如此不断重复。虽然在任意时刻只有一位显示器被点亮，但由于显示器具有余辉效应，而人眼又具有视觉惰性，所以看起来与全部显示器持续点亮效果完全一样。

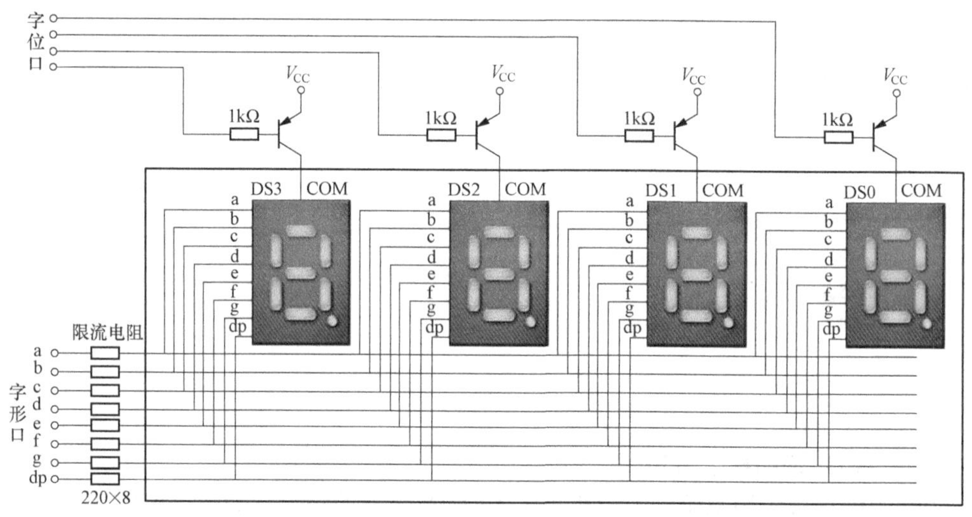

图 5-4 LED 数码管动态显示电路

如图 5-4 所示，当使用 4 个 LED 数码管时，每个 LED 数码管都有 a、b、…、g，接线很麻烦，这时可改用 4 个七段 LED 数码管封闭在一起组成的七段 LED 数码管模块（见图 5-5），这种模块便宜又好用。

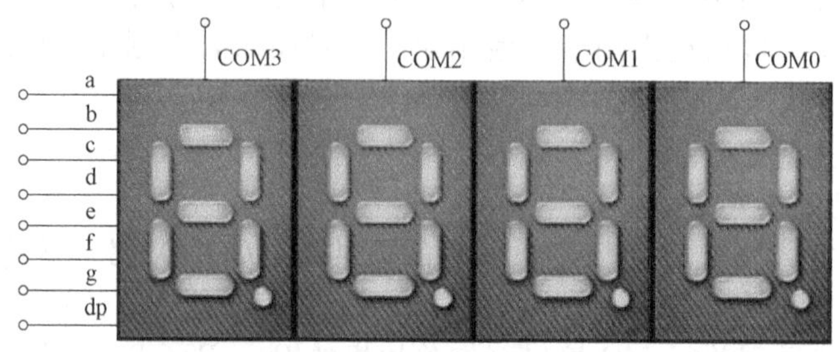

图 5-5 七段 LED 数码显示模块

【例 5-3】 如图 5-6 所示是一个软件译码动态显示的接口电路图。图 5-6 中用 8255A 扩

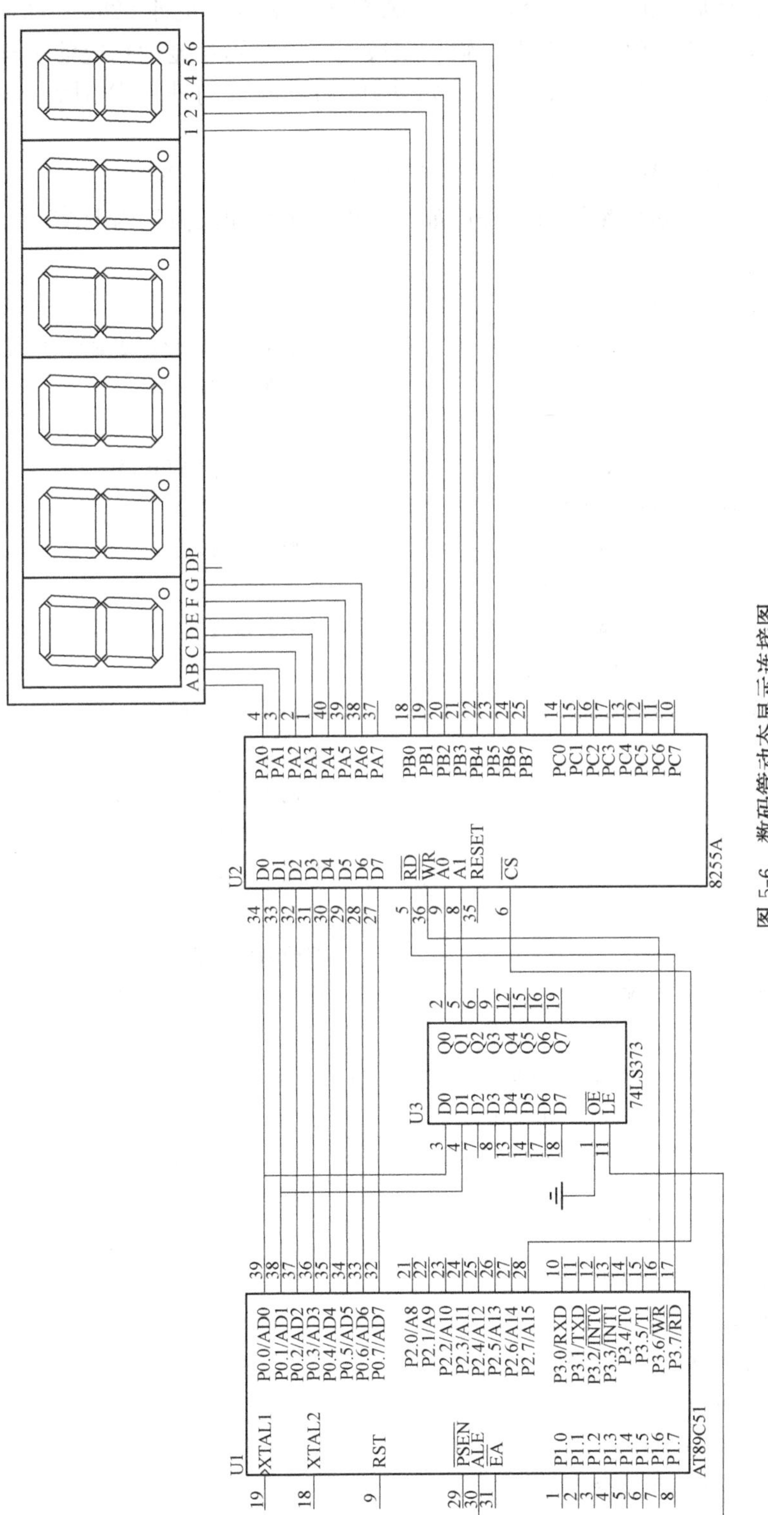

图 5-6　数码管动态显示连接图

展并行I/O口接数码管，数码管采用动态显示方式，6位数码管的段选线并联，与8255A的A口相连，6位数码管的公共端分别与8255A的B口相连，也即8255A的B口输出位选码选择要显示的数码管，8255A的A口输出字段码，使数码管显示相应的字符，8255A的A口和B口都以方式0输出。A口、B口、C口和控制口的地址分别为7F00H、7F01H、7F02H和7F03H。

设计一个显示子程序，将显示缓冲区的内容对应显示在数码管上。

解 （1）动态显示汇编语言子程序如下（设显示缓冲区为片内RAM的57H～52H单元）：

```
         ORG     0200H
DISPLAY: MOV     R0,#57H                     ; 动态显示初始化，使R0指向缓冲区首地址
         MOV     R3,#0DFH                    ; 首位位选字送R3
         MOV     A,R3
   LD0:  MOV     DPTR,#7F01H                 ; 使DPTR指向PB口
         MOVX    @DPTR,A
         MOV     A,@R0                       ; 读要显示数
         MOV     DPTR,#TAB
         MOVC    A,@A+DPTR                   ; 查表取得段码
         MOV     DPTR,#7F00H
         MOVX    @DPTR,A                     ; 段码从PA口输出
         ACALL   DL1                         ; 调用延时子程序
         DEC     R0                          ; 指向缓冲区下一单元
         MOV     A,R3                        ; 位选码送累加器A
         JNB     ACC.0,LD1                   ; 判断6位是否显示完毕，显示完则返回
         RR      A                           ; 未显示完，把位选字变为下一个位选字
         MOV     R3,A                        ; 修改后的位选字送R3
         AJMP    LD0                         ; 循环实现按位序依次显示
   LD1:  RET
   TAB:  DB 3FH,06H,5BH,4FH,66H,6DH,7DH,07H          ; 共阴极字段码表
         DB  7FH,6FH,77H,7CH,39H,5EH,79H,71H
   DL1:  MOV     R7,#02H                             ; 延时子程序
   DL:   MOV     R6,#0FFH
   DL0:  DJNZ    R6,DL0
         DJNZ    R7,DL
         RET
```

（2）动态显示C语言程序：

```
#include  <reg51.h>
#include  <absacc.h>                                  //定义绝对地址访问
#define  uchar  unsigned  char
#define  uint  unsigned  int
void  delay(uint);                                    //声明延时函数
```

```
void  display(void);                                        //声明显示函数
uchar  disbuffer[6]={ 0,1,2,3,4,5 };                        //定义显示缓冲区
void  main(void)
{
XBYTE[0x7f03]=0x80;                                         //8255A 初始化
while(1)
{ display();                                                //设显示函数
}
}
//* * * * * * * * * * * * 延时函数* * * * * * * * * * * *
void  delay(uint  i)                                        //延时函数
{uint  j;
for  (j=0; j<i; j++ ){ }
}
//* * * * * * * * * * * 显示函数* * * * * * * * * * * *
void  display(void)                                         //定义显示函数
{uchar codevalue[16]={ 0x3f,0x06,0x5b,0x4f,0x66,0x6d,
0x7d,0x07,0x7f,0x6f,0x77,0x7c,0x39,0x5e,0x79,0x71 };        //0～F 的共阴极字段码表
uchar  chocode[6]={ 0xdf,0xef,0xf7,0xfb,0xfd,0xfe };        //位选码表
uchar  i,p,temp;
for  (i=0; i<6; i++ )
{
temp=chocode[i];                                            //取当前的位选码
XBYTE[0x7f01]=temp;                                         //送出位选码(PB 口)
p=disbuffer[i];                                             //取当前显示的字符
temp=codevalue[p];                                          //查得显示字符的字段码
XBYTE[0x7f00]=temp;                                         //送出字段码(PA 口)
delay(20);                                                  //延时 1ms
}
}
```

在实际单片机应用系统中，LED 数码管显示程序都是作为一个子程序供主程序调用，因此在扫描完各位 LED 后，就返回主程序，然后再由主程序调用显示子程序，通过反复调用实现动态扫描。

第二节　键　盘　接　口

键盘是人与单片机进行人机交互的最基本的途径，它以按键的形式来输入数据或设置控制功能。按键的输入状态本质上是一个开关量。人们通过键盘输入一些命令或数据，以达到控制单片机运行的目的。

键盘通常分两类：一类是编码键盘，即键盘上闭合键的识别由专用硬件来实现，该硬件电路还具有去抖动、多键、串键保护功能。这种键盘使用方便，但电路复杂，价格较高，在单片机应用系统中较少采用；另一类是非编码键盘，即用软件来识别键盘上的闭合键，并计算出键值。非编码键盘结构简单（几乎不需要附加硬件逻辑）、成本低廉，在单片机应用系统中普遍采用非编码式键盘。本书仅介绍非编码式键盘。

对于一个优秀的人机键盘接口设计，需要占用合理的单片机资源，并能够及时、准确地响应用户的输入信息。在进行单片机键盘接口设计时，需要注意以下几方面。

（1）按键编码。按键的编码即每个按键在单片机程序设计时对应的键值。每个按键对应一个唯一的键值。当按键按下时，键盘将向单片机发送该按键对应的键值，单片机程序对不同的键值做出不同的响应。

在硬件上，键盘按键使用单片机的I/O线与CPU进行通信。其中单片机I/O线接收的是高低逻辑电平信号，因此，键盘输入的不同键值可以表示为I/O线上不同的高低电平的组合。键盘编码设计的主要任务就是选择合理的键盘结构，为每个按键分配不同的I/O输入信号，以供单片机识别并响应。

（2）输入的可靠性。输入的可靠性即让单片机程序能够正确无误地响应按键操作。由于目前的键盘按键多为机械式接触点，由于触点的机械弹性效应，在按键闭合和断开之时，接触会出现抖动，这样可能导致误响应或者多次响应等。键盘的可靠输入是键盘接口设计的关键点。对于键盘的可靠输入需要在程序中做如下两方面的处理：

1）去抖动。由于机械特性的不同，按键的抖动时间长短不等，大致为5～10ms。这样可以在硬件或者软件中进行响应的处理来消除抖动的影响。

2）一次按键处理。人操作的按键闭合是有一定的时间限制的，一般来说，大致为0.1～5s。当按键按下后，相应的按键编码以高低电平的方式输入到单片机的I/O口。因为单片机的执行速度很快，有可能导致单片机程序对该按键操作响应多次。

（3）程序检测及响应。单片机对键盘输入的检测可以采用查询和中断两种方式。对于查询方式，需要在程序中反复查询每一个按键的状态，因此会占用大量的CPU处理时间，这种方法适用于一般用途的程序。中断法是当有按键按下时向CPU申请中断，平时不会占用CPU处理时间，适用于一些对实时性要求较高的复杂单片机系统（使用方法见第六章，本章不作讨论）。

在查询方式中，对键盘的处理应该包括以下几方面：

1）检测按键是否按下；

2）如果检测到按键被按下，执行延时程序，用来实现软件去抖动，消除抖动的影响；

3）扫描按键，准确判断按键的键值；

4）转向相应的处理子程序。

下面对这些问题进行讨论。

一、按键去抖动处理

按键实际就是一种常用的按钮，按键未按下时，键的两个触点处于断开状态，按键按下时，两个触点闭合。

键盘上的按键大多数是利用机械触点来实现键的闭合与释放，由于弹性作用的影响，机械触点在闭合及断开瞬间均有抖动过程，从而使按键输入电压信号也出现抖动，如图 5-7 所示。

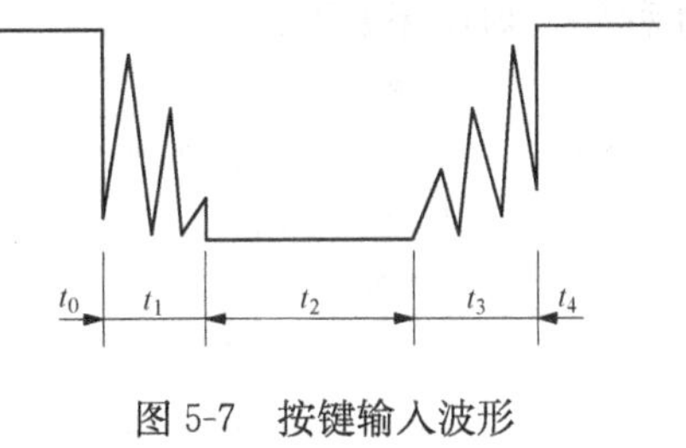

图 5-7　按键输入波形

抖动时间 t_1、t_3 长短与按键的机械特性有关，一般为 5～10ms。按键的稳定闭合时间 t_2 由操作人员的按键动作所确定，一般为几百毫秒到几秒。为了保证系统对键的一次闭合仅做一次键输入处理，必须进行消抖。一般可用硬件或软件的办法来消抖。

1. 硬件消抖电路

硬件消抖电路常用双稳态电路来实现（见图 5-8），图 5-8 中用两个与非门构成一个双稳态电路。电路工作过程如下：按键未按下时，a=0，b=1，输出Q=1。按键按下时，因按键的机械弹性作用的影响，使按键产生抖动，当开关没有稳定到达 b 端时，因与非门 2 输出为“0”反馈到与非门 1 的输入端，封锁了与非门 1，双稳态电路的状态不会改变，输出保持为“1”，输出 Q 不会产生抖动的波形。当开关稳定到达 b 端时，因 a=1，b=0，使 Q=0，双稳态电路状态发生翻转。当释放按键时，在开关未稳定到达 a 端时，因 Q=0，封锁了与非门 2，双稳态电路的状态不变，输出 Q 保持不变，消除了后沿的抖动波形。由此可见，键盘输出经双稳态电路之后，输出 Q 已变为矩形方波。

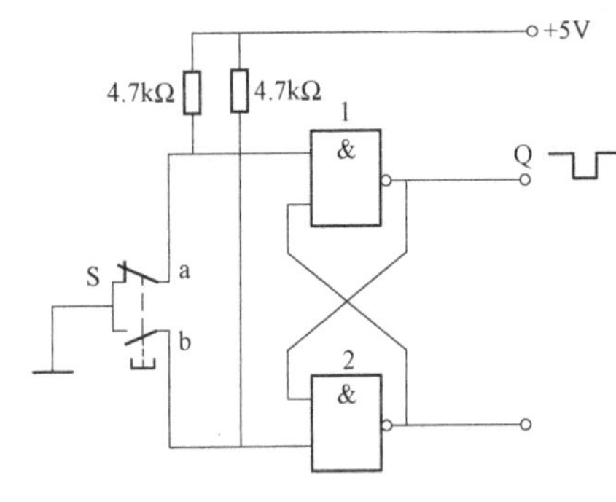

图 5-8　双稳态去抖电路

2. 软件消抖

软件消抖就是在第一次检测到有键按下时先不处理，延时一段时间（一般为 10ms），再次检测按键的状态，如果仍保持闭合状态，则确认真正有键按下。当检测按键释放后，也要给 5～10ms 的延时，待后沿抖动消失后才能转入按键的处理程序。

对于两个或多个按键同时按下的重键问题，可以采用“先入有效”或“后留有效”的原则加以处理。“先入有效”是指当多个按键同时按下时，只有第一个按下的键有效，其他键无效。“后留有效”是指当多个按键同时按下时，只有最后松开的按键有效，其他键无效。

二、按键工作原理和扫描方式

常用的键盘有独立式按键键盘和矩阵式按键键盘两种。独立式按键键盘接口简单，适合于简单而且少的开关量的输入。矩阵式按键键盘则适合于输入参数较多、功能复杂的系统，可以最大限度地使用单片机的引脚资源。

1. 独立式键盘

独立式键盘一般是指直接用 I/O 口线外接按钮构成的键盘，其接口电路如图 5-9 所示。每个键单独占用一根 I/O 口线，I/O 口线间的工作状态互不影响。当某一按键闭合时，对应口线输入低电平，释放时输入高电平。要判断是否有键按下，只需用位操作指令即可。

独立式键盘管理程序可采用查询方式，假设 Program0～Program7 分别为 S0～S7 的功能程序，则程序如下：

```
            ORG     1000H
KEY0:       MOV     P1,#0FFH         ; 置输入方式
            MOV     A,P1             ; 读键盘
            CPL     A
            JZ      KEY0             ; 若无键闭合，再查
            LCALL   DELAY12ms        ; 延时 12ms 消抖
            MOV     A,P1             ; 再读键盘
            CPL     A
            JZ      EXIT             ; 若为干扰，退出
            JNB     ACC.0,KEY1
            LJMP    Program0         ; 执行 K0 功能程序
KEY1:       JNB     ACC.1,KEY2
            LJMP    Program1         ; 执行 K1 功能程序
KEY2:       JNB     ACC.2,KEY3
            LJMP    Program2         ; 执行 K2 功能程序
            ⋮
KEY7:       JNB     ACC.7,EXIT
            LJMP    Program7         ; 执行 K7 功能程序
Program0:   ⋮
            LJMP    EXIT
Program1:   ⋮
            LJMP    EXIT
            ⋮
Program7:   ⋮
EXIT:       RET
```

独立式键盘接口电路配置灵活，软件结构简单，但每个按键必须占用一根 I/O 口线，在键数较多时，I/O 口线浪费较大，故只在按键数量不多时才采用这种键盘电路。

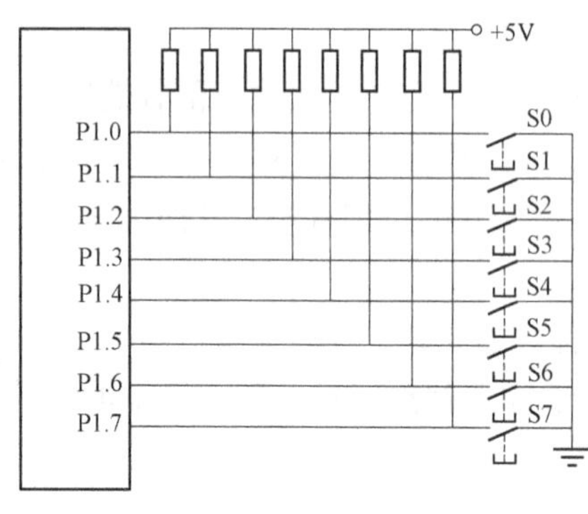

图 5-9 独立式键盘连接图

在如图 5-9 所示的电路中，按键输入采用低电平有效，上拉电阻保证了按键断开时，I/O 口线有确定的高电平。当 I/O 内部有上拉电阻时，外电路可以不配置上拉电阻。

2. 矩阵式键盘

当按键数较多时，为了少占用 I/O 口线，通常采用矩阵式（又称行列式）键盘接口电路。如图 5-10 所示是一个 3×3 的矩阵式键盘。图 5-10 中列线通过电阻接+5V。

（1）测试有无键按下。当键盘上没有键闭合时，所有的行线与列线断开，列线 y0～y2 都呈高电平。当键盘上某一个键闭合时，则该键所对应的列线与行线短接。例如 4 号键按下闭合时，行线 x1 和列线 y1 短接，此时 y1 的电平由 x1 行线的电位所决定。若使所有的行线输出初始化为低电平，读列线状态，如果读到的列

线状态全为“1”，则无键按下；若读到的列线状态不全为“1”，则有键按下。

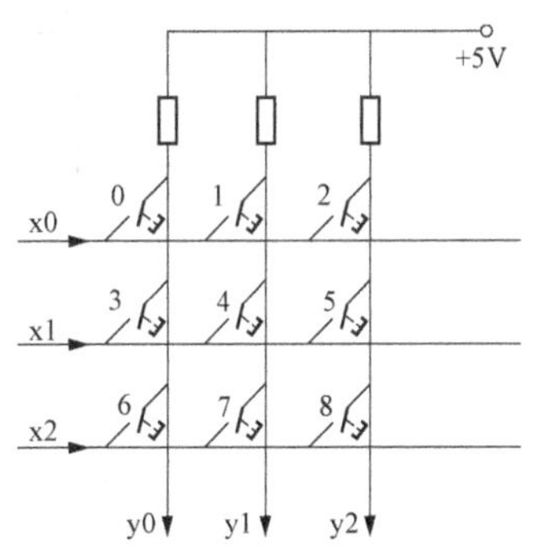

图 5-10　矩阵式键盘结构

（2）确定被按下按键的物理位置。键盘中究竟哪一个键被按下，可通过行线逐行输出低电平后检查列线的状态来确定。方法是：使行线 x0（第 0 行）输出低电平，x1、x2 都输出高电平，读列线状态。如果 y0（第 0 列）、y1、y2 均为高电平，则 x0 这一行上没有键按下；如果读出的列线状态不全为高电平，则为低电平的列线与 x0 相交处的键被按下。如果 x0 这一行上没有闭合键，再使 x1 输出低电平，重复上述操作。以此类推，判断被按下键的物理位置。这种逐行地检查键盘状态的过程称为对键盘的扫描。

（3）计算键值。如图 5-10 所示，键值是按从左到右从上到下的顺序编排的，按这种编排规律，各行的行首键给以固定的编号（0，3，6），此编号（称为行首键号）为行号与列号的乘积。被按下键的键值（N）的计算公式为

N＝行首键号＋列号

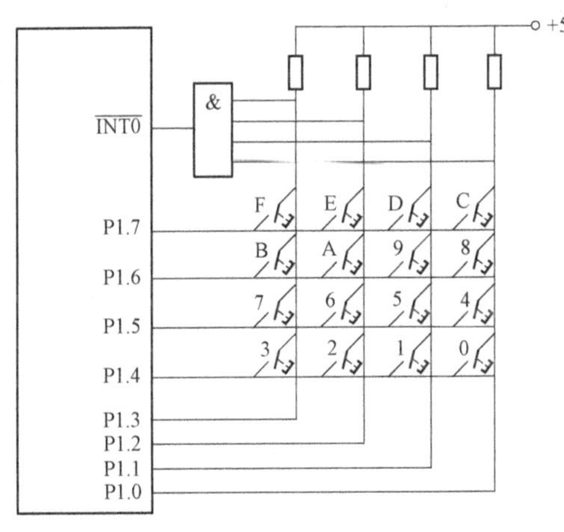

图 5-11　中断方式键盘接口电路

（4）判断闭合键是否释放。键闭合一次应仅进行一次键功能操作。计算键值以后，再以延时和扫描的方式等待并判定键释放，释放以后再做处理。

CPU 对键盘扫描可采取程序控制的随机方式，即 CPU 空闲时扫描键盘；也可以采取定时控制方式，即每隔一定时间，CPU 对键盘扫描一次；还可以采用中断方式，如图 5-11 所示，每当键盘上有键闭合时，向 CPU 申请中断，CPU 响应键盘输入的中断，对键盘进行扫描，以识别哪一个键处于闭合状态，并对键盘输入的信息做出相应处理。CPU 对键盘上闭合键的键号确定，可以根据行线和列线的状态计算求得，也可以根据行线和列线状态查表求得。

【例 5-4】 设计一个 4×4 的矩阵式键盘，以 P3.0～P3.3 为行线，以 P3.4～P3.7 为列线，并在数码管上显示每次按下的键的键值。

解　按照题目要求，硬件电路如图 5-12 所示。

汇编语言源程序：

```
        ORG     0H
        LJMP    0030H
        ORG     0030H
        MOV     P2,#0               ; 主程序
LP:     LCALL   KEY1                ; 调用键盘扫描子程序
        LCALL   DISPLAY             ; 调用显示子程序
        SJMP    LP
;键盘扫描子程序
```

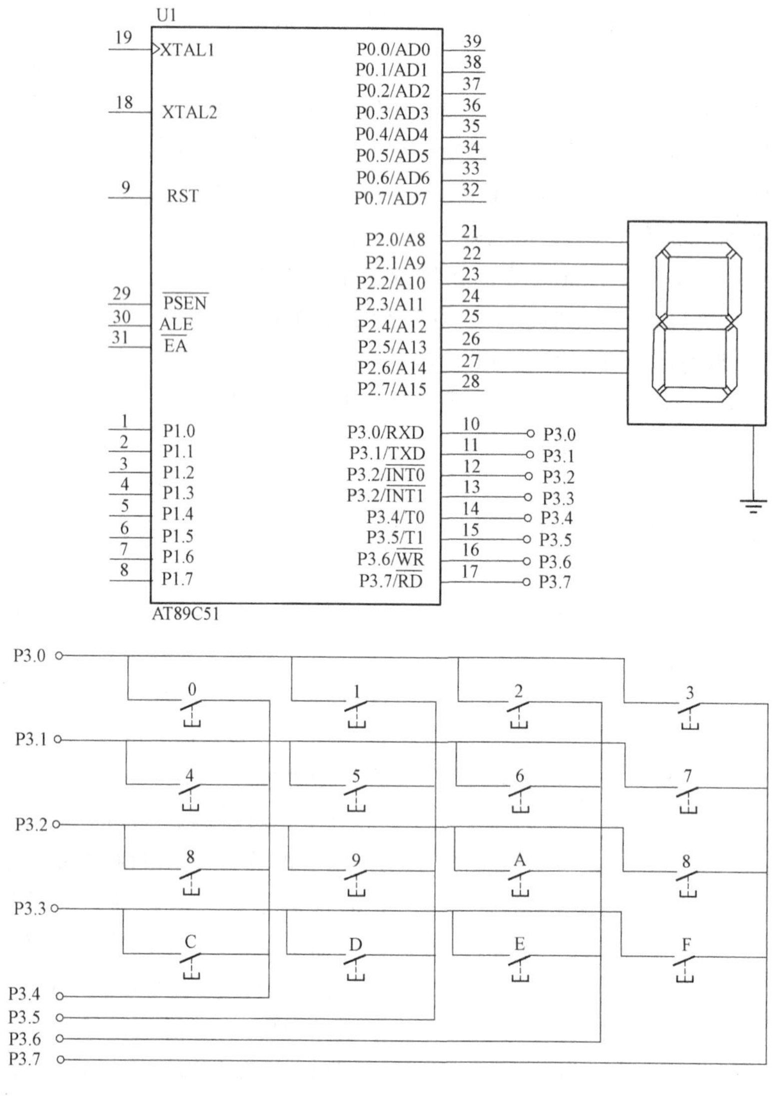

图 5-12 矩阵式键盘连接图

```
KEY1:   LCALL   KS1           ; 查有无键闭合
        JNZ     LK1           ; 有键闭合转消抖
        LJMP    LK8           ; 无键闭合则退出
LK1:    LCALL   DL            ; 消抖
        LCALL   KS1           ; 再查有无键闭合
        JNZ     LK2           ; 的确有，转处理
        LJMP    LK8           ; 确实无，退出
LK2:    MOV     R3,#00H       ; (R3) ←行号初值
        MOV     R2,#0FEH      ; (R2) ←行扫描初值
LK3:    MOV     P3,R2         ; 取行扫描值
        MOV     A,P3
        ANL     A,#0F0H       ; 保留 P3 口高 4 位
```

```
          MOV     R4,A              ; 列值暂存进 R4
          CJNE    A,#0F0H,LK4       ; 列值≠全“1”表明此次送 0 的行有键按下，转 LK4
                                    ; 处理若=全“1”，表明此次送 0 的行无键按下
          MOV     A,R2              ; 取出此次行扫描值
          JNB     ACC.3,LK8         ; 若已扫过最后一行就退出扫描，否则扫描下一行
          RL      A                 ; Acc 中的“0”左移一位
          MOV     R2,A              ; 新扫描值仍存进 R2
          INC     R3                ; 行号加 1 指向下一行
          SJMP    LK3               ; 转 LK3 去扫描下一行
LK4:      MOV     A,R3              ; 此行有按键，取行号
          ADD     A,R3              ; 行号乘 4
          MOV     R5,A              ; 得行首值
          ADD     A,R5              ; 即：0，4，8，12…
          MOV     R5,A              ; 暂存进 R5
          MOV     A,R4              ; 列值只可能是#F0，#E0，#D0，#B0，#70H
          SWAP    A
LK5:      RRC     A                 ; 取列值的最低位到 CY
          JNC     LK6               ; CY=0 就找到了，即 R5
          INC     R5                ; 否则行值增 1，即同行中的下一个键值
          SJMP    LK5               ; 再转 LK5 判断键值
LK6:      MOV     A,R5              ; 键值送 A
LK7:      LCALL   DL                ; 延时
          LCALL   KS1               ; 键是否释放
          JNZ     LK7               ; 未释放，等待键释放
          LCALL   DL
LK8:      RET
KS1:      MOV     P3,#0f0h
          MOV     A,P3
          ORL     A,#0FH            ; 将 A 低 4 位赋 1
          CPL     A                 ; A 取反后低 4 位=0；若有键按下则高 4 位中必有“1”
          RET
; 显示子程序
DISPLAY:  MOV     DPTR,#SEGTAB
          MOVC    A,@A+DPTR
          MOV     P2,A
          RET
SEGTAB:   DB      3FH,06H,5BH,4FH,66H,6DH
          DB      7DH,07H,7FH,6FH,77H,7CH
          DB      39H,5EH,79H,71H
; 延时子程序
DL:       MOV     R6,#10            ; 1Tm
LP1:      MOV     R7,#248           ; 1Tm
          NOP                       ; 1Tm
```

```
LP2:    DJNZ   R7,LP2          ; 2Tm
        DJNZ   R6,LP1          ; 2Tm
        RET                    ; 1Tm
        END
```

（2）C语言源程序：

```
#include <at89x51.h>
extern void Delay(unsigned int n);
extern void Scan_Key(void);
unsigned char ptr,m;
unsigned char tab[16]= { 0x3f,0x06,0x5b,0x4f,0x66,0x6d,
0x7d,0x07,0x7f,0x6f,0x77,0x7c,0x39,0x5e,0x79,0x71 } ;      //共阴极字形码
void main(void)
{
 P2 = 0x0;
 while(1)
    {
    Scan_Key();                                             //扫描键盘
    }
}
void Delay(unsigned int n)                                  //延时
{
    unsigned int i,j;
    for(i = 0; i<n; i++ )
    {
    for(j = 0; j<80; j++ );
    }
}
void Scan_Key(void)                                         //键盘扫描程序
{
    char a1,i;
    bit FLAG0 = 0;
    a1 = 0xfe;                                              //列扫描初值
    ptr = 0;
    for(i = 0; i<4; i++ )                                   //键盘4个扫描列
    {  P3 = a1;
       Delay(10);
       m = P3;
       switch(m&0xf0)                        //取行的高4位,检测哪一行有按键被按下
       {  case 0xe0:  ptr = i * 4;           //第一行是否按下,如果是则为tab[i * 4]键
          FLAG0 = 1;                         //表示有按键按下
          break;
          case 0xd0:  ptr = i * 4+1;         //第二行是否按下,如果是则为tab[i * 4+1]键
          FLAG0 = 1;
```

```
            break;
            case 0xb0:  ptr = i * 4+2;        //第三行是否按下,如果是则为 tab[i * 4+2]键
            FLAG0 = 1;
            break;
            case 0x70:  ptr = i * 4+3;        //第四行是否按下,如果是则为 tab[i * 4+3]键
            FLAG0 = 1;
            break;
            default:  break;
        }
        if( FLAG0 )
        {
            P2 = tab[ptr];                    //将键盘编码转换成显示编码
        }
        a1 = a1< < 1|0x01 ;
        }
    }
```

习　题

一、填空题

1. LED 数码显示按显示方式分为________显示和________显示两种。前者对每位显示来说是连续显示的，且显示亮度较高；后者当多位显示时节省外部驱动芯片，显示亮度较低，功耗较低。

2. LED 数码管的使用与发光二极管相同，根据其材料不同，正向压降一般为________ V，额定电流为________ mA，最大电流为________ mA。

3. 8 位 LED 显示器采用动态显示方式时（不加锁存器），至少需要提供的 I/O 线总数是________。

4. 为了避免抖动引起的误操作，需要进行消抖。消抖可分为________和________。

5. 键盘电路的连接方式可分为________和________。

6. 键盘扫描控制方式可分为________控制、________控制和________控制。

二、综合题

1. 七段 LED 显示器有动态和静态两种显示方式，这两种显示方式要求 51 系列单片机如何安排接口电路?

2. 试为 51 系列单片机系统设计一个 LED 显示器接口，该显示器共有 8 位，从左到右分别为 DG1～DG8（共阴极），要求将内存 3080H～3087H 这 8 个单元中的十进制（BCD）依次显示在DG1～DG8 上。要求：(1) 画出该接口电路。(2) 完成显示程序设计。

3. 试说明非编码矩阵式键盘的工作原理。如何进行键消抖？如何判断键是否释放？

4. 键扫描方式有哪几种？说明它们的特点。

5. 利用 51 系列单片机的 P1 端口，设计一个可扫描 16 键的电路，采用中断控制方式。

第六章　51 系列单片机的中断系统

本章主要介绍 51 系列单片机的中断系统的基本概念和工作原理，并通过实例对中断系统的应用进行了详细阐述。

通过对本章的学习，应掌握和了解以下知识：

(1) 理解中断的概念；

(2) 了解 51 系列单片机中断系统的基本结构；

(3) 理解 51 系列单片机的中断处理过程；

(4) 掌握 51 系列单片机中断系统程序设计方法。

51 子系列单片机有 5 个中断源，52 子系列增加了一个定时器/计数器 2，共有 6 个中断源，其中 2 个外部中断源，3 或 4 个内部中断源。这些中断源有两级中断优先级，可实现中断嵌套，中断源的管理与控制由特殊功能寄存器管理。

第一节　51 系列单片机的中断系统结构

一、中断的基本概念

所谓“中断”，是指单片机在执行某一段程序过程中，由于某种原因（如异常情况或特殊请求），单片机暂时中止正在执行的程序，而转去执行特定的处理程序，待处理结束后，再返回被打断的程序处，继续执行原程序。

1. 中断源

引起中断的原因或者产生中断请求的硬件或软件资源，称为中断源。51 系列单片机有 5 或 6 个中断源。

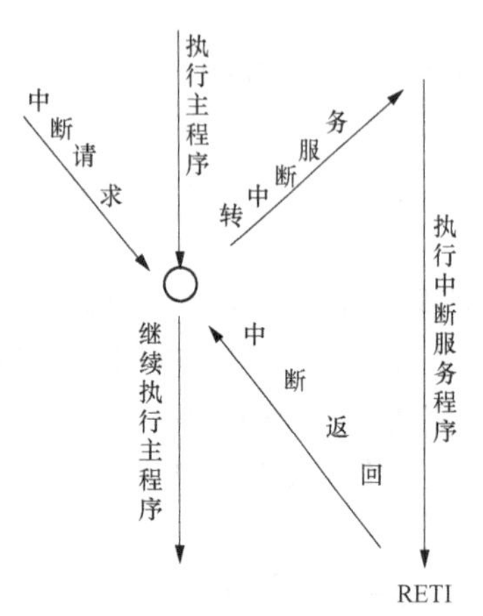

图 6-1　中断过程

2. 中断过程

单片机应用系统的中断过程大致可分为中断请求、中断响应和中断处理，这些过程有的是通过硬件电路完成的，有的是由程序员编写程序来实现的。中断过程如图 6-1 所示。

(1) 中断请求。要实现中断，要求中断源应能发出中断请求信号。由于中断请求是随机的，而大多数 CPU 都是在现行指令周期结束时，才检测有无中断请求信号，因此系统中必须设置中断请求寄存器，当有中断请求时，该寄存器相应位置“1”，把中断请求信号锁存起来；当 CPU 响应这个中断请求后，该寄存器相应位清“0”，为该设备下一次中断请求做好准备。

在实际系统中，为了对中断源的中断请求进行控制，可设一个中断允许寄存器，只有当寄存器相应位为“1”时，外设的中断请求才可能到达 CPU。

（2）中断响应。中断响应包含以下几个过程：

1）保护断点：即将下一条将要执行的指令的首地址送入堆栈。

2）寻找中断入口：根据不同中断源产生的中断请求，中断系统必须能够正确地识别中断源，查找不同的入口地址。在入口地址处存放相应的中断服务程序。

以上两步是由单片机自动完成的，与编程者无关。

3）执行中断服务程序。

4）中断返回：执行完中断服务程序后，返回被打断的程序处，继续执行原来的程序。

二、51 系列单片机中断系统的基本组成

51 系列单片机的中断系统组成如图 6-2 所示。它由 4 个与中断有关的特殊功能寄存器和中断顺序查询逻辑电路等组成。4 个特殊功能寄存器分别为定时器控制寄存器 TCON、串行口控制寄存器 SCON、中断允许控制寄存器 IE、中断优先级管理寄存器 IP。

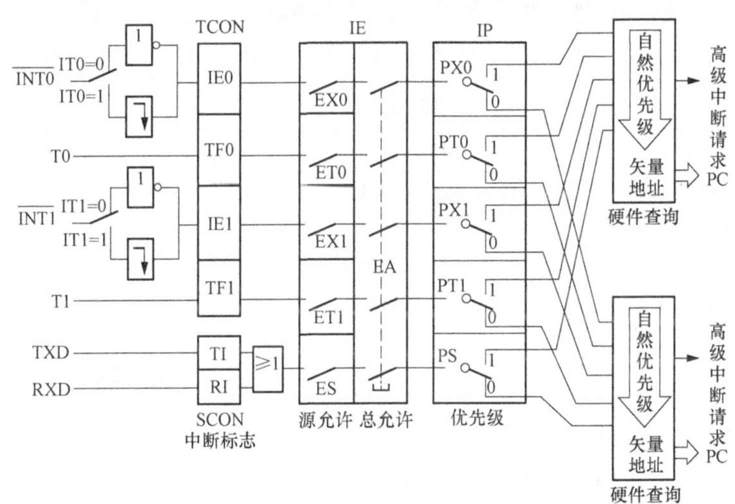

图 6-2　51 系列单片机中断系统组成

1. 中断源

51 系列单片机有 5 个中断源。外部中断源有 $\overline{INT0}$、$\overline{INT1}$，其中断请求信号分别由 P3.2、P3.3 引脚输入，可选择低电平有效或下降沿有效（分别由 IT0 和 IT1 设置）。内部中断源有 T0、T1 溢出中断源和串行口中断源（发送/接收共用一个中断源）。

2. 中断请求标志

有 6 个中断请求标志，用于中断源的识别。标志位分别为 IE0、IE1、TF0、TF1、TI、RI。

（1）IE0、IE1 分别为 $\overline{INT0}$ 和 $\overline{INT1}$ 的中断标志。当外部中断输入信号有效，将 TCON 中的 IE0 或 IE1 标志位置 1，向 CPU 申请中断。

（2）TF0 和 TF1 为定时器/计数器 T0 和 T1 的溢出标志位。当 T0 或 T1 计数器加 1 计数产生溢出时，将 TCON 中的 TF0 或 TF1 置“1”，向 CPU 申请中断。

（3）RI 和 TI 为串行口的接收和发送中断请求标志位。当串行口接收或发送完一帧数据

时，将 SCON 中的 RI 或 TI 置“1”，向 CPU 申请中断。

3. 中断允许

51 系列单片机的中断系统为两级串联式中断允许。EA=1，开 CPU 中断。开某个中断源中断时，还需将对应中断源的中断允许位（EX0、ET0、EX1、ET1、ES）置位。中断允许控制位存放在中断允许控制寄存器 IE 中。

4. 中断优先级

51 系列单片机中断分二级，即高级和低级。对于每个中断源，均可通过中断优先级控制寄存器 IP 中的相应位控制，当某中断源的优先控制位置“1”时，该中断源设置为高级，否则为低级。对于同级中断源，由内部硬件查询逻辑（自然优先级）来确定响应次序。

5. 中断源的入口地址

不同中断源均有不同的中断入口地址，当某中断源的中断请求被 CPU 响应后，CPU 将通过硬件自动把相应中断源的中断入口地址（又称中断矢量）装入 PC 中，即从此地址开始执行中断服务程序。使用时一般在此地址单元中存放一条跳转指令，当 CPU 响应中断时，使单片机自动执行相应入口地址的跳转指令，然后再通过该跳转指令跳至用户安排的中断服务程序的入口处。51 系列单片机各中断源的入口地址是固定的，见表 6-1。

表 6-1　中断源入口地址

中　断　源	中断入口地址	自然优先级
$\overline{\text{INT0}}$（外部中断 0）	0003H	最高级
T0（定时器 0）	000BH	↓
$\overline{\text{INT1}}$（外部中断 1）	0013H	
T1（定时器 1）	001BH	
串行口接收与发送	0023H	最低级
定时器 2	002BH	最低级（52 系列单片机中）

三、中断控制部分的功能

单片机中断控制部分由 4 个专用寄存器组成，分别为 TCON、SCON、IE 和 IP。

1. 中断请求标志位

5 个中断源的中断请求标志位以及定时器/计数器的控制位，分别设置在定时控制寄存器 TCON 和串行口控制寄存器 SCON 中。

其中 TCON 用于控制定时器/计数器的启、停和外部中断源的触发方式以及存放定时器的溢出标志和外部中断源的中断请求标志。其地址为 88H，各位的定义为：

D7	D6	D5	D4	D3	D2	D1	D0
TF1	TR1	TF0	TR0	IE1	IT1	IE0	IT0

（1）TF1 和 TF0：分别为定时器 1 和定时器 0 的溢出标志。当定时器加 1 计满产生溢出时，由硬件自动置“1”，并申请中断。进入中断服务程序后，由硬件自动清“0”。这两位也可作为程序查询的标志位，在查询方式下应由软件来清“0”。

（2）TR1 和 TR0：分别为定时器 1 和定时器 0 的启停控制位。当由软件将 TRi（i 取 0 或 1）清“0”后，可停止定时器的工作；将该位置“1”后，可启动定时器工作。

（3）IE1 和 IE0：分别为外部中断 $\overline{\text{INT1}}$、$\overline{\text{INT0}}$ 的中断请求标志位。当外部中断源有请

求时，对应的中断标志位由硬件置“1”。当CPU响应该中断后由硬件自动将其清“0”。

(4) IT1和IT0：分别为外部中断1和外部中断0的触发方式选择位。ITi设置为“0”时，相应的外部中断为低电平触发方式；设置为“1”时，相应的外部中断为边沿触发方式。

若ITi=0，外部中断设置为低电平触发方式时，CPU在每个机器周期的S5P2期间对$\overline{INTi}$引脚采样。若测得为低电平，则认为有中断申请，随即将IEi标志位置“1”；若测得为高电平，认为无中断请求或中断请求已撤除，IEi标志位为“0”。使用时应注意，施加在相应引脚上的低电平在中断返回前必须撤销，否则将再次申请中断，造成出错。即施加在$\overline{INTi}$引脚上的低电平持续时间应大于一个机器周期，且小于中断服务程序的执行时间。

若ITi=1，外部中断设置为边沿触发方式时，CPU在每个机器周期的S5P2期间采样$\overline{INTi}$引脚，若在连续两个机器周期采样到先高后低的电平变化，则将IEi标志位置“1”，此标志一直保持到CPU响应中断时，才由硬件自动清除。在边沿触发方式中，为了保证CPU在两个机器周期内能够检测到由高到低跳变的电平，输入的高电平和低电平的持续时间至少要保持12个振荡周期（即一个机器周期的时间）。

串行口的中断请求标志由串行口控制寄存器SCON的D0和D1位来设置与查询。

RI（SCON.0)：接收中断标志位；

TI（SCON.1)：发送中断标志位。

单片机在发送数据过程中，当CPU将一个数据写入发送缓冲器SBUF时，会自动启动发送。每发送完一帧数据后，由硬件自动将TI位置位。但CPU响应中断时，并不能自动清除TI，必须由软件清除（使用时应注意)。

在串行口允许接收时，当一帧数据接收完毕，由硬件自动将RI置“1”。同样CPU响应中断时不能自动清除RI，必须由软件清除。

TCON和SCON均可按位进行操作。单片机系统复位后，TCON和SCON中各位均为“0”，应用时要注意各位的初始状态。

2. 中断允许控制寄存器IE

51系列单片机中，设有一个中断允许控制寄存器IE。其作用是控制各中断源的开放或屏蔽。其各位的定义如下：

D7	D6	D5	D4	D3	D2	D1	D0
EA	—	ET2	ES	ET1	EX1	ET0	EX0

(1) EA（IE.7)，CPU中断总允许控制位。EA=1时，CPU开放中断；EA=0时，CPU禁止响应一切中断。当EA=1时，仅使CPU对所有的中断开放，但每个中断源被允许还是屏蔽由各自的允许位确定。

(2) ES（IE.4)，串行口中断允许控制位。ES=1时，允许串行口接收和发送中断；ES=0时，禁止串行口中断。

(3) ET1（IE.3)，定时器1中断允许控制位。ET1=1时，允许T1中断，否则禁止中断。

(4) EX1（IE.2)，外部中断1的中断允许控制位。EX1=1时，允许外部中断1中断，否则禁止中断。

(5) ET0（IE.1)，定时器0的中断允许控制位。ET0=1时，允许T0中断，否则禁止中断。

(6) EX0 (IE.0)，外部中断 0 的中断允许控制位。EX0=1 时，允许外部中断 0 中断，否则禁止中断。

(7) ET2 (IE.5)，定时器 2 中断允许控制位，仅用于 52 子系列单片机。ET2=1 时，允许定时器 2 中断，否则禁止中断。

系统复位后，IE 各位均为 0，即禁止所有中断。IE 寄存器可以按字节操作也可以按位操作。

3. 中断优先级管理寄存器 IP

51 系列单片机的中断分为 2 个优先级，每个中断源的优先级都可以通过中断优先级寄存器 IP 中的相应位来设定。IP 各位的定义如下：

D7	D6	D5	D4	D3	D2	D1	D0
—	—	PT2	PS	PT1	PX1	PT0	PX0

(1) IP.7 和 IP.6，保留位。

(2) PT2 (IP.5)，定时器 2 优先级设定位，仅适用于 52 子系列单片机。PT2=1 时，T2 为高优先级，否则为低优先级。

(3) PS (IP.4)，串行口优先级设定位。PS=1 时，串行口为高优先级，否则为低优先级。

(4) PT1 (IP.3)，定时器 1 优先级设定位。PT1=1 时，T1 为高优先级，否则为低优先级。

(5) PX1 (IP.2)，外部中断 1 优先级设定位。PX1=1 时，外部中断 1 为高优先级，否则为低优先级。

(6) PT0 (IP.1)，定时器 0 优先级设定位。PT0=1 时，T0 为高优先级，否则为低优先级。

(7) PX0 (IP.0)，外部中断 0 优先级设定位。PX0=1 时，外部中断 0 为高优先级，否则为低优先级。

当系统复位后，IP 各位均为 0，所有中断源设置为低优先级中断。IP 寄存器可以按字节操作也可以按位操作。

第二节 中断处理过程

中断处理过程分为 4 个阶段，即中断源的识别、中断响应、中断处理和中断返回。由于不同的计算机有不同的中断系统硬件结构，其中断源的识别方法、中断响应的方式也有所不同。

一、中断响应过程

下面仅说明 51 系列单片机的中断系统与一般微型计算机的中断系统不同之处。

1. 中断源的识别

51 系列单片机的 CPU 在每个机器周期的 S5P2 期间，会自动查询各个中断申请标志位，并启动中断机制。

2. 中断响应条件

CPU 响应中断的条件有：

(1) 有中断源发出中断请求；

(2) 中断总允许位 EA=1，即 CPU 开中断；

(3) 申请中断的中断源的中断允许位为 1，即没有被屏蔽。

以上条件满足时，一般 CPU 会响应中断，但在中断受阻断情况下，本次的中断请求不会被 CPU 响应。

3. 中断响应的阻断

在中断处理过程中，若发生以下情况，中断响应会受到阻断。

(1) 正在执行同级或高优先级的中断服务程序；

(2) 现在的机器周期不是执行指令的最后一个机器周期，即正在执行的指令还没完成前不响应任何中断；

(3) 正在执行的是中断返回指令 RETI 或是访问专用寄存器 IE 或 IP 的指令。CPU 在执行 RETI 或者读写 IE 或 IP 之后，不会马上响应中断请求，至少要再执行一条其他指令后才会响应。

若存在上述任一种情况，中断查询结果就会被取消。

4. 中断响应时间

中断响应时间是指从 CPU 检测到中断请求信号到转入中断服务程序入口所需的机器周期数。51 系列单片机响应中断的最短时间为 3 个机器周期。若 CPU 检测到中断请求信号的时间正好是一条指令的最后一个机器周期，则不需要等待就可以立即响应。所谓响应中断就是由内部硬件执行一条长调用指令，需要 2 个机器周期，加上检测需 1 个机器周期，一共需要 3 个机器周期才开始执行中断服务程序。

中断响应的最长时间由以下情况所决定：若中断检测时正在执行 RETI 或者访问 IE 或 IP 指令的第一个机器周期，这样包括检测在内，需要 2 个机器周期（以上 3 条指令均需要 2 个机器周期）；若紧接着要执行的指令恰好是执行时间最长的乘除法指令，其执行时间均为 4 个机器周期；再用 2 个机器周期执行一条长调用指令才转入中断服务程序。这样，总共需要 8 个机器周期。故 51 系列单片机的中断响应时间一般为 3～8 个机器周期。

二、外部中断请求的撤销

CPU 响应中断后，应撤除该中断请求，否则会引起再次中断。

对于内部中断源，CPU 响应中断后，硬件清除中断请求标志位，即 CPU 响应中断后能自动撤除中断请求信号。

若把外部中断设置为边沿触发方式，CPU 在每个机器周期都采样 $\overline{\text{INT0}}$ / $\overline{\text{INT1}}$。为了保证可检测到负跳变，输入到 $\overline{\text{INT0}}$ / $\overline{\text{INT1}}$ 引脚上的高电平与低电平至少应保持 1 个机器周期。对于电平触发的外部中断，由于 CPU 对 $\overline{\text{INT0}}$ / $\overline{\text{INT1}}$ 引脚没有控制作用，因此需要外接电路来撤除中断请求信号。电平触发的中断请求/撤销电路如图 6-3 所示。

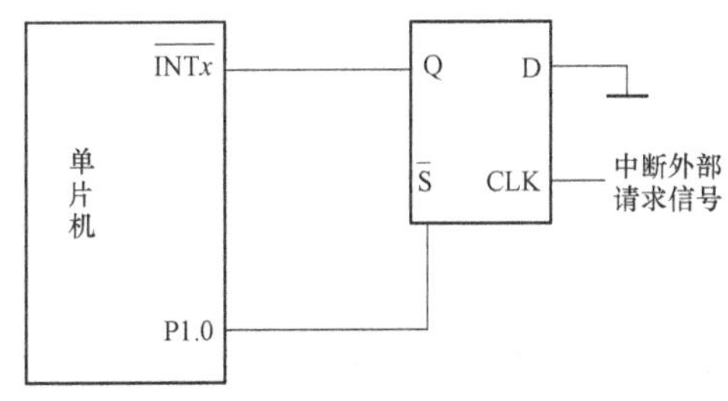

图 6-3 中断请求/撤销电路（电平触发方式）

CPU 响应中断后，利用一根口线，如 P1.0 作应答线，在中断服务程序中用以下两条指令来撤除中断请求。

```
ANL   P1,#0FEH (或 CLR P1.0)
ORL   P1.0,#1 (或 SETB P1.0)
```

第一条指令使 P1.0 为 0，而 P1 口其他各位的状态不变。由于 P1.0 直接与置 1 端相连，故 D 触发器 Q=1，撤除了中断请求信号。第二条指令将 P1.0 变成 1，使以后产生的新的外部中断请求信号又能向单片机申请中断。

三、外部中断扩充方法

51 系列单片机有 2 个外部中断请求输入端 $\overline{\text{INT0}}$ 和 $\overline{\text{INT1}}$，在实际应用中，若外部中断源有 2 个以上，则需要扩充外部中断源。本节介绍 3 种扩充外部中断源的方法。

1. 利用定时器扩充外部中断源法

51 系列单片机有 2 个定时器 T0、T1，外部有对应的计数输入引脚。如果将定时器设置为计数模式，工作于方式 2，计数初值设为满量程 FFH，这样一旦外部信号在计数器引脚上产生一个负跳变，计数器将加 1 产生溢出中断，转去处理扩充的外部中断源的请求。该定时器的溢出中断标志及中断服务程序可作为扩充的外部中断源的标志和中断服务程序。有关定时器结构及工作原理见第七章。

2. 中断和查询结合法

该方法是利用 51 系列单片机的两条外部中断输入线，在每一条中断输入线上通过逻辑门电路连接多个外部中断源，同时利用输入端口线作为各中断源的识别线。具体线路如图 6-4 所示。

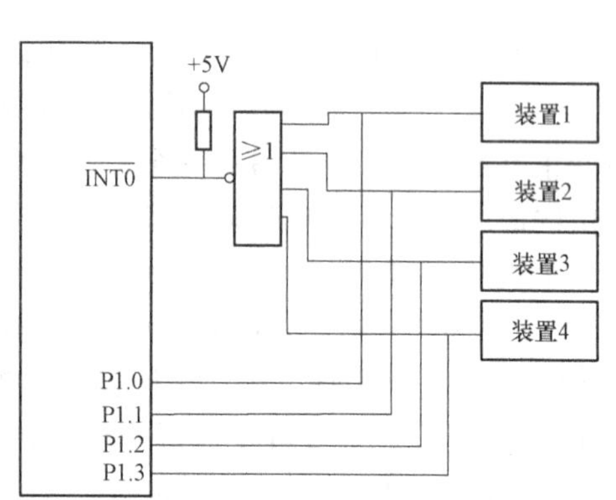

图 6-4　多外部中断连接方法

图 6-4 中的 4 个外部装置的中断请求输入通过或非门连接到 $\overline{\text{INT0}}$，向 CPU 申请中断。无论哪一个外部装置提出中断请求，都会使 $\overline{\text{INT0}}$ 引脚上的电平变低。究竟是哪个外部装置申请中断，可以通过程序查询 P1.0～P1.3 的逻辑电平获知。这 4 个中断源的优先级，是利用软件查询方式实现，软件查询时按从最高到最低的顺序查询，其中装置 1 为最高级，装置 4 为最低级。中断服务程序段如下：

```
         ORG    0003H
         LJMP   INTRP0        ; INT0 中断服务程序入口
         ORG    0203H
INTRP0:  PUSH   PSW           ; 中断服务程序是一个中断查询程序
         PUSH   Acc
         JB     P1.0,DV1
         JB     P1.1,DV2
         JB     P1.2,DV3
         JB     P1.3,DV4
EXIT:    POP    Acc
         POP    PSW
```

```
        RETI
DV1:                              ; 装置 1 的中断服务程序
        ⋮
        LJMP   EXIT
DV2:                              ; 装置 2 的中断服务程序
        ⋮
        LJMP   EXIT
DV3:                              ; 装置 3 的中断服务程序
        ⋮
        LJMP   EXIT
DV4:                              ; 装置 4 的中断服务程序
        ⋮
        LJMP   EXIT
```

3. 矢量中断扩充法

所谓矢量可以理解成一个地址信息。它的低 8 位由申请中断的外设（中断源）提供，高 8 位可由 CPU 提供。CPU 采用这种方法形成中断服务程序的入口地址。与上述第二种方法相比，该方法 CPU 响应中断速度快，处理及时。

下面以 $\overline{\text{INT1}}$ 为例说明在 51 系列单片机中，如何利用两个外部中断 $\overline{\text{INT0}}$、$\overline{\text{INT1}}$ 输入端实现矢量中断。$\overline{\text{INT1}}$ 设为低电平有效方式。实现矢量中断功能扩充的电路如图 6-5 所示。

图 6-5 中有 8 个中断源 $\overline{\text{INTR7}}$～$\overline{\text{INTR0}}$，均为低电平有效。74LS148 为 8-3 优先权编码器。外部 8 个中断源的中断请求分别接入 74LS148 的输入端 $\overline{\text{I7}}$～$\overline{\text{I0}}$。任意一个中断源有请求均可通过 148 的 $\overline{\text{GS}}$ 输出端加到 $\overline{\text{INT1}}$ 引脚上，向 CPU 发出中断请求。74LS148 对 8 个中断源的申请进行优先权的排队，经排队后产生相应的矢量代码 A2～A0 送至 51 系列单片机的 P1.2～P1.0。其中 $\overline{\text{INTR7}}$ 优先权最高，$\overline{\text{INTR0}}$ 优先权最低。当有多个中断同时发生时，编码器只对优先权最高的中断源作出反应，并输出其矢量代码。74LS148 的真值表见表 6-2。8 个中断源对应的中断矢量见表 6-3。

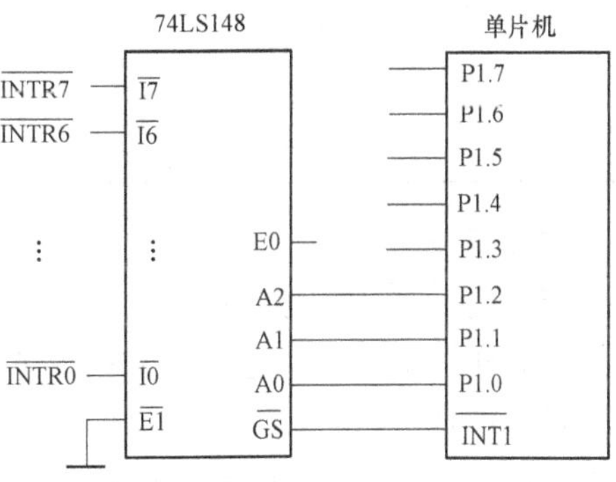

图 6-5　矢量中断功能扩充的电路

表 6-2　　74LS148 的真值表

输入									输出				
$\overline{\text{E1}}$	$\overline{\text{I0}}$	$\overline{\text{I1}}$	$\overline{\text{I2}}$	$\overline{\text{I3}}$	$\overline{\text{I4}}$	$\overline{\text{I5}}$	$\overline{\text{I6}}$	$\overline{\text{I7}}$	A2	A1	A0	$\overline{\text{GS}}$	E0
1	×	×	×	×	×	×	×	×	1	1	1	1	1
0	1	1	1	1	1	1	1	1	1	1	1	1	0
0	×	×	×	×	×	×	×	0	0	0	0	0	1
0	×	×	×	×	×	×	0	1	0	0	1	0	1
0	×	×	×	×	×	0	1	1	0	1	0	0	1
0	×	×	×	×	0	1	1	1	0	1	1	0	1

续表

输入									输出				
$\overline{E1}$	$\overline{I0}$	$\overline{I1}$	$\overline{I2}$	$\overline{I3}$	$\overline{I4}$	$\overline{I5}$	$\overline{I6}$	$\overline{I7}$	A2	A1	A0	$\overline{GS}$	E0
0	×	×	×	0	1	1	1	1	1	0	0	0	1
0	×	×	0	1	1	1	1	1	1	0	1	0	1
0	×	0	1	1	1	1	1	1	1	1	0	0	1
0	0	1	1	1	1	1	1	1	1	1	1	0	1

注 "1"表示高电平；"0"表示低电平；"×"表示任意。

表 6-3　8 个中断源对应的中断矢量（74LS148 提供）

输　入	中断矢量
$\overline{INTR7}$	00H
$\overline{INTR6}$	01H
$\overline{INTR5}$	02H
$\overline{INTR4}$	03H
$\overline{INTR3}$	04H
$\overline{INTR2}$	05H
$\overline{INTR1}$	06H
$\overline{INTR0}$	07H

编程原理：

当响应 $\overline{INT1}$ 的中断请求后，CPU 通过读 P1 口就可以得到 74LS148 输出的中断矢量。但是，怎样根据该矢量进行相应的转移则是一个关键问题。由于 51 系列单片机的 $\overline{INT1}$ 中断矢量地址是固定的，为 0013H，因而，无论外部的 $\overline{INTR7}$ ~ $\overline{INTR0}$ 中哪一个发生中断，CPU 响应后首先要转向 $\overline{INT1}$ 中断入口处。所以，只能利用 $\overline{INT1}$ 的中断服务程序，采用多分支转移来处理各中断请求，即 $\overline{INT1}$ 的中断服务程序需要编制引导程序、散转表、处理程序等三种程序段。另外应在 0013H 地址处安放转移指令指向引导程序：

```
        ORG     0013H
        LJMP    INTB1
```

（1）散转表。

```
        ORG     1000H                   地址
INTAB:  LJMP    INTR7                 ; 1000H
        LJMP    INTR6                 ; 1003H
        LJMP    INTR5                 ; 1006H
        LJMP    INTR4                 ; 1009H
        LJMP    INTR3                 ; 100CH
        LJMP    INTR2                 ; 100FH
        LJMP    INTR1                 ; 1012H
        LJMP    INTR0                 ; 1015H
```

（2）引导程序。

功能：读 P1.0、P1.1、P1.2 口的内容，并形成一个 16 位地址，然后根据 16 位地址执行散转表中相应的转移指令。有两种编程方法。

方法一：利用堆栈实现转移。其程序段为：

```
        ORG     1020H
INTB1:  PUSH    PSW                 ; 保护现场
        PUSH    B
        PUSH    Acc
        MOV     A,P1                ; 读取中断矢量
        ANL     A,#00000111B        ; 屏蔽高 5 位
        MOV     B,#03H              ; 将中断矢量转换成转移表中对应的地址
        MUL     AB                  ; 转移指令所处的地址的低 8 位
        PUSH    Acc                 ; 转移指令所处的地址的低 8 位入栈
        MOV     A,#10H
        PUSH    Acc                 ; 转移指令的地址高 8 位入栈
        RET                         ; 返回，自动执行转移表中对应的跳转指令
```

方法二：利用散转程序实现转移。其程序段为：

```
        ORG     1020H
INTB1:  PUSH    PSW                 ; 保护现场
        PUSH    B
        PUSH    Acc
        MOV     A,P1                ; 读取中断矢量
        ANL     A,#00000111B
        MOV     B,#03H              ; 将中断矢量转换成转移表中对应的地址
        MUL     AB                  ; 转移指令所处的地址的低 8 位
        MOV     DPTR,#INTAB
        JMP     @A+DPTR             ; 转移去执行散转表中对应的跳转指令
```

（3）INTR7～INTR0 的中断服务程序。

```
INTR7:
        ⋮
        POP     Acc
        POP     B
        POP     PSW
        RETI
INTR6:
        ⋮
        POP     Acc
        POP     B
        POP     PSW
        RETI
INTR5:
```

```
        ⋮
        POP    Acc
        POP    B
        POP    PSW
        RETI
        ⋮
INTR0:
        ⋮
        POP    Acc
        POP    B
        POP    PSW
        RETI
```

四、中断服务程序编程要点

51 系列单片机中断源的入口地址之间只相隔 8 个单元，一般中断服务程序是容纳不下的，因而最常用的方法是将中断服务程序放置在程序存储器的其他空间，而在中断入口地址单元处存放一条无条件转移指令，转至该中断服务程序。

从软件角度看，使用中断时需要做两方面的任务：

(1) 按人们的意志对中断源进行管理和控制；

(2) 编制中断服务程序。

中断源管理和控制程序（初始化程序）一般都包含在主程序中，根据需要通过几条指令来完成。中断服务程序是一种具有特定功能的独立程序段，根据中断源的具体要求进行编写。中断源管理和控制程序在编写时应考虑以下四方面：

1) CPU 开中断与关中断；

2) 某个中断源中断请求的允许或屏蔽；

3) 各中断源优先级别的设定；

4) 外部中断请求的触发方式。

第三节 应 用 实 例

一、项目要求

主程序中 P0 口输出花样显示，显示规律为：

(1) 8 个 LED 依次左移点亮。

(2) 8 个 LED 依次右移点亮。

(3) LED0、LED2、LED4、LED6 亮 1s 熄灭，LED1、LED3、LED5、LED7 亮 1s 熄灭，LED0、LED2、LED4、LED6 亮 1s 熄灭……循环 3 次。

中断时使 8 个 LED 闪烁 5 次。

二、项目参考原理图

项目参考原理图如图 6-6 所示。

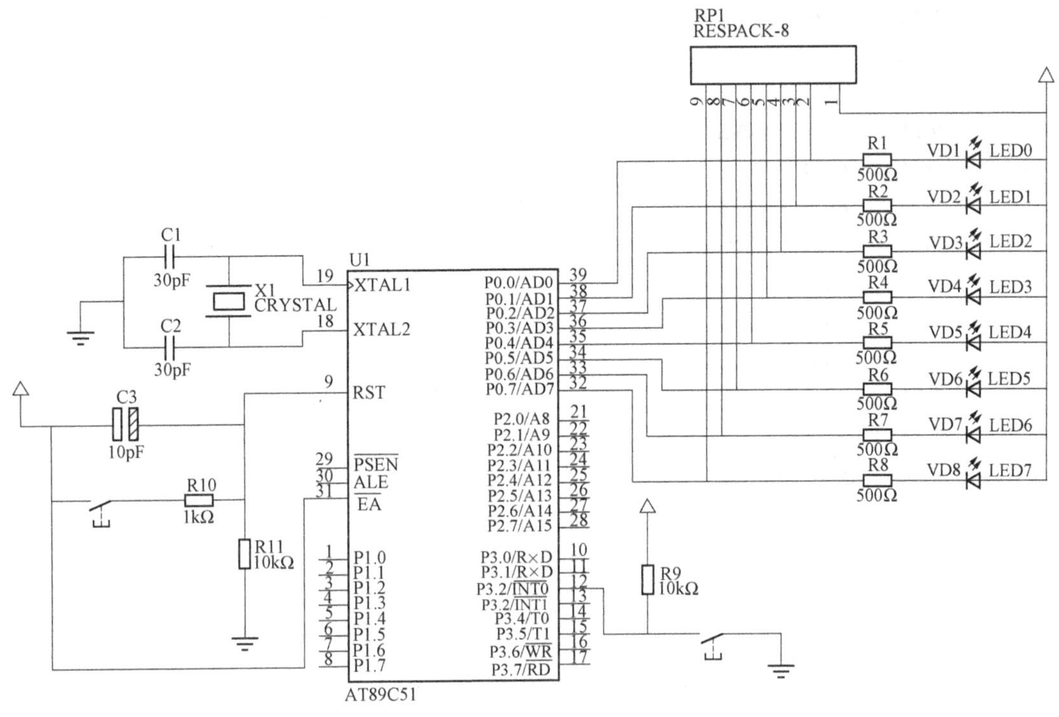

图 6-6 硬件连接图

注：Protues 仿真软件中发光二极管的图标为⊣◁⊢。

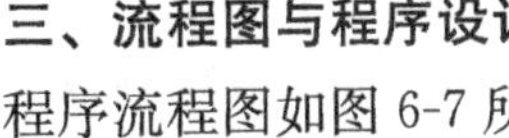

三、流程图与程序设计

程序流程图如图 6-7 所示。

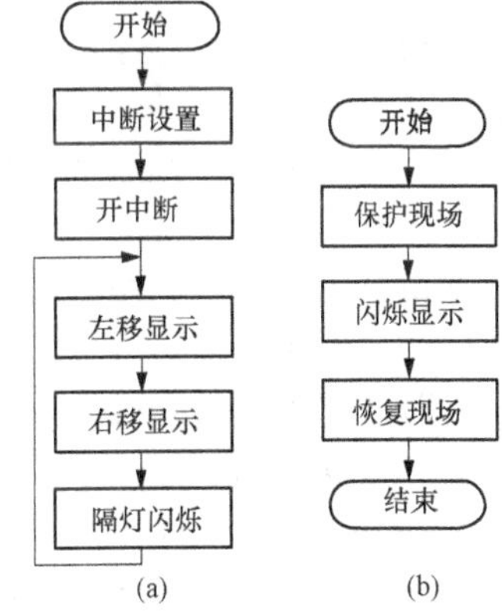

图 6-7 程序流程图

(a) 主程序流程图；

(b) 中断服务程序流程图

(1) 汇编语言程序如下：

```
        ORG     0
        LJMP    START
        ORG     0003H
        LJMP    INT
START:  SETB    IT0
        SETB    EX0
        SETB    EA
        MOV     SP, #50H
LP:     MOV     DPTR, #TABLE    ; TABLE 表的首地址装入 DPTR
LP0:    MOV     A, #0
LP1:    MOVC    A, @A+DPTR      ; 查表
        CJNE    A, #1BH, LP2    ; 若取出的代码不是结束码，
                                ; 则进行下一步操作
        LJMP    LP              ; 是结束码，则重复进行操作
LP2:    MOV     P0, A           ; 显示码送 P0 输出显示
        LCALL   DELAY           ; 延时 1s
        INC     DPTR            ; 数据指针加 1，指向下一个显示码
        LJMP    LP0             ; 返回取码
INT:    PUSH    ACC             ; 中断服务程序
```

```
        PUSH    PSW
        SETB    RS0
        CLR     RS1
        MOV     DPTR,#TABLE1
INTLP1: MOV     A,#0
        MOVC    A,@A+DPTR
        CJNE    A,#1BH,INTLP2
        LJMP    INTLP3
INTLP2: MOV     P0,A
        LCALL   DELAY
        INC     DPTR
        LJMP    INTLP1
INTLP3: POP     PSW
        POP     ACC
        RETI
DELAY:  MOV     R7,#10          ; 1s延时子程序
DE1:    MOV     R6,#200
DE2:    MOV     R5,#248
        DJNZ    R5,$
        DJNZ    R6,DE2
        DJNZ    R7,DE1
        RET
TABLE:  DB      0FEH,0FDH,0FBH,0F7H,0EFH,0DFH,0BFH,07FH          ; 左移显示码
        DB      0BFH,0DFH,0EFH,0F7H,0FBH,0FDH,0FEH,0FFH          ; 右移显示码
        DB      0AAH,55H,0AAH,55H,0AAH,55H,0FFH                  ; 隔灯闪烁
        DB      1BH                                              ; 结束码
TABLE1: DB      0FFH,00H,0FFH,00H,0FFH,00H,0FFH,00H,0FFH,00H,1BH ; 闪烁5次显示码
        END
```

（2）C51程序如下：

```
#include "reg51.h"
#define uint unsigned int
#define uchar unsigned char
tab[]={0xfe,0xfd,0xfb,0xf7,0xef,0xdf,0xbf,0x7f,
       0xbf,0xdf,0xef,0xf7,0xfb,0xfd,0xfe,0xff,
       0xaa,0x55,0xaa,0x55,0xaa,0x55,0xff};
tab1[]={0xff,0x00,0xff,0x00,0xff,0x00,0xff,0x00,0xff,0x00};
void delay()
{ uint i,j;
  for(i=0; i<256; i++)
    for(j=0; j<256; j++)
     {;}
}
void int0()  interrupt  0
```

```
{   uchar i;
    for(i = 0; i< 10; i++)
     { P0 = tab1[ i ];
      delay( );
     }
}
void main(void)
{ IT0 = 1;
  EX0 = 1;
  EA = 1;
  while(1)
    {   uchar x;
        for(x = 0; x<23; x++)
         { P0 = tab[x];
          delay( );
         }
    }
}
```

习　题

一、填空题

1. 外部中断有两种触发方式：电平触发方式和边沿触发方式。其中电平触发方式适合于外部中断以________（高或低）电平输入，边沿触发方式适合于以________（正或负）脉冲输入。

2. 51 系列单片机的 5 个中断源的入口地址分别是$\overline{\text{INT0}}$：________；$\overline{\text{INT1}}$：________；T0：________；T1：________；串行口：________。

3. 中断嵌套与子程序嵌套的区别在于：

(1) 子程序嵌套是在程序中事先按排序好的，而中断嵌套是________。

(2) 子程序嵌套无次序限制，而中断嵌套只允许________。

4. 若实现下列中断优先级：T0>外中断 1>外中断 0，则要执行________、________和 CLR　PX0 三条指令。

二、选择题

1. CPU 响应中断后，不能自动清除中断请求“1”标志的有（　　）。

A. $\overline{\text{INT0}}/\overline{\text{INT1}}$采用电平触发方式　　B. $\overline{\text{INT0}}/\overline{\text{INT1}}$采用边沿触发方式

C. 定时器/计数器 T0/T1 中断　　D. 串行口中断 TI/RI

2. 89C51 单片机的 5 个中断源中，属外部中断的有（　　）。

A. $\overline{\text{INT0}}$　　B. $\overline{\text{INT1}}$　　C. T0　　D. T1　　E. TI　　F. RI

3. 各中断源发出的中断申请信号，都会标记在 51 系统的（　　）中。

A. TMOD　　B. TCON/SCON　　C. IE　　D. IP

4. 外中断初始化的内容不包括（　　）。

A. 设置中断响应方式　　B. 设置外中断允许
C. 设置中断总允许　　D. 设置中断触发方式

5. 在 51 系列单片机中，需要软件实现中断撤销的是（　　）。
A. 定时中断　　B. 脉冲触发的外部中断
C. 电平触发的外部中断　　D. 串行口中断

6. 执行 MOV　IE,＃81H 指令的意义是（　　）。
A. 屏蔽中断源　　B. 开放外中断源 0
C. 开放外中断源 1　　D. 开放外部中断源 0 和 1

7. 下述条件中，能封锁主机对中断的响应的条件是（　　）。
A. 一个同级或高一级的中断正在处理中
B. 当前周期不是执行当前指令的最后一个周期
C. 当前执行的指令是 RETI 指令或者对 IE 或 IP 寄存器进行读/写指令
D. 当前执行的指令是一长跳转指令
E. 一个低级的中断正在处理中

8. 51 系列单片机在响应中断时，下列哪种操作不会发生（　　）。
A. 保护现场　　B. 保护 PC
C. 找到中断入口　　D. 保护 PC 转入中断入口

9. 51 系列单片机响应中断时，下面哪一个条件不是必需的（　　）。
A. 当前指令执行完毕　　B. 中断是开放的
C. 没有同级或高级中断服务　　D. 必须有 RETI 指令

10. 假定程序按如下编写：

```
SETB   EA
SETB   EX1
SETB   ET0
SETB   ES
SETB   PS
SETB   PT1
```

则（　　）可以被响应。
A. CPU 正在执行 INT1 中断，TF0 请求
B. CPU 正在执行 TF0 中断，TI 请求
C. CPU 正在执行 TI 中断，$\overline{\text{INT1}}$请求
D. CPU 正执行主程序，TF1 请求

11. 在 51 系列单片机中，需要外加电路实现中断撤除的是（　　）。
A. 定时中断　　B. 脉冲方式的外部中断
C. 外部串行中断　　D. 电平方式的外部中断

三、判断题

1. 中断响应最快的响应时间为 3 个机器周期。（　　）
2. 51 系列单片机每个中断源相应地在芯片上都有其中断请求输入引脚。（　　）
3. 51 系列单片机对最高优先权的中断响应是无条件的。（　　）

4. 中断初始化时，对中断控制器的状态设置，只可使用位操作指令，而不能使用字节操作指令。（　）

5. 一般情况下 51 系列单片机允许同级中断嵌套。（　）

6. 51 系列单片机中断源中优先级最高的是外部中断 0，优先级最低的是串行口中断。（　）

7. 51 系列单片机有 3 个中断源，优先级由软件填写中断优先级管理寄存器 IP 加以选择。（　）

四、简答题

1. 什么是中断？其主要功能是什么？

2. 什么是中断优先级？中断优先处理的原则是什么？

3. 各中断源对应的中断服务程序的入口地址是否能任意设定？

4. 51 系列单片机具有几个中断源，分别是如何定义的？其中哪些中断源可以被定义为高优先级中断，如何定义？

5. 想将中断服务程序放置在程序存储区的任意区域，在程序中应该如何设置？请举例加以说明。

五、编程题

某系统有三个外部中断源 1、2、3，当某一中断源变为低电平时，便要求 CPU 进行处理，它们的优先处理次序由高到低依次为 3、2、1，中断处理程序的入口地址分别为 1000H、1100H、1200H。试编写主程序及中断服务程序（转至相应的中断处理程序的入口即可）。

第七章 定时器/计数器原理及应用

本章主要介绍51系列单片机定时器/计数器的基本概念和工作原理，并通过实例对定时器/计数器的应用进行了详细阐述。

通过对本章的学习，读者应掌握和了解以下知识：

(1) 了解51系列单片机定时器/计数器的结构与工作原理；

(2) 了解定时器/计数器的工作方式，重点掌握工作方式1和工作方式2的使用方法；

(3) 掌握定时器/计数器的初始化编程方法。

在实时控制系统中，常常需要有实时时钟以实现定时或延时，也常需要有计数功能以实现对外界事件进行计数。51系列单片机内有两个定时器/计数器（Timer/Counter）：T0和T1；52子系统中除这两个定时器外，还有一个定时器/计数器T2；80C552中还包括用作“看门狗”的8位定时器T3；T3的功能比T2强。本章主要介绍51系列单片机的两个定时器的结构、工作原理、工作方式及其应用。

第一节 定时器/计数器的结构与工作原理

一、定时/计数的基本概念

在微机系统中，常常需要为CPU和外部设备提供时间基准以实现定时或延时控制。如定时中断、定时检测、定时扫描等，或对外部事件进行计数并将计数结果提供给CPU。

实现上述功能通常采用以下三种方法：

(1) 软件延时。利用CPU内部定时机构，每执行一条指令都需要若干个机器周期，编制一段程序循环执行，就可实现延时。这种方法定时较准确，通用性和灵活性也好，又无硬件开销。但定时过程中，CPU不能执行其他程序，因此常用来实现短时延时。

(2) 不可编程硬件定时。利用定时器件，如555定时器或中规模集成计数器直接对系统时钟脉冲进行计数。这种方式不占用CPU的时间，且很容易产生确定宽度的单脉冲或固定频率的连续脉冲。但一旦硬件电路确定后，定时特性不易改变，通用性、灵活性差。

(3) 可编程硬件定时。利用可编程定时器/计数器直接对某一时钟脉冲进行计数，当计数到预定的个数时给出定时到信号，计数多少可通过编程设置。大部分可编程定时器都兼有计数功能，既可对周期性脉冲进行计数，也可对非周期性的外部事件进行计数。一般来说，可编程定时器/计数器都具有多种工作方式，可通过编程设置，以适应不同系统的要求。因此，这种方法具有一定的灵活性，设定后与CPU并行工作，不占用CPU的时间，提高了CPU的利用率，但硬件开销较大，芯片较难掌握。

二、51系列单片机的定时器/计数器的结构

51系列单片机内部设有两个16位可编程的定时器/计数器，简称定时器0和定时器1，

分别用 T0 和 T1 表示。它们的工作方式、定时时间、量程、启动方式等均可通过程序来设置和改变。

51 系列单片机内部定时器/计数器的逻辑结构如图 7-1 所示。它由特殊功能寄存器 TCON、TMOD 以及 T0、T1 组成。其中 TMOD 为模式控制寄存器，主要用来设置定时器/计数器的工作方式；TCON 为控制寄存器，主要用来控制定时器的启动与停止。两个 16 位的工作寄存器 T0、T1 是定时器/计数器的核心，它们均可以分成两个独立的 8 位计数器，即 TH0 与 TL0、TH1 与 TL1，均是加 1 的计数器。加 1 计数器的脉冲有两个来源，一个是外部脉冲源，另一个是系统时钟振荡器。计数器对两种脉冲源之一进行输入计数，每输入一个脉冲，计数值加 1。

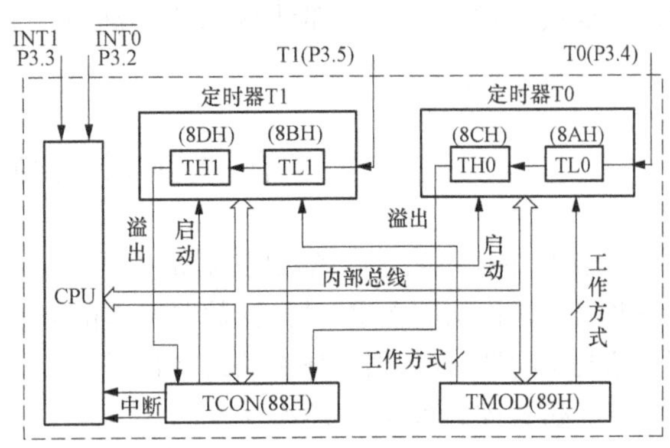

图 7-1　定时器/计数器的逻辑结构框图

三、定时器/计数器的工作原理

定时器/计数器工作原理如图 7-2 所示（图 7-2 中 i 取 0 或 1）。51 系列单片机的 2 个定时器/计数器均有两种工作模式，即定时模式和计数模式。这两种工作模式由 TMOD 的 D6 位和 D2 位选择，即 C/$\overline{T}$ 位，其中 D6 位选择 T1 的工作模式，D2 位选择 T0 的工作模式。

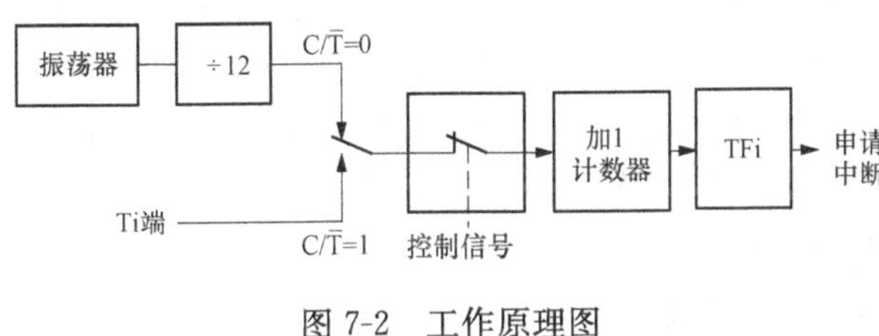

图 7-2　工作原理图

1. 定时模式

当 TMOD 的 D6 或 D2（C/$\overline{T}$ 位）被设置为“0”时，T1 或 T0 工作于定时模式。其实质是在单片机内部对机器周期进行计数，计数脉冲输入信号由内部时钟提供，每一个机器周期计数器自动加 1。由于每个机器周期等于 12 个振荡周期，故计数器的计数频率为振荡器频率的 1/12。例如，当晶振的频率 $f_{osc}=12MHz$ 时，计数器的计数频率 $f_{cont}=f_{osc}\times 1/12=1MHz$，计数器计数脉冲的周期等于机器周期，即

$$T_{cont}=1/f_{cont}=1/(f_{osc}\times 1/12)=12/f_{osc}$$

式中：f_{osc}为单片机振荡器的频率；f_{cont}为计数脉冲的频率。

51 系列单片机的定时器/计数器工作于定时模式时，其定时时间由计数初值和所选择的计数器的长度（如 8 位、13 位或 16 位）来确定。

2. 计数模式

当 TMOD 的 D6 或 D2（C/$\overline{T}$ 位）设置为“1”时，T1 或 T0 工作于计数模式。其实质是对外部事件进行计数。计数脉冲来自相应的外部输入引脚 T1 或 T0，当外部输入脉冲信号由 1 至 0 跳变时，计数器自动加 1。

计数器在每个机器周期的 S5P2 期间，对外部脉冲输入信号进行采样。如果在第一个机器周期的 S5P2 期间采样到高电平“1”，而在第二个机器周期的 S5P2 期间采样到低电平

“0”，则在紧跟着的一个（第三个）机器周期的 S3P1 期间计数器加 1。由于确认一次由 1 至 0 的负跳变需要 2 个机器周期，即 24 个振荡器周期，因此为了确保某一给定的电平在变化之前至少被采样一次，外部计数脉冲的高电平和低电平保持时间均要求在一个机器周期以上。

第二节　定时器/计数器的控制寄存器

51 系列单片机的定时器/计数器是一种可编程部件。它的工作模式、工作方式、计数初值以及启停操作均应在定时器/计数器工作前初始化，即向有关寄存器写入相应控制字。下面介绍与定时器/计数器工作有关的寄存器。

一、模式控制寄存器 TMOD

TMOD 是一个专用寄存器，用于控制 T1 和 T0 的工作模式以及工作方式，其各位的定义如下：

D7	D6	D5	D4	D3	D2	D1	D0
GATE	$C/\overline{T}$	M1	M0	GATE	$C/\overline{T}$	M1	M0
定时器1				定时器0			

（1）GATE：门控位，用来控制定时器/计数器的启动操作方式。当 GATE＝0 时，只能利用控制位 TR0 或 TR1 来控制定时器/计数器的启停。TRi 位置“1”时，定时器/计数器开始工作；TRi 位置“0”时，定时器/计数器停止工作。当 GATE＝1 时，定时器/计数器的启动要由外部中断引脚和 TRi 位共同控制。只有当外部中断引脚 $\overline{INT0}$ 或 $\overline{INT1}$ 为高时，TR0 或 TR1 置“1”才能启动对应的定时器工作。

（2）$C/\overline{T}$：功能选择位。当 $C/\overline{T}$＝0 时，定时器/计数器被设置为定时模式，计数脉冲由内部提供，计数周期等于机器周期。当 $C/\overline{T}$＝1 时，定时器/计数器设置为计数模式，计数脉冲由外部引脚 T0（P3.4）或 T1（P3.5）引入。

（3）M1 M0：工作方式控制位。2 位可形成 4 种编码，对应于 4 种工作方式。4 种工作方式定义见表 7-1。

表 7-1　　T0、T1 的工作方式

M1	M0	工作方式	功能简述
0	0	方式 0	13 位计数器，TLi 只用低 5 位
0	1	方式 1	16 位计数器
1	0	方式 2	8 位自动重装计数器。仅 TLi 作为计数器，而 THi 的值在计数中不变。TLi 溢出时，THi 中的值自动装入 TLi 中
1	1	方式 3	T0 分成 2 个独立的 8 位计数器

定义 T1 或 T0 工作方式应注意：

（1）TMOD 模式控制寄存器不能进行位寻址，只能用字节传送指令，设置定时器/计数器的工作模式及工作方式。TMOD 的低 4 位用于定义定时器/计数器 T0，高 4 位用于定义定时器/计数器 T1。系统复位时 TMOD 所有位均为 0。

例如：若设置定时器/计数器 T1 为定时模式，由软件启动，选择方式 2；若设置定时器/计数器 T0 为计数模式，由软件启动，选择方式 1。则 TMOD 各位的设置应为 00100101B，即控制字为 25H。编程时应采用 MOV TMOD，# 25H 指令将控制字（25H）写入 TMOD 中。

(2) 方式 0 是一个 13 位的定时器/计数器。只用了 16 位寄存器中的高 8 位（THi）和低 5 位（TLi 的 D4～D0 位），TLi 的高 3 位未用。装入和读取数据时，应注意 13 位数据与 16 位数据之间的转换。

例如：将 X=0001111100000110B=1F06H 的 16 位数据装入 13 位定时器/计数器的工作寄存器［THi+TLi（低 5 位）］中。装入时应先将 16 位数据转换为 13 位工作寄存器所对应的数据。方法是：16 位数据低 5 位作为 TLi 的低 5 位；由于 TLi 的高 3 位未用，应补 0；16 位数据的 D12～D5 送入 THi 中。所以 13 位工作寄存器中存放的实际数值为 1111100000000110B，即 F806H。

(3) 方式 0、方式 1、方式 3 为非自动重装方式。在初始化程序中和中断服务程序中均应对工作寄存器 TLi、THi 进行装载操作。即利用 MOV 指令将计数初值装入工作寄存器中。

(4) 方式 2 为 8 位自动重装方式。仅 TLi 作为工作寄存器，而 THi 的值在计数中保持不变。TLi 溢出时，THi 中的值将作为装载值由 CPU 自动装入 TLi 中。因此，使用时为了保证 Ti 首次工作也能正常运行，在初始化时 TLi、THi 均应装入相同的计数初值，而在中断服务程序中不需要再装入计数初值。

(5) 方式 3 只适用定时器/计数器 T0。T0 在该方式下被拆成两个独立的 8 位计数器 TH0 和 TL0。其中 TL0 使用原来 T0 的一些控制位和引脚，它们是：$C/\overline{T}$、GATE、TR0、TF0 和 T0（P3.4）引脚及 $\overline{INT0}$（P3.2）引脚。在此方式下，TL0 的操作与方式 0、方式 1 完全相同，可作定时器也可作计数器用。

TH0 只可用作简单的内部定时器功能，它借用原定时器 T1 的控制位和溢出标志位 TR1 和 TF1，同时占用了 T1 的中断源。TH0 的启动和停止仅受 TR1 的控制。TR1=1，TH0 启动定时；TR1=0，TH0 停止定时工作。

当 T0 选择方式 3 时，由于 T1 的 TF1 被 TH0 占用，所以 T1 仅可用在任何不需要中断的场合，仍可设置为方式 0、方式 1、方式 2。通过设置 $C/\overline{T}$ 位可对内部时钟进行计数或对外部脉冲进行计数，也可用作串行口波特率发生器。事实上，只在定时器/计数器 T1 用作串行口波特率发生器时，T0 才选择方式 3。

二、控制寄存器 TCON

TCON 的作用是用于控制定时器的启、停以及存放定时器的溢出标志和设置外部中断触发方式等。各位定义如下：

D7	D6	D5	D4	D3	D2	D1	D0
TF1	TR1	TF0	TR0	IE1	IT1	IE0	IT0

TF1、TF0、IE1、IE0、IT1、IT0 在第六章已讨论过，这里仅讨论 TR1 和 TR0 两位。

TR1 和 TR0 是定时器/计数器 1 和定时器/计数器 0 的启动控制位。当由软件将 TRi 清“0”时，停止定时器/计数器的工作；当由软件将 TRi 置“1”时，启动定时器/计数器。

定时器/计数器的启动与门控位（GATE）、外部中断引脚上的电平有关（见图 7-3）。当 GATE 设置为“0”时，定时器/计数器的启动仅由 TRi=1 控制；而当 GATE 设置为“1”时，如果要启动定时器/计数器，除要求 TRi=1 外，还要求引脚 $\overline{\text{INTi}}$（P3.2，P3.3）为高电平。

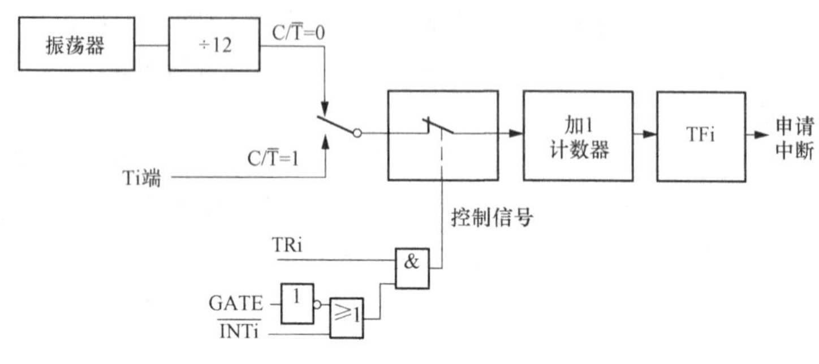

图 7-3 门控位的作用

三、定时器/计数器的初始化

由于定时器/计数器的功能是由软件来设置的，所以在使用定时器/计数器前均要对其进行初始化。初始化程序应放在主程序的开始处。

1. 初始化的步骤

（1）确定定时器/计数器的工作模式、工作方式、启动控制方式，并利用传送指令将其写入 TMOD 寄存器。

（2）设置定时器/计数器的初值。直接将初值写入 TH0、TL0 或 TH1、TL1 中。16 位计数初值必须分两次写入对应的计数器。

（3）根据要求考虑是否采用中断方式，使用中断方式时，应对寄存器 IE 赋值。开放中断时，对应位置“1”；使用软件查询方式时，IE 中对应位应清“0”进行中断屏蔽。

（4）启动定时器/计数器工作。若 GATE 设置为“0”时，SETB TRi 指令执行后，定时器/计数器即可开始工作。若 GATE 设置为“1”时，还必须由引脚 $\overline{\text{INTi}}$ 共同控制，只有当 $\overline{\text{INTi}}$ 引脚为高电平时，SETB TRi 指令执行后定时器/计数器方可启动工作。定时器/计数器一旦启动就按规定的方式定时或计数。

2. 计数初值的计算

当 T0 或 T1 工作于定时或计数模式时，其计数初值应如何确定？不同的工作模式、不同的工作方式，其计数初值计算方法均不相同。若设最大计数值（溢出值）为 M，各工作方式下的 M 值为：

方式 0：$M=2^{13}=8192$

方式 1：$M=2^{16}=65536$

方式 2：$M=2^{8}=256$

方式 3：$M=2^{8}=256$，定时器 T0 分成 2 个独立的 8 位计数器，所以 TH0、TL0 的 M 均为 256。

因为 51 系列单片机的两个定时器/计数器均为加 1 计数器，当加到溢出值时产生溢出，将 TFi 位置“1”，可发出溢出中断，因此，计数器初值 X 的计算式为

$$X=M-\text{计数值}$$

式中：M 由工作方式确定。

(1) 计数模式。当 T0 或 T1 工作于计数模式时，计数脉冲由外部引入，它是对外部脉冲进行计数，因此计数值应根据实际要求来确定。计数初值的计算公式为

$$X=M-\text{计数值}$$

例如：某工序要求对外部脉冲信号记录 100 次后，才需要处理，则计数初值为 $X=M-100$。

(2) 定时模式。当 T0 或 T1 工作于定时模式时，由于是对机器周期进行计数，故计数值应为定时时间对应的机器周期个数。为此，应首先将定时时间转换为所需要记录的机器周期个数（计数值）。其转换公式为

$$\text{机器周期个数（计数值）}=T_c/T_p$$

式中：T_c表示定时时间；T_p表示机器周期，$T_p=12/f_{osc}$；f_{osc}表示机器时钟（振荡器）的振荡频率。

故计数初值的计算公式为

$$X=M-\text{计数值}=M-T_c/T_p=M-(T_c\times f_{osc})/12$$

第三节 应 用 实 例

一、定时器/计数器基本应用实例

（一）项目要求

用定时器 T1 产生一个 50Hz 的方波，由 P1.1 输出（f_{osc}=12MHz），并通过 Proteus 中的示波器观察波形。

（二）项目参考原理图

项目参考原理图如图 7-4 所示。

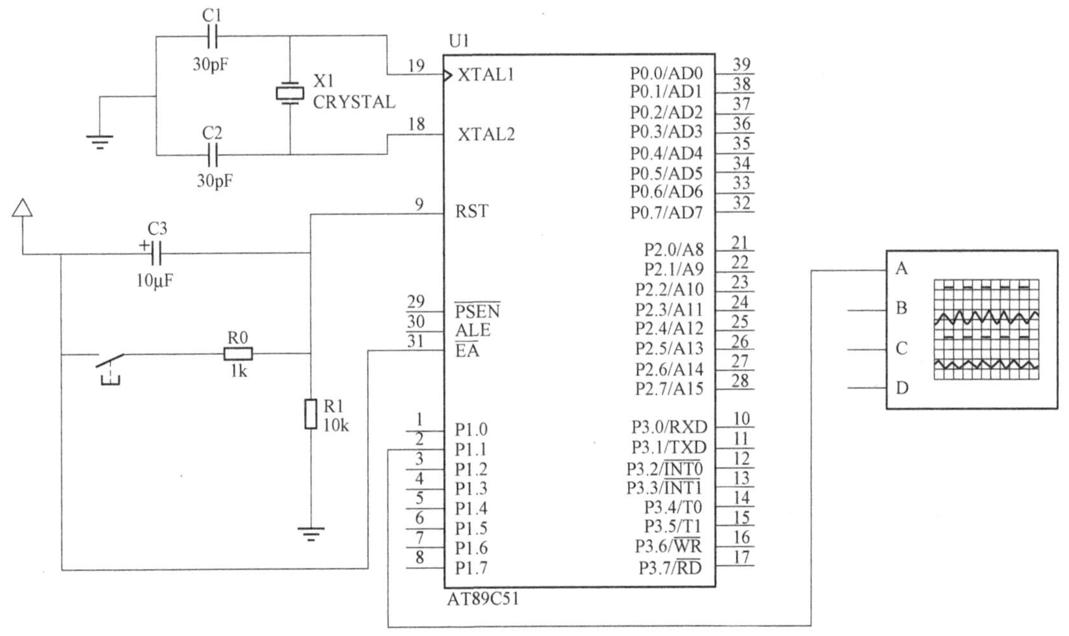

图 7-4 硬件连接图

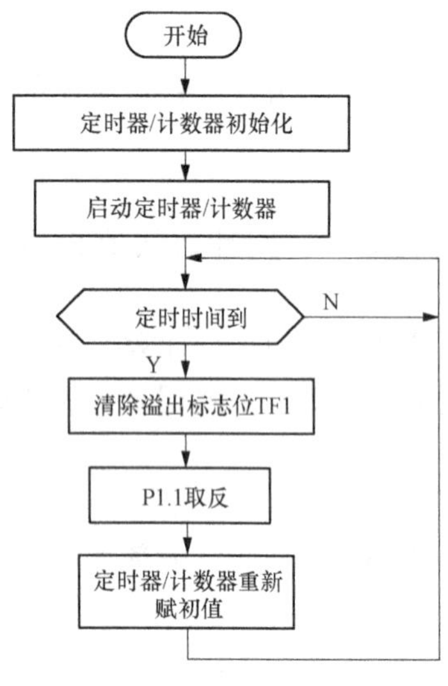

图 7-5 查询方式流程图

（三）分析

由方波频率值，知方波周期为

$$T=1/50=0.02(s)=20(ms)$$

用定时器 T1 定时半个方波周期值，即 10ms。

计数值为

$$T_c/T_p=(T_c\times f_{osc})/12=10\times10^{-3}\times12\times10^6/12$$
$$=10000$$

由定时器/计数器的最大计数值范围可知，定时器 T1 应工作在方式 1。

计数初值为

$$2^{16}-10000=65536-10000=55536=D8F0H$$

（四）流程图与程序设计

（1）采用程序查询方式。程序流程图如图 7-5 所示。

1）汇编语言源程序清单如下：

```
        ORG     0000H
        LJMP    T1BUS
        ORG     0030H
T1BUS:  MOV     TMOD,#10H       ; T1 工作在方式 1，定时模式
LOOP:   MOV     TH1,#0D8H       ; 送 T1 计数初值
        MOV     TL1,#0F0H
        SETB    TR1             ; 启动 T1
LOOP1:  JNB     TF1,LOOP1       ; T1 没有溢出等待
        CLR     TF1             ; 产生溢出清标志位
        CPL     P1.1            ; P1.1 取反输出
        LJMP    LOOP            ; 循环
        END
```

2）C51 源程序代码如下：

```
#include "at89x51.h"
void main( )
{
  TMOD = 0x10;
  TR1 = 1;
  for(; ;)
   {
   TH1 = 0xd8;
   TL1 = 0xf0;
   do
    {
        } while(TF1 == 0);
   P1_1 = ~P1_1;
   TF1 = 0;
   }
}
```

(2) 采用中断方式。程序流程图如图 7-6 所示。

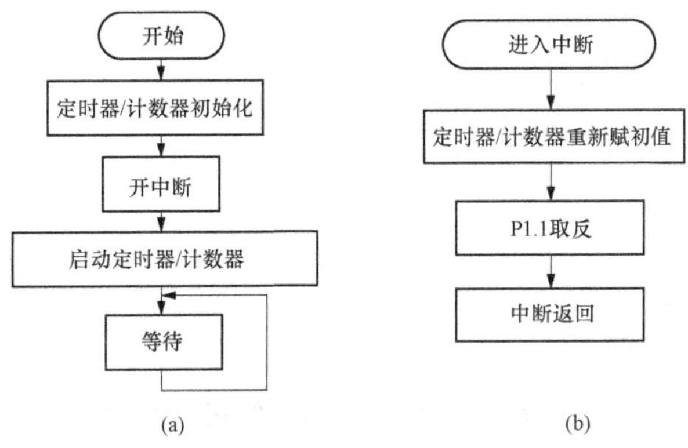

图 7-6　中断方式流程图

(a) 主程序流程图；(b) 中断服务程序流程图

1) 汇编语言源程序清单如下：

```
        ORG     0000H
        LJMP    T1MIN
        ORG     001BH
        LJMP    LOOP
        ORG     0030H
T1MIN:  MOV     TMOD,#10H       ; T1 工作在方式 1，定时模式
        MOV     TH1,#0D8H       ; T1 计数初值
        MOV     TL1,#0F0H
        SETB    EA              ; CPU、T1 开中断
        SETB    ET1
        SETB    TR1             ; 启动 T1
T1MIN2: NOP
        LJMP    T1MIN2
        ORG     0100H
LOOP:   MOV     TH1,#0D8H       ; 重新赋 T1 计数初值
        MOV     TL1,#0F0H
        CPL     P1.1            ; P1.1 取反输出
        RETI
        END
```

2) C51 程序代码如下：

```
#include "at89x51.h"
void main( )
{
TMOD = 0x10;
TH1 = 0xd8;
TL1 = 0xf0;
ET1 = 1;
EA = 1;
```

```
    TR1 = 1;
    while(1);
    }
void intt1( )  interrupt 3
    { TH1 = 0xd8;
      TL1 = 0xf0;
      P1_1 = ~P1_1;
    }
```

二、门控位的应用实例

（一）项目要求

利用定时器 T0 的门控位测量 $\overline{\text{INT0}}$ 引脚上出现的正脉冲宽度，并将所测得的高 8 位值存入片内 71H 单元，低 8 位值存入片内 70H 单元。已知 f_{osc}=12MHz。

（二）项目参考原理图

项目参考原理图如图 7-7 所示。

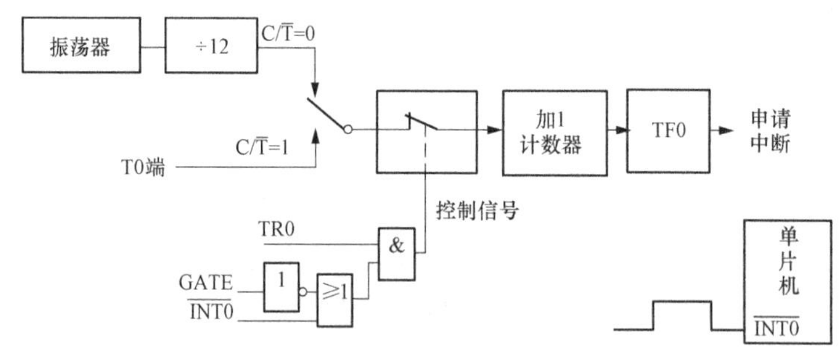

图 7-7 原理图

（三）分析

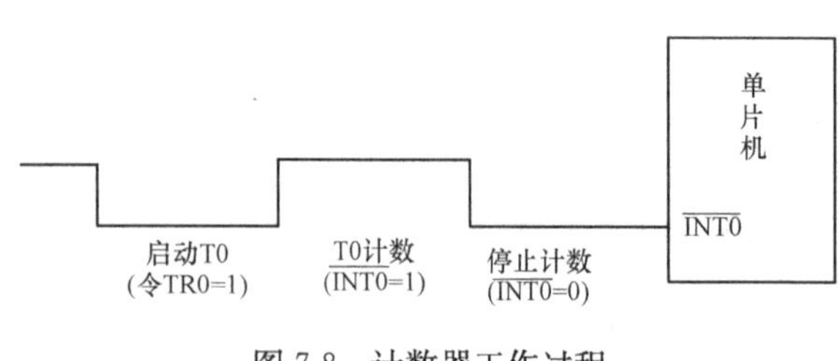

图 7-8 计数器工作过程

设外部脉冲由 $\overline{\text{INT0}}$（P3.2）输入，T0 工作于定时模式，选择方式 1（16 位计数器），GATE 设为 1。测试时，应在 $\overline{\text{INT0}}$ 为低电平时，设置 TR0 为 1，一旦 $\overline{\text{INT0}}$ 变为高电平，就启动计数；$\overline{\text{INT0}}$ 再次变为低电平时，停止计数。此计数值对应被测正脉冲的宽度，如图 7-8 所示。

（四）程序段

如下所示（用查询方式）：

```
        MOV     TMOD,#09H       ; T0定时模式，方式1，GATE=1
        MOV     TL0,#00H        ; T0从0000H开始计数
        MOV     TH0,#00H
        MOV     R0,#70H
LOOP:   JB      P3.2,LOOP       ; 等待P3.2变低
        SETB    TR0             ; P3.2变低，准备启动T0
```

```
LOOP1:  JNB     P3.2,LOOP1      ; 等待 P3.2 变高，启动计数
LOOP2:  JB      P3.2,LOOP2      ; 等待 P3.2 再次变低，当 P3.2 为高电平时，定时器 T0
                                ; 在硬件作用下自动计数
        CLR     TR0             ; P3.2 变低后，停止计数
        MOV     @R0,TL0         ; 存入计数值
        INC     R0
        MOV     @R0,TH0
```

这种方案的最大被测脉冲宽度为 65535μs（$f_{osc}=12MHz$），由于靠软件启动和停止计数器，测量的数值有一定的误差，其误差与采用的指令有关。上述程序被测的脉冲宽度 t 为

$$t=12\times N/f_{osc}=N \quad (\mu s)$$

式中：N 表示定时器中的计数值，等于 71H 70H 单元中的数值。

三、采用定时＋软件计数法实现定时功能

（一）项目要求

试编写由 P1.0 输出周期为 2s 的方波信号的程序。已知 $f_{osc}=12MHz$。

（二）分析

此例要求 P1.0 输出的方波信号的周期较长，用一个定时器无法实现。解决的办法是可采用定时器加软件计数的方法或者采用两个定时器合用的方法来实现。这里采用定时器加软件计数的方法。

具体方法为：将 T1 设置为定时模式，定时时间为 10ms，工作于方式 1；再利用 T1 的中断服务程序作为软件计数器；共同实现 1s 的定时。整个程序由两部分组成，即主程序和 T1 的中断服务程序。其中主程序包括初始化程序和 P1.0 输出操作程序，中断服务程序包括毫秒（ms）、秒（s）的定时等。

编写 T1 的中断服务程序时，应首先将 T1 初始化，并安排好中断服务程序中所用到的内部 RAM 中地址单元。

T1 的计数初值：$X=2^{16}-12\times10\times1000/12=55536=D8F0H$。

中断服务程序所用到的地址单元安排如下：

40H 单元作 ms 的计数单元，计数值为 1s/10ms＝100；

29H 单元的 D7 位（位地址为 4FH）作为 1s 计时到的标志位。

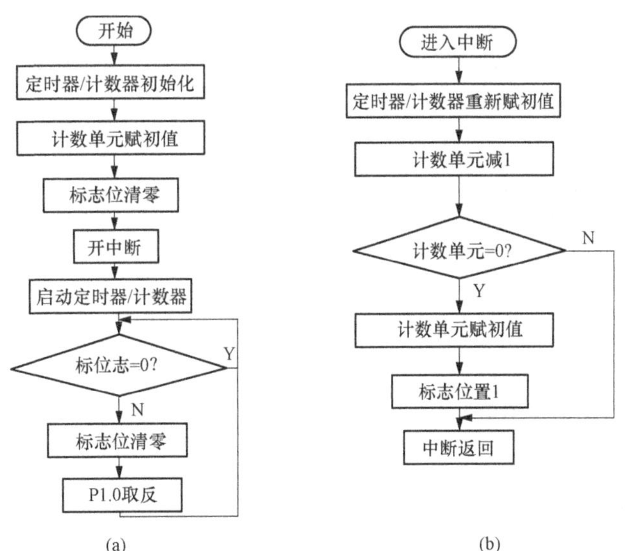

图 7-9　程序流程图

(a) 主程序流程图；(b) 中断服务程序流程图

（三）流程图与程序清单

程序流程图如图 7-9 所示。

（1）汇编语言源程序清单。

1）主程序：

```
        ORG     0000H
```

```
        LJMP    0030H
        ORG     001BH
        LJMP    1100H
        ORG     0030H
        MOV     TMOD,#10H       ; T1定时模式，方式1
        MOV     TH1,#0D8H       ; 送计数初值
        MOV     TL1,#0F0H
        SETB    EA              ; 开CPU、T1中断
        SETB    ET1
        SETB    TR1             ; 启动T1
        MOV     40H,#100        ; ms计数单元初值
        CLR     4FH
TT:     JNB     4FH,TT          ; 等待1s到
        CLR     4FH             ; 清1秒钟到标志位
        CPL     P1.0            ; 输出取反
        LJMP    TT              ; 反复循环
```

2）T1中断服务程序：（由001BH转来）

```
        ORG     1100H
        PUSH    PSW
        MOV     TH1,#0D8H       ; 重赋初值
        MOV     TL1,#0F0H
        DJNZ    40H,TT1         ; 1s到否?
        MOV     40H,#100        ; 1s到，重赋秒的计数值
        SETB    4FH             ; 置1s到标志位
TT1:    POP     PSW
        RETI                    ; 中断返回
```

（2）C51程序代码。

```
#include "at89x51.h"
bit i=0;
unsigned char b=100;
void main( )
{
TMOD=0x10;
TH1=0xd8;
TL1=0xf0;
ET1=1;
EA=1;
TR1=1;
for( ; ; )
  {while(i==1)
    {P1_0=~P1_0;
     i=0;
    }
```

```
  }
}
void intt1( )  interrupt 3
{ TH1 = 0xd8;
  TL1 = 0xf0;
  b- = 1;
  if(b = = 0)
  { b = 100;
   i = 1;
   }
}
```

习 题

一、填空题

1. 若将定时器/计数器用于计数方式，则外部事件脉冲必须从________引脚输入。

2. 处理定时器/计数器的溢出请求有两种方法：________和________。

3. 假定定时器 T1 工作在方式 2，单片机的振荡频率为 3MHz，则最大的定时时间为________。

4. 51 系列单片机的定时器/计数器用作定时时，其定时时间与振荡频率和计数初值有关。用作计数时，最高计数频率为振荡频率的________。

5. 设定时器/计数器工作在方式 2，当 TLi（i=0，1）计满后，除定时器溢出标志位 TFi 置位，具有向 CPU 申请中断的条件外，________的时间常数还会自动装入________，并重新开始定时或计数。

二、选择题

1. 定时器/计数器 T0 在 GATE=1 时运行的条件有（　　）。

A. P3.2=1　　B. 设置好定时初值　　C. TR0=1　　D. T0 开启中断

2. 对定时器 T0 进行关中断操作，需要复位中断允许控制寄存器的（　　）。

A. ET0　　B. EX0　　C. ET1　　D. EX1

3. 在下列寄存器中，与定时器/计数器控制无关的是（　　）。

A. TCON　　B. SCON　　C. IE　　D. TMOD

4. 与定时工作方式 0 和 1 相比较，定时工作方式 2 不具备的特点是（　　）。

A. 计数溢出后能自动恢复计数初值　　B. 增加计数器的位数

C. 提高了定时的精度　　D. 适于循环定时和循环计数

5. 51 系列单片机定时器工作方式 0 是指（　　）工作方式。

A. 8 位　　B. 8 位自动重装　　C. 13 位　　D. 16 位

6. 使用定时器 T1 时，有几种工作方式（　　）。

A. 1 种　　B. 2 种　　C. 3 种　　D. 4 种

7. 单片机定时器可用于（　　）。

A. 定时　　B. 外部事件计数

C. 串行口的波特率设定　　　　　　　　　　D. 扩展外部中断源

8. 关于定时器，若振荡频率为 12MHz，在方式 1 下最大定时时间为（　　）。

A. 8.192ms　　B. 65.536ms　　C. 0.256ms　　D. 16.384ms

三、综合题

1. 简述定时器的四种工作方式的特点，如何选择和设定？

2. 设单片机的 f_{osc} = 6MHz，问定时器处于不同工作方式时，最大定时时间分别是多少？

3. 已知 51 系列单片机的 f_{osc}=12MHz，用 T1 定时。试编程由 P1.0 和 P1.1 引脚分别输出周期为 2ms 和 500 μs 的方波。

4. 定时器/计数器工作于定时和计数方式时有何异同点？

5. 软件定时与硬件定时的原理有何异同？

6. 定时器 T0 和 T1 各有几种工作方式？

7. 设单片机的 f_{osc}=12MHz，要求用 T0 定时 150 μs，分别计算采用定时方式 0、定时方式 1 和定时方式 2 的定时初值。

8. 51 系列单片机中的定时器/计数器有哪几个特殊功能寄存器？作用是什么？怎样计算定时器/计数器的计数初值？

9. 编程实现当 T0（P3.4）引脚上发生负跳变时，从 P1.0 引脚上输出一个周期为 1ms 的方波，如图 7-10 所示。(晶振频率为 6MHz。)

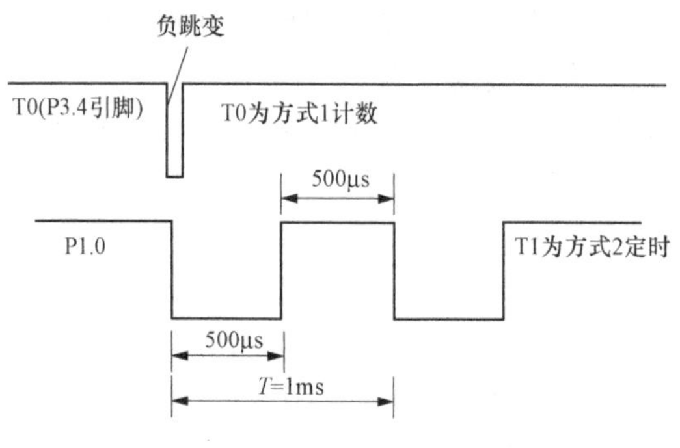

图 7-10　第 9 题图

10. 编写一个定时间隔为 5ms 的子程序。(晶振频率为 6MHz。)

11. 使单片机内部定时器 T0 工作在方式 1，从 P1.0 输出周期为 500Hz 的方波脉冲信号。已知单片机的晶振频率为 12MHz，定时器 T0 采用中断处理的方式。试完成：

(1) 写出 T0 定时器的方式控制字，计算 T0 定时器初值；

(2) 编写程序完成此功能。

12. 当系统选用 6MHz 晶体振荡器时，T0 工作在方式 1，采用中断方式，由 P2.0 输出周期为 1s 的矩形波形，占空比为 75%。试完成：

(1) 写出 T0 定时器的方式控制字，计算 T0 定时器初值；

(2) 试编写程序完成此功能。

第八章　单片机串行口及应用

本章主要介绍串行通信的基本概念，51 系列单片机中的串行接口的结构、工作原理、工作方式及其应用。

通过对本章的学习，读者应掌握和了解以下知识：

(1) 了解串行通信的基本概念；

(2) 了解 51 系列单片机串行口的结构与工作原理；

(3) 掌握 51 系列单片机串行口的 4 种工作方式；

(4) 掌握 51 系列单片机串行口的编程方法。

第一节　串行通信概述

一、串行通信及其特点

通信是指计算机与外界的信息交换，既包括计算机与外部设备之间，也包括计算机与计算机之间的信息交换。随着多微机系统的应用和微机网络的发展，通信技术显得越来越重要。CPU 通过接口与外界通信的基本方式有两种：并行通信和串行通信。并行通信是多位数据同时在外设与 CPU 之间传递，如图 8-1 所示；而串行通信则是通过一根数据传送线，将数据一位一位地顺序传递，如图 8-2 所示。

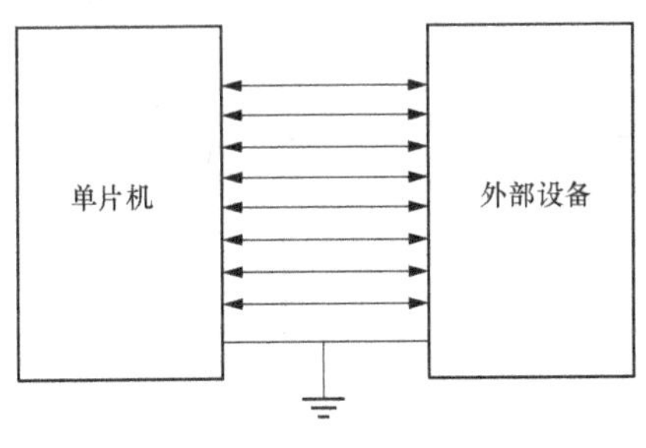

图 8-1　并行通信

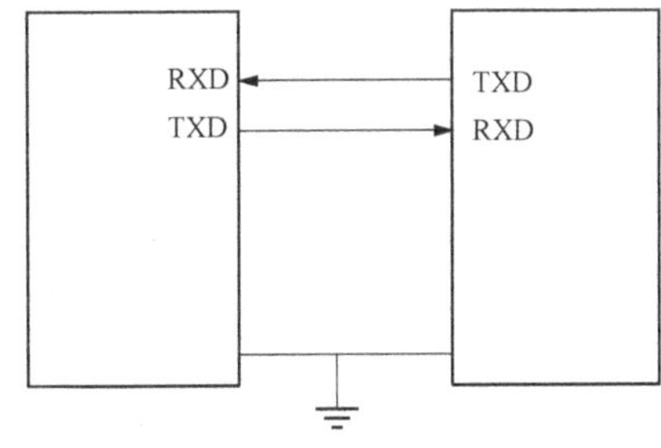

图 8-2　串行通信

注意：串、并是指接口面向外设一侧的信息传递，接口面向 CPU 一侧总是并行的。

由于并行通信是多位数据同时进行传递，因此传输速度快，但所需传输线数量多，远距离传输时，将导致通信线路复杂，成本较高。串行通信是通过一根传输线传递信息，通信线路简单，且远距离传输时还可以使用电话线，大大降低了成本，但传送速度较慢；另一方面，串行通信的传输线既作数据线又作联络线，即传递的信息既可能是一般数据，也可能是控制联络信息，因此要识别信息流中每位的含义，通信双方要有共同遵守的约定，即串行通信必须有通信协议。

二、串行通信的数据传送方式

串行通信双方进行数据传送时，根据同一时刻数据流的方向分为三种基本的数据传送方式：单工通信、半双工通信、全双工通信，如图 8-3 所示。

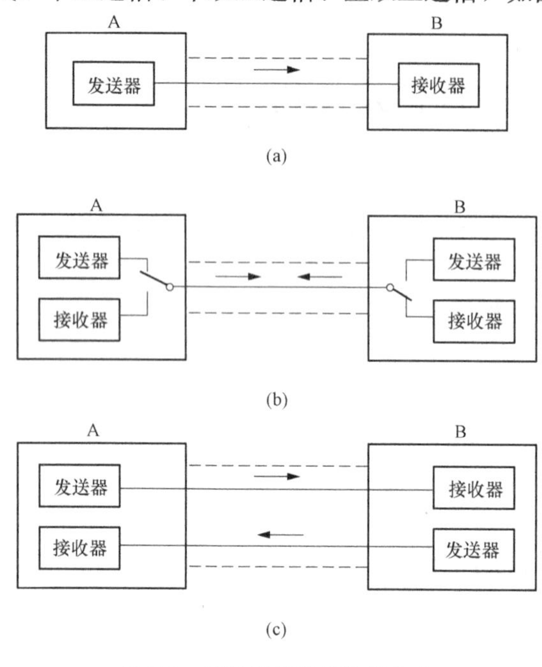

图 8-3 串行通信数据传送方式
(a) 单工通信；(b) 半双工通信；(c) 全双工通信

(1) 单工（Simplex）通信：通信双方之间只有一根数据传输信号线，信息传送只能按规定在一个方向进行，即 A 到 B。

(2) 半双工（Half Duplex）通信：通信双方之间也只有一根数据传输信号线，通过接收和发送电路转换开关，使得双方可以交替进行发送、接收，即：某一时刻可以 A 发 B 收，另一时刻 B 发 A 收，但两个方向的数据传送不能同时进行。

(3) 全双工（Full Duplex）通信：通信双方之间有两条数据传输信号线，可以在同一时刻进行两个方向的数据传送。即 A 发 B 收的同时，可以 B 发 A 收，此时通信系统的每一端都应设置发送器和接收器。这样消除了半双工切换操作方式的延时。

目前，在微机通信系统中，单工通信很少使用，多数采用半双工或全双工通信方式。

图 8-3 所示的通信方式都是在两个站之间进行的，也称为点—点通信。有时还用到点—多点的主从式多终端通信和多点—多点的通信方式。如图 8-4 所示是主从式多终端通信时的半双工、全双工通信示意图，A 站（主机）可以向多个终端（B、C、D 等从机）发出信息。

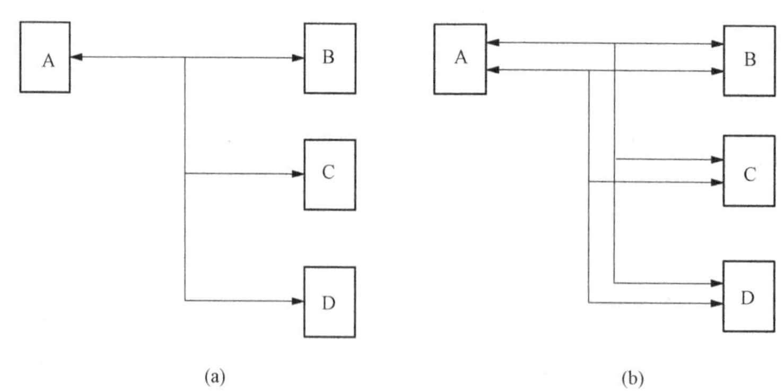

图 8-4 主从多终端通信
(a) 多终端半双工通信；(b) 多终端全双工通信

三、差错控制

在串行通信中，由于系统本身的硬件和软件故障，或者外界电磁干扰等原因，数据在传送中发生错误总是难免的。作为一个实用的通信系统，应尽量降低传输出错的可能性，一旦出错后能够及时发现和纠正错误。

衡量通信系统性能的一个重要指标是误码率，即数据经传输后发生错误的位数与总传输位数之比。在计算机通信中，一般要求误码率降至 10^{-6} 数量级。误码率与通信线路质量、干扰大小及波特率等因素有关。为了减小误码率，一方面要从硬件和软件两方面对通信系统进行可靠性设计，以达到尽量少出错的目的；另一方面还要对传输的信息采用一定的检错和纠错编码技术，以便发现和纠正传输过程中可能出现的差错。通常将这两方面统称为差错控制技术。

将如何发现传输中的错误叫检错；发现错误之后，如何消除错误，叫纠错。实现检错和纠错的编码方法很多，如奇偶校验、循环冗余码检验（Cyclic Redundancy Check，CRC）、海明码校验和方阵码校验等。其中，奇偶校验最简单，CRC 校验的自动纠错能力比较强。在基本通信规程中一般采用奇偶校验检错，以反馈重发方式纠错。在高级通信控制规程中一般采用 CRC 检错，以自动纠错方法来纠错。

奇偶校验方法主要用于对一个字符的传送过程进行校验。发送时，在每一个字符的最高位之后（发送总是最低有效位 D_0 先发送）都附加一个奇偶校验位，这个校验位本身有可能是“1”或“0”，加上这个校验位后，使所发送的任何字符中的“1”的个数始终为奇数（奇校验）或偶数（偶校验）。接收时，检查所接收的字符连同这个奇偶校验位，看其中“1”的个数是否符合规定，若不符合规定就置出错标志，供 CPU 查询及处理。奇偶校验位的产生和检验，可用软件或硬件的方法实现。

四、串行通信基本方式

根据在串行通信中对数据流的分界、定时及同步的方法不同，串行通信的基本方式可分为两种：异步串行方式和同步串行方式。

1. 异步串行通信

异步串行通信是以字符为信息单位传送的，每个字符作为一个独立的信息单位（1 帧数据），可以随机出现在数据流中，即发送端发出的每个字符在数据流中出现的时间是任意的，接收端预先并不知道。这就是说，异步通信方式的“异步”主要体现在字符与字符间没有严格的定时要求。然而，一旦传送开始，收/发双方则以预先约定的传输速率，在时钟的作用下，传送这个字符中的每一位，即要求位与位之间有严格而精确的定时。可见，异步通信在传送同一个字符的每一位时是同步的。异步串行通信的基本特点是：在通信的数据流中，字符间异步，字符内部各位间同步。

在异步通信中，每个字符要用起始位和停止位作为字符开始和结束的标志，其数据帧格式如图 8-5 所示。

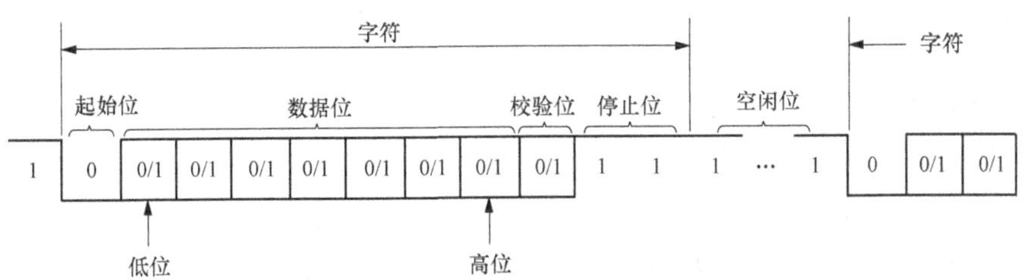

图 8-5 起止式异步协议帧数据格式

异步传送时，首先是一位表示传送字符开始的起始位；紧跟着是要传送字符的数据位，可以是 5、6 或 7 位；数据位的后面可根据需要加入奇偶校验位；最后是 1、2 位的停止位。

起始位用逻辑“0”表示，停止位用逻辑“1”表示，这样就为通信双方何时开始收发、何时结束、怎样判别对错等提供了依据。字符间的间隔（空闲位）传送高电平。

异步通信的工作原理是：传送开始后，接收设备不断地检测传输线上是否有起始位到来，当接收到一系列的“1”（空闲位或停止位）之后，检测到第一个“0”，说明起始位出现，就开始接收所规定的数据位、奇偶校验位及停止位；经过接收器处理，将停止位去掉，把数据位拼装成一字节数据，并且经校验后无错误，才算是正确地接收到一个字符。当一个字符接收完毕后，接收设备又继续测试传输线，监视“0”电平的到来和下一个字符的开始，直到全部数据接收完毕。

2. 同步串行通信

同步串行通信是以数据块（字符块）为信息单位传送的，而每帧信息包括成百上千个字符，因此传送一旦开始，就要求每帧信息内部的每一位都要同步。显然，这种通信方式对时钟同步要求非常严格，为此，收/发两端必须使用同一时钟来控制数据块传输中字符与字符间和字符内部位与位之间的定时。同步通信协议有多种，其具体格式、约定有差别，但总的来说，它们均是在数据块的开始处加上1或2个同步字符或标志符，表示数据块的开始，在数据块结束处加上一定的结束标志，表示数据块的结束，而数据块的长度则不固定。这样，大大提高了有效数据传送的速率。如图8-6所示，给出几种常见的同步通信格式。其中CRC是数据块传送结束后的循环冗余校验码，以判断数据块传送是否有错误。

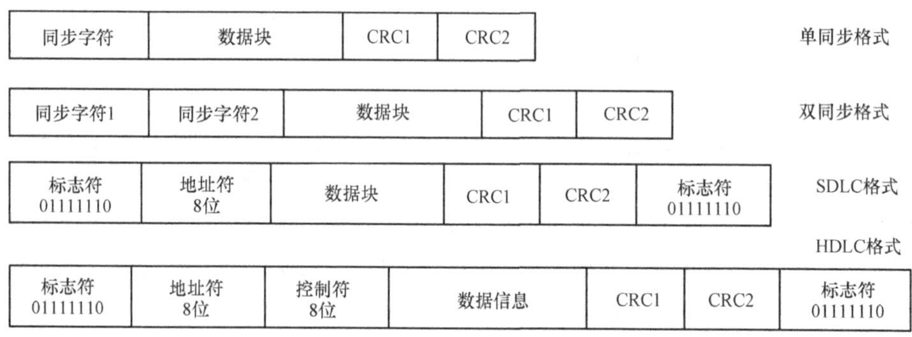

图8-6 几种常见的同步通信格式

同步通信的工作原理是：在传送过程中，接收设备首先搜索同步字符，与事先约定的同步字符进行比较，若比较结果相同，则说明同步字符已经到来，接收方就开始接收数据，并按规定的数据长度拼装成一个个数据字节，直到整个数据块接收完毕，经校验无传输错误时，才结束一帧信息的传送。

五、数据传送速率

通常称每秒传送的二进制位数为波特率（Baud Rate），单位为bit/s或波特，波特率是衡量数据传送速率的指标。在异步数据传送时，如果其数据传送速率为100字符/秒，假设数据帧格式为1位起始位、7位数据位、1位校验位和1位停止位，则其波特率为100×(1+7+1+1) bit/s，即1000bit/s，而实际传送有效字符的速率只有100×7bit/s。

异步通信的传送速率一般在50～9600bit/s，常用于计算机到显示终端和字符打印机之间的通信和无线电通信等。

同步通信的传送速率高于异步通信的传送速率，可达500kbit/s。但它要求用同步时钟来实现发送端和接收端之间的严格同步，而且对同步时钟信号的相位一致性要求也非常严格，为此通常还要采用“锁相器”等措施来保证，硬件设备较复杂，常用于计算机之间的通信。

第二节 单片机串行口的结构及工作原理

51 系列单片机中的串行口是一个全双工通信接口，即能同时进行数据的发送和接收。它可以作 UART（通用异步接收和发送器）用，也可以作同步移位寄存器。其帧格式和波特率均可通过软件编程设置，使用上非常方便灵活。

一、51 系列单片机串行口的结构

51 系列单片机的串行口主要由两个数据缓冲器 SBUF、一个输入移位寄存器（9 位）、一个串行控制寄存器 SCON 和一个波特率发生器 T1 等组成。其结构如图 8-7 所示。

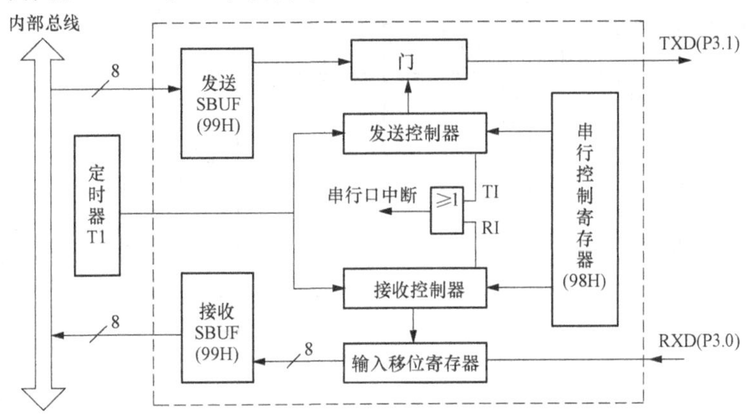

图 8-7 串行口结构框图

特殊功能寄存器 SCON 用来存放串行口的控制和状态信息。定时器/计数器 T1 作串行口的波特率发生器，其波特率是否增倍由特殊功能寄存器 PCON 的最高位控制。

串行口数据缓冲器 SBUF 是可以直接寻址的专用寄存器。在物理上，一个作发送缓冲器，一个作接收缓冲器。两个缓冲器共用一个口地址 99H，由读写信号区分，CPU 执行指令 MOV SBUF, A 时，SBUF 为发送缓冲器，CPU 执行指令 MOV A, SBUF 时 SBUF 为接收缓冲器。接收缓冲器是双缓冲的，它是为了避免在接收下一帧数据之前，CPU 未能及时响应接收器的中断把上帧数据读走，而产生两帧数据重叠的问题而设置的双缓冲结构。对于发送缓冲器，由于发送时 CPU 是主动的，不会产生两帧数据写重叠的问题，同时为了保持最大传输速率，51 系列单片机的发送缓冲器为单缓冲。

二、串行通信过程

1. 接收数据的过程

当 CPU 允许接收（即 SCON 的 REN 位置“1”）且接收中断标志 RI 位复位时，就启动一次接收过程。接收数据时，外界数据通过引脚 RXD（P3.0）串行输入，数据的最低位首先进入输入移位寄存器，一帧数据接收完毕再并行送入缓冲器 SBUF 中，同时将接收中断标志 RI 置“1”。当用软件将输入的数据读走并将 RI 复位后，才能开始下一帧数据的输入过程。这个过程重复进行直至所有数据接收完毕。

2. 发送数据的过程

当发送中断标志 TI 位复位后，CPU 执行任何一条写 SBUF 指令，就启动一次发送过程。CPU 在执行写 SBUF 指令的同时启动发送控制器开始发送数据，被发送的数据由 TXD（P3.1）引脚串行输出，先输出最低位。当一帧数据发送完即发送缓冲器空时，CPU 自动将发送中断标志 TI 置“1”。当用软件将 TI 复位，同时又将下一帧数据写入数据缓冲器 SBUF 后，CPU 再次重复上述过程直到所有数据发送完毕。

第三节 串行口的控制寄存器

51 系列单片机对串行口的控制是通过 SCON 实现的，也与电源控制寄存器 PCON 有关。

一、串行口控制寄存器 SCON

SCON 是特殊功能寄存器，地址为 98H，如图 8-8（a）所示。

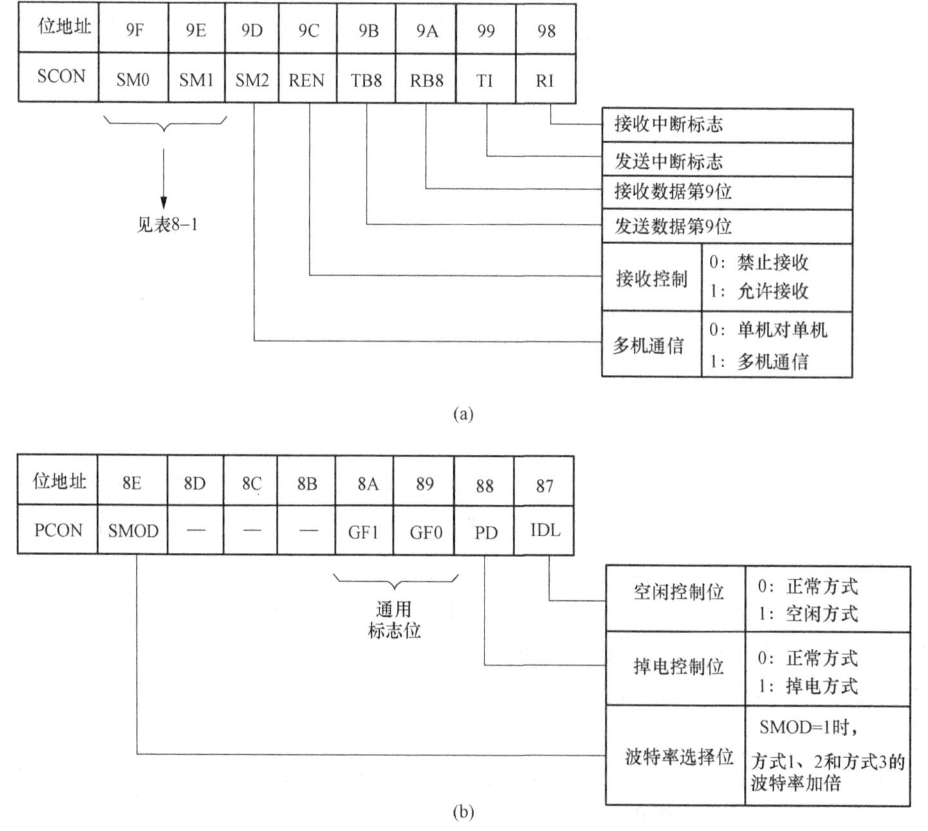

图 8-8 SCON 和 PCON 各位定义

（a）SCON 各位定义；（b）PCON 各位定义

SCON 各位定义如下：

（1）SM0 和 SM1：串行口方式控制位。其用于设定串行口的工作方式，见表 8-1。

（2）SM2：多机通信控制位。其主要在方式 2 和方式 3 时使用。在方式 0 时，SM2 不用，应设置为“0”状态；在方式 1 时，SM2 也应设置为“0”。

（3）REN：允许接收控制位。REN=0 时，禁止串行口接收；REN=1 时，允许串行口接收。

（4）TB8：发送数据的第 9 位。其用于在方式 2 和方式 3 时存放发送数据第 9 位。TB8 由软件置“1”或清“0”。

（5）RB8：接收数据的第 9 位。其用于在方式 2 和方式 3 时存放接收数据第 9 位。在方式 0 时不使用 RB8；在方式 1 时，若 SM2=0，则 RB8 用于存放接收到的停止位。

（6）TI：发送中断标志位，用于指示一帧数据发送是否完成。在方式 0 时，发送电路发送完第 8 位数据时，TI 由硬件置“1”；在其他方式时，TI 在发送电路发送停止位时置“1”。也就是说，TI 在发送前必须用软件复位，发送完一帧数据后由硬件置位。因此，CPU 查询 TI 状态便可知道一帧数据是否已发送完毕。

（7）RI：接收中断标志位，用于指示一帧数据是否接收完。在方式 1 时，RI 在接收电路接收到第 8 位数据时由硬件置“1”；在其他方式时，RI 是在接收电路接收到停止位的中间位置时置位的。RI 也可供 CPU 查询以决定 CPU 是否从接收缓冲器 SBUF 中读取接收到的数据。RI 也应由软件复位。

表 8-1　串行口的工作方式和所用波特率对照表

SM0 SM1	工作方式	功　能	波特率
0　0	方式 0	8 位同步移位寄存器	$f_{osc}/12$
0　1	方式 1	10 位 UART	可变（由定时器控制）
1　0	方式 2	11 位 UART	$f_{osc}/64$、$f_{osc}/32$
1　1	方式 3	11 位 UART	可变（由定时器控制）

二、电源控制寄存器 PCON

PCON 是特殊功能寄存器，地址为 87H，其格式及各位的功能如图 8-8（b）所示。

PCON 中与串行口设置有关的位只有 1 位（SMOD），定义如下：

SMOD：波特率选择位。在方式 1、方式 2 和方式 3 时，串行通信波特率和 2^{SMOD} 成正比。即当 SMOD=1 时，通信波特率可以提高一倍。系统复位后，SMOD 位为“0”。

PCON 中的其余各位用于 51 系列单片机的电源控制。

第四节　串行口的工作方式及波特率设置

一、串行口的工作方式

51 系列单片机的串行口有方式 0、方式 1、方式 2 和方式 3 共 4 种工作方式。

1. 方式 0

这种工作方式比较特殊，与常见的微型计算机的串行口不同，又名同步移位寄存器方式。其帧格式如图 8-9（a）所示。在这种方式下，数据从 RXD 端串行输入或输出，同步移位信号从 TXD 端输出，波特率固定不变，为振荡频率的 1/12。该方式是以 8 位数据为一帧，没有起始位和停止位，先发送或接收最低位。在方式 0 下，SM2、RB8 和 TB8 均不起作用，通常将它们设置为“0”状态。

发送操作是在 TI=0 时进行的，CPU 通过 MOV SBUF，A 指令给发送缓冲器 SBUF 送出数据后，RXD 引脚上即可逐位发出 8 位数据，TXD 引脚上发送同步移位脉冲。8 位数据发送完后，TI 由硬件置“1”，并可向 CPU 申请中断。CPU 查询到 TI=1 或 CPU 响应中断后应先用软件使 TI 清“0”，然后再给发送缓冲器 SBUF 送下一个欲发送的数据，重复上述过程，直至所有数据发送完成。

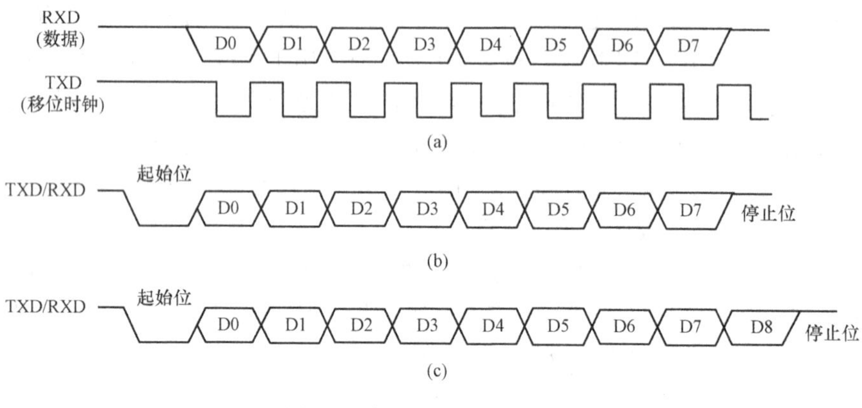

图 8-9　各工作方式的帧格式

(a) 方式 0；(b) 方式 1；(c) 方式 2、3

接收过程是在 RI=0 和 REN=1 条件下启动的。此时，串行数据由 RXD 引脚输入，TXD 引脚输出同步移位脉冲。接收电路接收到 8 位数据后，RI 自动置“1”，并可向 CPU 申请中断。CPU 查询到 RI=1 或响应中断后便可通过 MOV A,SBUF 把接收缓冲器 SBUF 中的数据取到累加器 A 中。RI 也应由软件清“0”。

需要注意的是，串行口方式 0 并非是一种同步通信方式。它的主要用途是和外部同步移位寄存器外接，以达到扩展一个并行 I/O 口的目的。

2. 方式 1

方式 1 设定为 10 位异步通信方式，即一个起始位、8 个有效数据位和一个停止位，波特率可以改变（由定时器 T1 的溢出频率决定，并可由 SMOD 加倍）。其帧格式如图 8-9 (b) 所示。

发送操作在 TI=0 时，执行 MOV SBUF,A 指令后开始，然后发送电路自动在 8 位发送数据前后分别添加一位起始位和一位停止位，并在移位脉冲作用下由 TXD 引脚依次发送一帧数据，发送完后自动维持 TXD 引脚为高电平。TI 也由硬件在发送停止位时自动置“1”，需由软件将其清“0”。

接收操作是在 RI=0 和 REN=1 条件下进行，这点与方式 0 相同。平时，接收电路对高电平的 RXD 引脚采样，采样脉冲频率是接收时钟的 16 倍。当接收电路连续 8 次采样到 RXD 引脚为低电平时，检测器便可确认 RXD 引脚上有了起始位。此后，接收电路就改为对第 7、8、9 三个脉冲采样到的值进行比较，并以三中取二的原则来确定所采样数据的值。

在接收到第 9 位数据（即停止位）时，接收电路必须同时满足以下两个条件：RI=0 且 SM2=0 或接收到的停止位为“1”，才能把接收到的 8 位数据存入接收缓冲器 SBUF 中，把停止位送入 RB8 中，使 RI=1 并向 CPU 申请中断。若上述条件不满足，则这次接收到的数据就被舍去，不装入接收缓冲器 SBUF，这就意味着丢失了一帧接收的数据，这是不允许的。为了避免这种情况出现，在方式 1 下，SM2 也应设定为“0”。

3. 方式 2 和方式 3

方式 2 和方式 3 都是 11 位异步收发，即 1 个起始位、8 个有效数据位、1 个附加数据位和 1 个停止位，其帧格式如图 8-9（c）所示。其二者的差异仅在于通信波特率有所不同：方式 2 的波特率由 51 系列单片机的主频 f_{osc} 经 32 或 64 分频后提供；方式 3 的波特率由定时器 T1 的溢出经 32 分频后提供，故方式 3 的波特率是可调的。

方式 2 和方式 3 的发送过程类似于方式 1，所不同的是方式 2 和方式 3 有 9 位数据位。第 9 位数据是 SCON 中的 TB8，这位数据可由用户安排，可以作为奇偶校验位，也可作为其他控制位。第 9 位数据的装入可由如下指令中的一条来完成：

```
SETB  TB8
CLR   TB8
```

第 9 位数据的值装入 TB8 后，在 TI=0 时，便可用指令 MOV SBUF,A 把发送数据装入 SBUF 来启动发送过程。一帧数据发送完后，TI 由硬件自动置“1”，CPU 便可通过查询 TI 来以同样方法发送下一帧数据。TI 应由软件清“0”。

方式 2 和方式 3 的接收过程也与方式 1 类似。所不同的是：方式 1 时 RB8 中存放的是停止位，方式 2 或方式 3 时 RB8 中存放的是第 9 位数据。因此，方式 2 和方式 3 时必须满足接收有效数据的条件变为：RI=0 且 SM2=0 或接收到的第 9 位数据为“1”，接收到的数据才能送入接收缓冲器 SBUF 中，第 9 位数据才能装入 RB8 中，并使 RI=1；否则，这次收到的数据无效，RI 也不置位。

二、串行通信中波特率的设置

串行口每秒钟发送（或接收）的二进制位数称为波特率。假定发送一位数据所需要的时间为 T，则波特率为 1/T。

在串行通信中，收发双方对发送或接收的数据速率（即波特率）要有一定的约定。串行口工作于不同的方式，其波特率的设置也有所不同，下面分别说明。

1. 方式 0 和方式 2

在方式 0 时，每个机器周期发送或接收一位数据，因此波特率固定为振荡频率的 1/12，且不受 SMOD 位的控制。

方式 2 的波特率要受 PCON 中 SMOD 位的控制，当 SMOD 设置为“0”时，波特率为振荡频率的 1/64，即等于 $f_{osc}/64$；若 SMOD 设置为“1”时，则波特率等于 $f_{osc}/32$。因此，方式 2 的波特率表示为

$$\text{波特率}=f_{osc}/(64/2^{SMOD})$$

2. 方式 1 和方式 3

51 系列单片机串行口工作于方式 1 或方式 3 时，其波特率由定时器/计数器 T1 的溢出率与 SMOD 位共同控制。其波特率可表示为

$$\text{波特率}=\text{T1 的溢出率}/(32/2^{SMOD})$$

式中：当 SMOD=0 时，波特率不增倍；当 SMOD=1 时，波特率增倍。定时器溢出率取决于计数速率和定时器的计数值。计数速率与 TMOD 寄存器中 $C/\overline{T}$ 的设置有关，当 $C/\overline{T}=0$ 时，为定时模式，计数速率等于 $f_{osc}/12$；当 $C/\overline{T}=1$ 时，为计数模式，计数速率取决于外部输入时钟的频率，但不能超过 $f_{osc}/24$，使用时通常将 T1 设置为定时模式。

定时器/计数器 T1 的计数值等于 $M-X$，X 为计数初值，M 为定时器/计数器的最大计

数值，与工作方式有关。使用时可以让 T1 工作于方式 0、方式 1，也可以工作于方式 2。为了避免由于软件装载引起的误差，通常将 T1 设置为方式 2，作为波特率发生器。T1 工作于方式 2 时，TL1 作为计数用，TH1 用于存放计数初值，当 TL1 计满溢出时，TH1 中的值将自动重装到 TL1 中，这样避免了由于软件装载而引起的操作误差。

当 T1 作为波特率发生器并工作于方式 2 时，其计数初值（装载值）的确定方法如下：

设 T1 的计数初值为 X，$C/\overline{T}=0$（T1 为定时模式）时，那么每过 $256-X$ 个机器周期，定时器 T1 就会产生一次溢出。则 T1 的溢出周期为

$$\text{溢出周期}=\text{定时时间}=\frac{12}{f_{osc}}\times(256-X)$$

溢出率为溢出周期的倒数，将上式代入波特率的计算公式得

$$\text{波特率}=\frac{2^{SMOD}}{32}\times\frac{f_{osc}}{12\times(256-X)}=\frac{2^{SMOD}\times f_{osc}}{384\times(256-X)}$$

由上式可得定时器 T1 的计数初值（装载值）为

$$X=256-\frac{2^{SMOD}\times f_{osc}}{384\times\text{波特率}}$$

SMOD 的设置会影响数据传输的准确性。例如，系统的时钟频率为 6MHz，通信波特率为 2400 波特。

当 SMOD=1 时，定时器 T1 的初值为

$$N=256-\frac{2^1\times 6\times 10^6}{2400\times 32\times 12}\approx 243=\text{F3H}$$

将此值代入波特率的公式，可得实际波特率

$$\text{波特率}=\frac{2^1}{32}\times\frac{6\times 10^6}{12}\times\frac{1}{2^8-243}\approx 2403.846$$

$$\text{波特率误差}=\frac{2403.846-2400}{2400}\approx 0.16\%$$

当 SMOD=0 时，定时器 T1 的初值为

$$N=256-\frac{2^0\times 6\times 10^6}{2400\times 32\times 12}\approx 249=\text{F9H}$$

将此值代入波特率的公式，可得实际波特率

$$\text{波特率}=\frac{2^0}{32}\times\frac{6\times 10^6}{12}\times\frac{1}{2^8-249}\approx 2232.14$$

$$\text{波特率误差}=\frac{2400-2232.14}{2400}\approx 6.9\%$$

由以上计算可知，SMOD 虽然可以任意取值，但它的取值可以影响实际传输中的波特率误差，为了保证串行通信的可靠性，需要选择波特率相对误差最小的。

三、串行口初始化

在使用串行口之前应该对串行口进行初始化，主要设置产生波特率的定时器 1、串行口控制和中断控制。

具体步骤如下：

(1) 确定定时器 1 的工作方式（采用方式 2 设置 TMOD）；

(2) 计算定时器 1 的计数初值（装入 TH1 和 TL1）；

(3) 启动定时器 1（设置 TCON 中的 TR1）；

(4) 确定串行口的控制（设置 SCON）；

(5) 若采用中断方式编程，还需开 CPU 中断和源中断（设置 IE 寄存器）。

第五节　应　用　实　例

【例 8-1】 选用 T1 作为波特率发生器，工作于方式 2，波特率为 2400bit/s。已知 f_{osc}=11.0592MHz，设波特率控制位 SMOD=0，波特率不增倍，求计数初值 X。

解　$X=256-2^0\times11.0592\times10^6/(384\times2400)=244=$F4H。

所以，(TH1) = (TL1) =F4H。

一、串行口工作方式 0 的应用

(一) 要求

利用单片机的串行口扩展出一个 8 位并行 I/O 口，驱动共阳 LED 数码管显示数据 0～9 中的一个数（例子中显示 5）。

(二) 硬件原理图

利用单片机串行的方式 0 扩展一个 8 位并行口，需要在串行口 RXD、TXD 端连接一个串行并出的芯片（如 74LS164），连接图如图 8-10 所示。

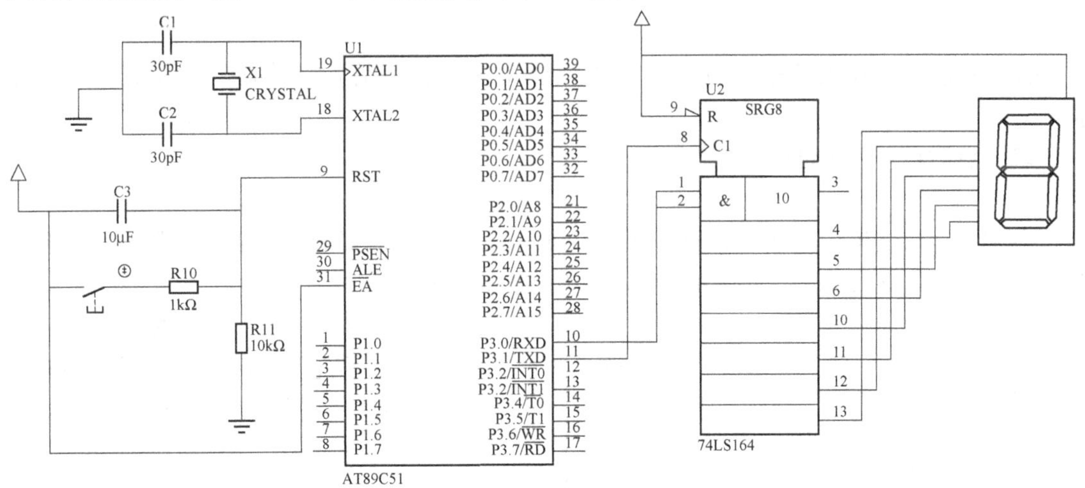

图 8-10　硬件连接图

(三) 程序清单

(1) 汇编语言程序。

```
        ORG   0
START:  MOV A，#5
LP:     LCALL  DSPLY
        SJMP   LP
        ORG   1000H
DSPLY:  MOV   DPTR,#TABLE
        MOVC  A, @A+DPTR       ；假设显示数字已经存放于累加器 A 中
```

```
        MOV  SBUF,A
        JNB  TI, $
        CLR  TI
        RET
TABLE:  DB   0C0H,0F9H,0A4H
        DB   0B0H,99H,92H
        DB   82H,0F8H,80H,90H
        END
```

(2) C51程序代码。

```
#include  <reg51.h>
void  main( )
{
unsigned char table[ ]= { 0xC0,0xF9,0xA4,0xB0,0x99,
                          0x92,0x82,0xF8,0x80,0x90 } ;
SCON= 0x00;
SBUF= table[5];      //显示数字 5
while (TI= = 0);
TI= 0;
while(1);
}
```

注意：利用单片机的串行口方式 0 可以驱动多位数码管，具体使用方法请参阅相关资料。

二、点对点单片机通信

(一) 要求

利用单片机的串行口实现：将甲机片内 RAM 中 30H～3FH 中的 16 个数据发送给乙机，串行口工作在方式 2，波特率固定，TB8 作为奇偶校验位。

(二) 硬件连接图

两台单片机应用系统在进行通信时，如果距离较近，接口只需 3 根导线，将它们的串行口直接相连，即可实现双机通信，如图 8-11 所示。

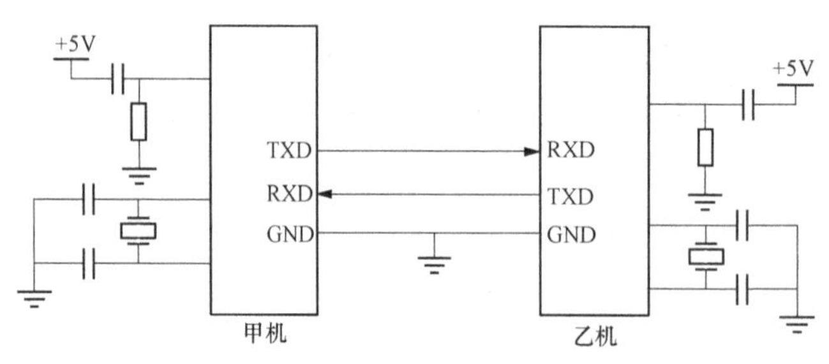

图 8-11　双机通信接口电路

(三) 分析

(1) 图 8-11 所示方法只适用于近距离通信。通信距离一般不超过 15m。如果要加大通信距离，可以在两个单片机之间加入光电耦合器、电平转换电路或标准异步串行接口连接，如使用 RS-232、RS-422、RS-485、RS-423A、RS-449 及电流环等。

(2) 为了确保通信的成功，通信双方必须遵守通信协议。通信协议一般包括一致的通信方式、一样的波特率、约定好的呼叫与应答信号、数据发送结束的标志或传送数据的个数、校验方式等。本例只涉及通信方式的选择（方式 2），波特率的设定（$f_{osc}/64$）和校验方式的选择（偶校验）。

（四）程序清单

(1) 汇编语言子程序。

1) 甲机发送程序。编程将甲机片内 RAM 中 30H～3FH 中的 16 个数据发送给乙机，串行口工作在方式 2，波特率固定，TB8 作为奇偶校验位，程序如下：

```
        ORG     0050H
        MOV     SCON,#80H    ; 设定串行口为工作方式 2
        MOV     PCON,#00H    ; 波特率为 fosc/64
        MOV     R0,#30H      ; 设置发送数据指针
        MOV     R3,#10H      ; 设置存放的数据块长度
XHA:    MOV     A,@R0        ; 取出待发送的数据
        MOV     C,P          ; 将 A 中的奇偶位送 C
        MOV     TB8,C        ; 奇偶位送 TB8
        MOV     SBUF,A       ; 发送数据
LOOP:   JBC     TI,ZZ1       ; 判断一帧数据是否发送完成
        AJMP    LOOP         ; 没有发送完继续发送
ZZ1:    INC     R0           ; 发送完一字节取下一个数据
        DJNZ    R3,XHA       ; 判断 16 个数据是否发送完成
        END
```

2) 乙机接收程序。接收甲机发送的 16 个数据并存放在本机内部 RAM（30H～3FH）中，串行口工作在方式 2，核对奇偶校验位，并对接收数据的正确性进行判断，如果数据有错，转到出错处理程序。

```
        ORG     0050H
        MOV     SCON,#90H        ; 设定串行口为工作方式 2，并允许接收
        MOV     PCON,#00H        ; 波特率为 fosc/64
        MOV     R0,#30H          ; 设置接收数据指针
        MOV     R3,#10H          ; 设置存放的数据块长度
LOOP:   JBC     RI,JSH           ; 判断一帧数据是否接收完成
        AJMP    LOOP
JSH:    MOV     A,SBUF           ; 将接收数据送 A 中
        JB      PSW.0,OHT        ; 判断接收到的数据的奇偶性
        JB      RB8,ERR          ; 如果与发送的奇偶性不同，转错误处理
        AJMP    RTH              ; 转正确处理
OHT:    JNB     RB8,ERR
RTH:    MOV     @R0,A            ; 接收数据送内部 RAM
        INC     R0               ; 内存指针加 1
        DJNZ    R3,LOOP          ; 判断 16 个数据是否接收完成
JS1:    AJMP    JS1
ERR:
        ⋮
        END
```

(2) C51 程序代码。

1）甲机发送端程序：

```
#include  <reg51.h>
#define uchar unsigned char
void send(void)
uchar code tr[16]= { 0x10,0x11,0x12,0x13,0x14,0x15,0x16,0x17,
                     0x18,0x19,0x1a,0x1b,0x1c,0x1d,0x1e,0x1f} ;
void main(void)
{ TMOD =0x20;
  TH1 =0xf4;
  TL1 =0xf4;      //晶振频率为12MHz，波特率为2400
  SCON =0x80;
  PCON =0x00;
      TR1 =1;
      send();
}
void send()
{
uchar i;
    for (i =0;i<16;i++)
   { SBUF =tr[i];
      while(! TI);
      TI =0;
      }
}
```

2）乙机接收程序：

```
#include  <reg51.h>
#define uchar unsigned char
void rece( );
uchar re[16];
void main(void)
    {TMOD =0x20;
      TH1 =0xf4;
      TL1 =0xf4;
      SCON =0x80;
      PCON =0x00;
      TR1 =1;
      rece( )
      }
void rece()
{
        uchar m;
        for(m =0; m<16; m++)
        { while(RI == 0);
```

```
            re[m]=SBUF;
            RI =0;
        }
}
```

三、多机通信应用举例（查询方式）

计算机与计算机的通信不仅限于点对点的通信，还会出现一机对多机或多机间的通信，构成计算机网。如图 8-12 所示的是一种比较特殊的总线型主从式或称广播式多机通信接线示意图。所谓主从式，即在多台计算机中有一台是主机，其余为从机，从机要服从主机的调度、支配。当然，在采用不同的通信标准通信时，还需进行相应的电平转换及光电隔离。

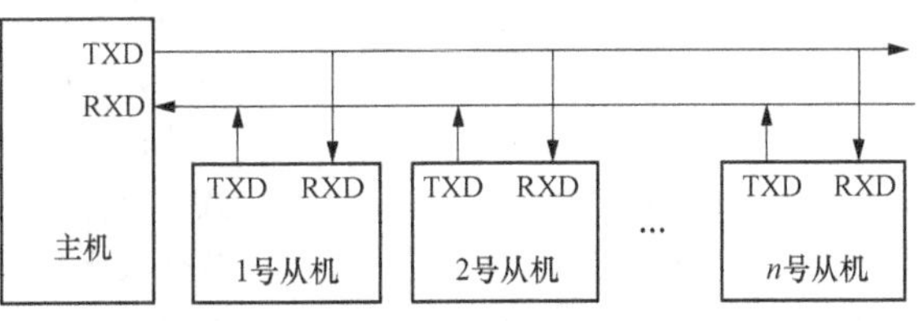

图 8-12　总线型主从式多机通信接线示意图

51 系列单片机的串行口方式 2 和方式 3 很适合这种主从式的通信结构。利用第 9 位数据作为单片机之间通信的联络位，其关键在于巧妙地使用 SM2 位和接收到的第 9 个附加数据位（接收后放在 RB8 中）。通常主机与从机之间通信应做如下约定。

(1) 主机的 SM2 设置成“0”；所有从机的 SM2 设置成“1”，以便接收主机发来的地址信息。

(2) 主机向从机发送地址信息时，其中 8 位是地址信息，第 9 位数据必须为“1”（地址/数据帧信息的标志位，为“1”表示为地址信息），而向从机发送或接收从机送来的数据信息（包括命令）时，其第 9 位数据均应规定为“0”。

(3) 所有从机在建立与主机通信之前，均应处于对通信线路的监听状态（SM2＝1）。此时只能收到主机发出的地址信息（第 9 位数据为“1”），非地址信息不接收。

(4) 所有从机收到地址后均应进行识别，判断是否是主机呼叫本从机，如果收到的地址与本从机的地址相符合，即为呼叫本从机。当确认是主机呼叫本从机后，该从机应解除监听状态（将 SM2 修改为“0”），同时把本从机的地址发回主机作为应答信息，只有这样才能收到主机发送的有效数据或向主机发送数据。其他从机由于地址不符，仍保持监听状态（SM2＝1），所以无法接收主机或通信线上的数据。

(5) 主机收到从机的应答信号后，应比较收与发的地址是否相符，如果不符，则重新发送从机地址进行联络；如果地址相符，则清除 TB8，正式开始发送数据和命令。

(6) 完成主机与本从机之间的数据通信后，本从机应重新设定为监听状态（SM2＝1）。以便等待下一次通信。

下面以图 8-12 所示的多机通信电路为例，说明发送和接收程序的设计方法。

(1) 发送程序。主机呼叫从机，将存在 R2 寄存器内的从机地址发送出去，从机得到地址后，将自身地址作为应答信号，发送给主机，主机得到应答后，将内存中 30H～5FH 中存放的数据发送给从机。

```
        ORG     0500H
MAIN:   MOV     SCON,#98H       ; 串行口为工作方式 2，其中 SM2=0
                                ; REN=1、TB8=1
        MOV     A,R2            ; R2 存放着从机地址
        MOV     SBUF,A          ; 将从机地址发送出去
```

```
LOOP1:  JBC     TI,RESP
        AJMP    LOOP1
RESP:   JBC     RI,RE1          ; 等待从机的应答信号
        AJMP    RESP
RE1:    MOV     A,SBUF          ; 取出从机的应答信号
        XRL     A,R2            ; 判断是否是呼叫的从机
        JNZ     MAIN            ; 不是，转重发
        CLR     TB8             ; 应答正确，清除地址标志准备发送数据
        MOV     R0,#30H         ; 数据块首地址送 R0
        MOV     R6,#30H         ; 数据块长度 30H 送 R6
LOP2:   MOV     A,@R0           ; 取数据
        MOV     SBUF,A          ; 将数据发送出去
LOP3:   JBC     TI,NEXT         ; 判断一个字节是否发送完
        AJMP    LOP3
NEXT:   INC     R0              ; 指针加 1，以便取下一个数据
        DJNZ    R6,LOP2
        LJMP    MAIN
        END
```

(2) 接收程序。从机响应主机的呼叫信号，联络成功后，接收主机发来的 30H 个数据。从机地址存放在 R2 中。

```
        ORG     0500H
MAIN:   MOV     SCON,#0B0H      ; 串行口为工作方式 2，其中 SM2=1、REN=1
        MOV     R0,#30H         ; 数据块首地址送 R0
        MOV     R6,#30H         ; 数据块长度 30H 送 R6
LOP1:   JBC     RI,JS1          ; 接收主机的地址信号
        AJMP    LOP1
JS1:    MOV     A,SBUF          ; 将接收的地址信号取出
        XRL     A,R2;           ; 与本机地址比较，本机地址存放在 R2 中
        JNZ     LOP1            ; 不是，转重新接收
        MOV     A,R2            ; 取出本机地址作为应答信号
        MOV     SBUF,A
LOP2:   JBC     TI,JS2          ; 判断应答地址是否发送完
        AJMP    LOP2
JS2:    CLR     SM2             ; 解除监听状态
LOP3:   JBC     RI,NEXT         ; 接收主机的数据或命令
        AJMP    LOP3
NEXT:   MOV     A,SBUF
        MOV     @R0,A
        INC     R0              ; 指针加 1，以便存放一个数据
        DJNZ    R6,LOP3         ; 判断数据是否接收完毕
        LJMP    MAIN
        END
```

以上程序为查询方式，由于会造成死循环，实际很少采用这种方式，通常采用中断

方式。

四、采用中断方式实现多机通信

（一）要求

由三个单片机组成多机通信系统，其中 a 为主机，b、c 为从机。a 机上通过外部中断 0 连接一个按键，按第一次，a 机上的 LED 灯亮 1s，同时 a 机上的两个数码管分别显示“0”和“A”；按第二次，b 机上的 LED 灯亮 1s，同时 a 机上的两个数码管分别显示“1”和“b”；按第三次，c 机上的 LED 灯亮 1s，同时 a 机上的两个数码管分别显示“2”和“C”；然后周而复始。采用中断方式实现以上过程。

（二）硬件连接图

硬件连接图如图 8-13 所示。

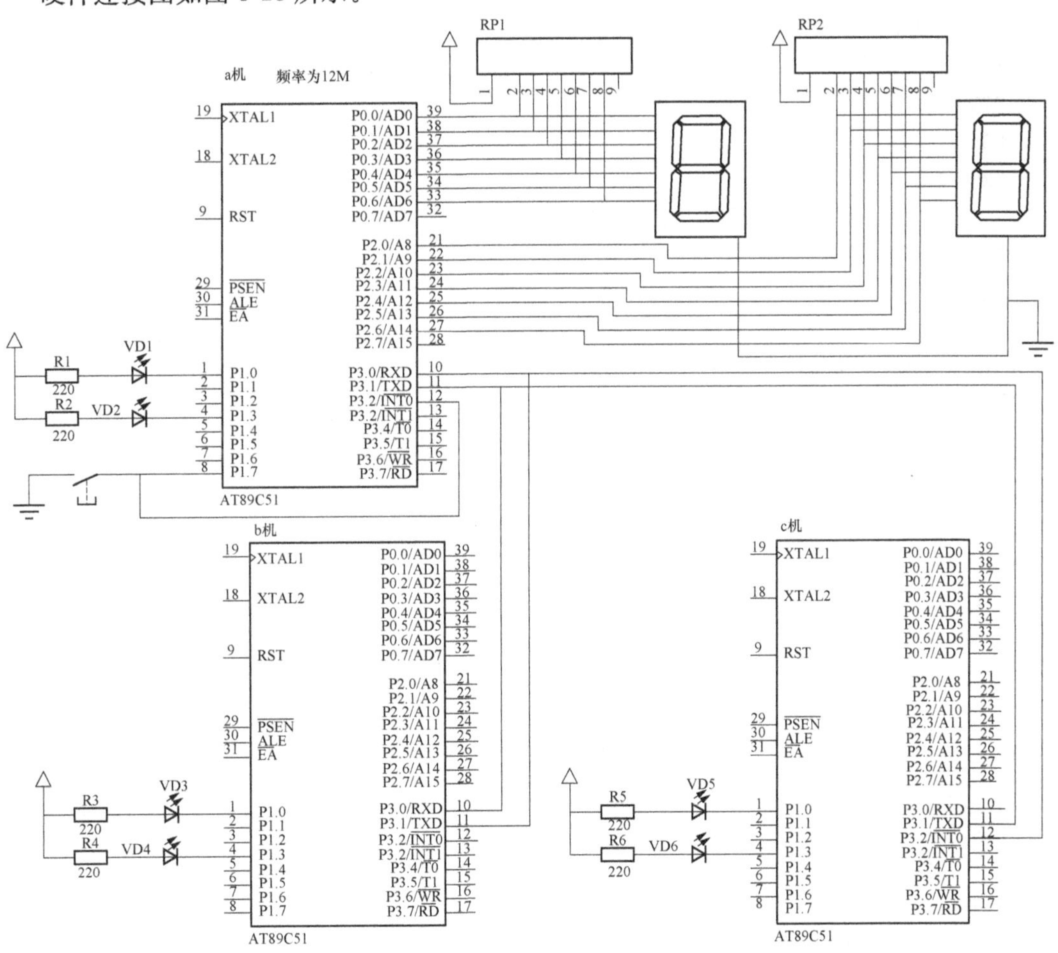

图 8-13　硬件连接

（三）C51 程序清单

（1）a 机：

```
#include  <reg51.h>
#define uchar unsigned char
#define uint unsigned int
```

```
uchar leddata[]= { 0x3F, 0x06, 0x5B, 0x4F, 0x66, 0x6D, 0x7D, 0x07, 0x7F, 0x6F, 0x77, 0x7C, 0x39,
                   0x5E, 0x79, 0x71, 0x40, 0x00 } ;
uchar Mode;
sbit P10= P1^0;
sbit P13= P1^3;
sbit P17= P1^7;
sbit P20= P2^0;
sbit P21= P2^1;
void UART_init( )
{ TMOD =0x20;
  TH1 =0xfd;
  TL1 =0xfd;
  TR1 =1;
  SCON =0xd0;
  ES =1;
  EX0 =1;
  IT0 =1;                  //INT0 下跳触发
  EA =1;
  TI =0;
}
void DelayMs (int ms)
{   uchar i;
    while(ms--)
    for(i =0; i< 120; i++);
}
void putc_to_SerialPort(uchar c)
{   SBUF =c;
    while(TI == 0);
    TI =0;
}
void MasterControl(unsigned char Addr, unsigned char Comd)
{   TB8 =1;
    putc_to_SerialPort(Addr);
    DelayMs(50);
    TB8 =0;
    putc_to_SerialPort (Comd);
    DelayMs (50);
}
Ex0_int (void) interrupt 0
{   P0 =leddata[Mode];
    if (Mode == 0)
    {   P2 =leddata[10];
        P10 =0;
```

```
        P13 =0;
        DelayMs (1000);
        P10 =1;
        P13 =1;
    }
    else if(Mode == 1)
    {   P10 =1;
        P13 =1;
        MasterControl('b','O');          //O表示打开发光二极管
    }
    else if(Mode == 2)
    {
        P10 =1;
        P13 =1;
        MasterControl('c','O');
    }
    Mode =(Mode +1) %3;
}
com_int (void) interrupt 4
{
  if (RI)
  {
    RI =0;
    if (SBUF == 'b')
    {
        P2 =leddata[11];
    }
    if (SBUF == 'c')
    {
        P2 =leddata[12];
    }
  }
}
void main (void)
{
  P0 =0x00;
  P1 =0xff;
  P2 =0x00;
  UART_init( );
  Mode =0;
  while (1);
}
```

(2) b机：

```
#include  <reg51.h>
#define uchar unsigned char
uchar RecData;
sbit P10 =P1^0;
sbit P13 =P1^3;
void UART_init( )
    {   TMOD =0x21;
        TH1 =0xfd;
        TL1 =0xfd;
        TR1 =1;
        SCON =0xf0;
        ES =1;
        PS =1;
        EA =1;
    }
void DelayMs(int ms)
    {   uchar i;
        while(ms-- )
        for(i=0; i<120;  i++ );
    }
void putc_to_SerialPort(uchar c)
    {   SBUF =c;
        while(TI == 0);
        TI =0;
    }
com_int(void) interrupt 4
    {   if(RI)
        {   RecData =SBUF;
        RI =0;
        if(RB8 == 1)   //地址
            { if(RecData == 'b')          //是自己的地址，置 SM2 =0，准备接收数据
                {   SM2 =0;
                    putc_to_SerialPort('b');
                }
             else   //不是自己的地址
                { SM2 =1;
                 }
        }
            if(RB8 == 0)                  //数据
             {if(RecData == 'o')          //O 是命令，表示点亮 LED
                { P10 =0;
                 P13 =0;
                 DelayMs (1000);
```

```
                P10 =1;
                P13 =1;
                SM2 =1;
              }
          if (RecData == 'C')         //C是命令，表示熄灭LED
              { P10 =1;
                P13 =1;
                SM2 =1;
              }
          }
      }
  }
void main (void)
  { P0 =0xff;
  P1 =0xff;
  UART_init ( );
  while (1);
  }
```

（3）c机：

```
#include  <reg51.h>
#define uchar unsigned char
uchar RecData;
sbit P10 =P1^0;
sbit P13 =P1^3;
void UART_init( )
    {   TMOD =0x21;
        TH1 =0xfd;
        TL1 =0xfd;
        TR1 =1;
        SCON =0xf0;
        ES =1;
        PS =1;
        EA =1;
    }
void DelayMs(int ms)
    {   uchar i;
        while(ms-- )
    for(i =0; i< 120; i++ );
    }
void putc_to_SerialPort(uchar c)
    {   SBUF =c;
        while(TI == 0);
        TI =0;
```

```
    }
com_int(void)interrupt 4
  { if(RI)
      {  RecData =SBUF;
         RI =0;
         if(RB8 == 1)  //地址
           { if(RecData == 'c')  //是自己的地址，置 SM2=0，准备接收数据
               {  SM2 =0;
                  putc_to_SerialPort('c');
               }
           else  //不是自己的地址
               { SM2 =1;
               }
      }
           if (RB8 == 0)  //数据
            {if (RecData == 'O')
               { P10 =0;
                 P13 =0;
                 DelayMs (1000);
                 P10 =1;
                 P13 =1;
                 SM2 =1;
               }
           if (RecData == 'C')
               {  P10 =1;
                  P13 =1;
                  SM2 =1;
               }
           }
      }
  }
void main(void)
  {  P0 =0xff;
     P1 =0xff;
     UART_init( );
     while (1);
  }
```

习　题

一、选择题

1. 串行通信的通信方式和特点有（　　）；并行通信的通信方式和特点有（　　）。

A. 各位同时传送　　B. 各位依次逐位传送　　C. 传送速度相对慢
D. 传送速度相对快　　E. 便于长距离传送　　F. 不便于长距离传送

2. 异步通信的通信方式和特点有（　　）；同步通信的通信方式和特点有（　　）。
A. 依靠同步字符保持通信同步　　B. 依靠起始位、停止位保持通信同步
C. 传送速度相对慢　　D. 传送速度相对快
E. 对硬件要求较低　　F. 对硬件要求较高

3. 串行口的移位寄存器方式为（　　）。
A. 方式 0　　B. 方式 1　　C. 方式 2　　D. 方式 3

4. 利用 51 系列单片机的串行口扩展并行口时，串行口工作方式选择（　　）。
A. 方式 0　　B. 方式 1　　C. 方式 2　　D. 方式 3

5. 控制串行口工作方式的寄存器是（　　）。
A. TCON　　B. PCON　　C. SCON　　D. TMOD

6. 发送一次串行数据的操作不包含的是（　　）。
A. CLR　TI　　B. MOV　A, SBUF
C. JNB　TI, $　　D. MOV SBUF, A

7. 在进行串行通信时，若两机的发送与接收可以同时进行，则称为（　　）。
A. 半双工传送　　B. 单工传送　　C. 双工传送　　D. 全双工传送

二、填空题

1. 在数据传输时，一个数据编码的各位按照一定顺序，一位一位地在信道中被发送和接收，这种传送通信方式称为________通信。

2. 串行口中断标志 RI/TI 由________置位，________清零。

3. 51 系列单片机串行口有 4 种工作方式，可在初始化程序中用软件填写特殊功能寄存器________加以选择。

4. 波特率定义为________。串行通信对波特率的基本要求是互相通信的甲乙双方必须具有的________波特率。

5. 多机通信时，主机向从机发送信息分地址帧和数据帧两类，以第 9 位可编程 TB8 作为区分标志。TB8＝0，表示________；TB8＝1，表示________。

6. 当从机________时，只能接收主机发出的地址帧，对数据不予理睬。

7. 多机通信开始时，主机首先发送地址，各从机核对主机发送的地址与本机地址是否相符，若相符，则置________。

8. 51 系列单片机的串行接口有________种工作方式。其中方式________为多机通信方式。

9. 单片机串行通信时，若要发送数据，就必须将要发送的数据送至________单元，若要接收数据也要到该单元取数，取数的指令为________。单片机串行通信时，其波特率分为固定和可变两种方式，在波特率可变的方式中，可采用________的溢出率来设定和计算波特率。

10. 假如数据传送的速率是 120 字符/秒，每一个字符规定包含 10 个位（一个起始位、8 个数据位和 1 个停止位），则传送的波特率为________，每一位的传送时间为________。

11. 串行数据通信分为单工方式、________和________。

三、综合题

1. 串行通信和并行通信有什么区别？各有什么优点？

2. 什么是串行异步通信，它有哪些作用？并简述串行口接收和发送数据的过程。

3. 简述51系列单片机多机通信的特点。

4. 若异步通信按方式2传送，每分钟传送3000字符，其波特率是多少？

5. 51系列单片机串行口的4种工作方式的波特率应如何确定？

6. 某异步通信接口，其帧格式由1个起始位（0），7个数据位，1个偶校验和1个停止位（1）组成。当该接口每分钟传送1800个字符时，试计算出传送波特率。

7. 串行口工作在方式1和方式3时，其波特率与f_{osc}、定时器T1工作模式2的初值及SMOD位的关系如何？设f_{osc}=6MHz，现利用定时器T1模式2产生的波特率为110bit/s。试计算定时器初值。

8. 串行口接收/发送数据缓冲器都用SBUF，如果同时接收/发送数据时，是否会发生冲突？为什么？

9. 假定串行口串行发送的字符格式为1个起始位，8个数据位，1个奇校验位，1个停止位，请画出传送字符“A”的帧格式。

10. 用51系列单片机的串行口外接串入并出的芯片CD4094扩展并行输出口控制一组发光二极管（见图8-14）。编程实现发光二极管从左至右延时轮流显示。

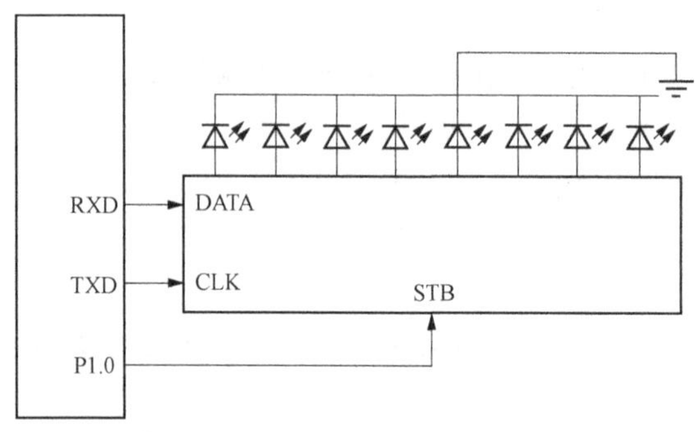

图8-14 第10题图

11. 将甲乙两个单片机串行口的发送端与对方接收端连接，即甲机的TXD与乙机的RXD相连、甲机的RXD与乙机的TXD相连，并实现双机共地。假设甲机为发送机，乙机为接收机。编程实现：甲机的一组数据通过串行通信传到乙机，乙机接收数据，并将这组数据存入乙机内部一段连续的空间内，并回传给甲机，甲机也将数据存入内部RAM的一段空间内。

第九章 51 系列单片机系统扩展技术

本章主要介绍 51 系列单片机系统的并行和串行扩展技术。并行扩展技术包含存储器扩展、简单 I/O 扩展和可编程接口芯片扩展；串行扩展技术包含 I^2C 和 SPI 总线扩展技术。

通过对本章的学习，应掌握和了解以下知识：

(1) 了解 51 系列单片机系统总线；

(2) 了解 51 系列单片机并行扩展技术中的译码方法；

(3) 掌握可编程并行接口芯片 8255 的工作方法及其编程；

(4) 了解具有 I^2C 和 SPI 串行总线的存储器芯片扩展方法。

系统扩展是指当单片机内部的功能部件不能满足应用系统要求时，在片外连接相应的外围芯片以满足应用系统的要求。单片机有很强的外部扩展能力，大部分常规芯片都可作为单片机的外围扩展电路。扩展的内容主要有程序存储器、数据存储器和 I/O 口的扩展等。单片机系统扩展的方法有并行扩展法和串行扩展法两种。并行扩展法是指利用单片机的三总线（地址总线 AB、数据总线 DB、控制总线 CB）进行的系统扩展；串行扩展法是利用 SPI 总线或 I^2C 总线的系统扩展。

随着电子器件的集成技术和结构的发展，在原来许多只能使用并行扩展法的场合，现在也使用了串行扩展法。一方面串行接口器件体积小、占用电路板的空间少（仅为并行接口器件的 10%），可显著减少电路板的大小和成本；另一方面，串行器件与单片机连接时需用的 I/O 口线很少，不仅减少了控制器的资源开销，而且也极大地简化了连线，进而提高了可靠性。一般串行接口器件速度慢，在高速应用的场合，还是并行扩展法占主导地位。

第一节 单片机的系统总线及并行扩展方法

一、单片机系统总线信号

51 系列单片机的系统总线信号如图 9-1 所示。

由图 9-1 可知：

(1) P0 口为地址/数据线复用，分时传送数据信息和低 8 位地址信息。在接口电路中，通常配置地址锁存器，用 ALE 信号锁存低 8 位地址 A0～A7，以分离地址和数据信息。

(2) P2 口为高 8 位地址线，扩展外部芯片时传送高 8 位地址 A8～A15。

(3) $\overline{\text{PSEN}}$ 为程序存储器的控制信号，$\overline{\text{WR}}$ (P3.6)、$\overline{\text{RD}}$ (P3.7) 为数据存储器和 I/O 口的读写控制信号，它们是在执行不同指令时，同硬件产生的。

二、51 系列单片机扩展时的编址规则

(1) 程序存储器和数据存储器地址可以重叠使用。

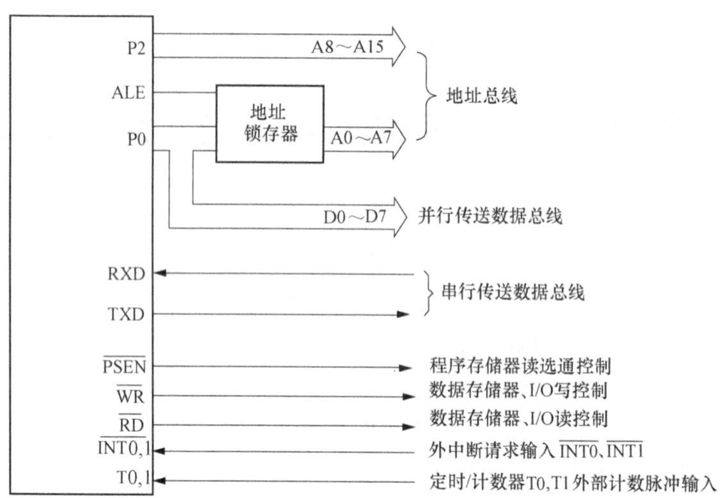

图 9-1　51 系列单片机总线信号

（2）外围扩展 I/O 接口芯片与数据存储器要统一编址。外围 I/O 接口芯片不仅要占用数据存储器地址单元，而且也使用了数据存储器的读/写控制信号与读/写指令。

（3）地址总线宽度为 16 位，外部程序存储器和数据存储器的最大直接寻址范围各为 64KB。

三、51 系列单片机扩展时的地址译码方法

51 系列单片机扩展时常用的地址译码方法有线选法和全地址译码法两种。

1. 线选法

线选法是将各扩展芯片上的地址线均接到单片机系统对应的地址总线上，且外围芯片上的片选线也作为地址线接到地址总线剩余的任意一条线上。如图 9-2 所示是线选法的一个简单应用实例。图 9-2 中各芯片的地址见表 9-1。

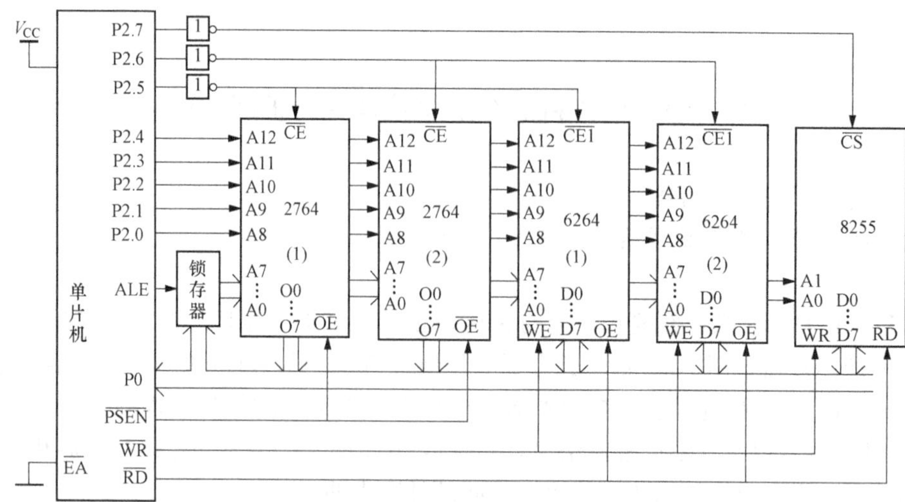

图 9-2　线选扩展方法

表 9-1　　线选扩展法扩展的芯片地址

地址	P2.7	P2.6	P2.5	P2.4	P2.3	P2.2	P2.1	P2.0	P0.7	P0.6	P0.5	P0.4	P0.3	P0.2	P0.1	P0.0		
	A15	A14	A13	A12	A11	A10	A9	A8	A7	A6	A5	A4	A3	A2	A1	A0		
2764	0	0	1	0	0	0	0	0	0	0	0	0	0	0	0	0	b	起始地址
(1)	0	0	1	1	1	1	1	1	1	1	1	1	1	1	1	1	b	末地址
2764	0	1	0	0	0	0	0	0	0	0	0	0	0	0	0	0	b	起始地址
(2)	0	1	0	1	1	1	1	1	1	1	1	1	1	1	1	1	b	末地址
6264	0	0	1	0	0	0	0	0	0	0	0	0	0	0	0	0	b	起始地址
(1)	0	0	1	1	1	1	1	1	1	1	1	1	1	1	1	1	b	末地址
6264	0	1	0	0	0	0	0	0	0	0	0	0	0	0	0	0	b	起始地址
(2)	0	1	0	1	1	1	1	1	1	1	1	1	1	1	1	1	b	末地址
8255	1	0	0	×	×	×	×	×	×	×	×	×	×	×	0	0	b	起始地址
A	1	0	0	×	×	×	×	×	×	×	×	×	×	×	1	1	b	末地址

线选法的特点是：各扩展芯片均有独立片选控制线，地址有可能冲突且不连续。因此，这种方法不适用于扩展芯片较多且容量小的存储器，一般只适用于扩展单片容量大的存储器。

2. 全地址译码法

全地址译码法是将各扩展芯片上的地址线均接到单片机系统对应的地址总线上，各片芯片的片选信号由译码电路产生。如图 9-3 所示，各芯片的地址见表 9-2。

全地址译码法的特点是：各类扩展芯片均有独立片选控制线，地址连续且不重叠。可扩展较多的外围芯片。

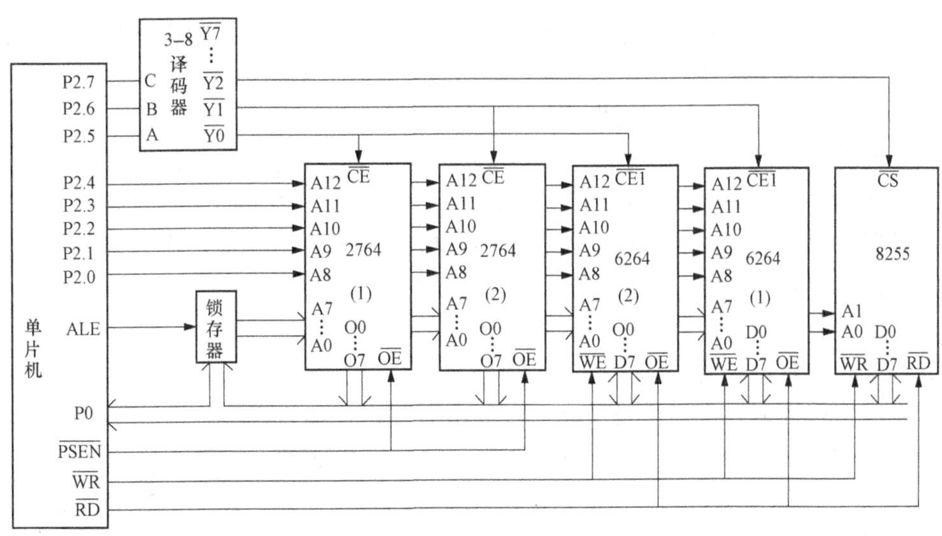

图 9-3　全地址译码法

表 9-2 全地址译码法扩展的芯片地址

地址	P2.7 A15	P2.6 A14	P2.5 A13	P2.4 A12	P2.3 A11	P2.2 A10	P2.1 A9	P2.0 A8	P0.7 A7	P0.6 A6	P0.5 A5	P0.4 A4	P0.3 A3	P0.2 A2	P0.1 A1	P0.0 A0		
2764	0	0	0	0	0	0	0	0	0	0	0	0	0	0	0	0	b	起始地址
(1)	0	0	0	1	1	1	1	1	1	1	1	1	1	1	1	1	b	末地址
2764	0	0	1	0	0	0	0	0	0	0	0	0	0	0	0	0	b	起始地址
(2)	0	0	1	1	1	1	1	1	1	1	1	1	1	1	1	1	b	末地址
6264	0	0	0	0	0	0	0	0	0	0	0	0	0	0	0	0	b	起始地址
(1)	0	0	0	1	1	1	1	1	1	1	1	1	1	1	1	1	b	末地址
6264	0	0	1	0	0	0	0	0	0	0	0	0	0	0	0	0	b	起始地址
(2)	0	0	1	1	1	1	1	1	1	1	1	1	1	1	1	1	b	末地址
8255	0	1	0	×	×	×	×	×	×	×	×	×	×	×	0	0	b	起始地址
A	0	1	0	×	×	×	×	×	×	×	×	×	×	×	1	1	b	末地址

第二节 I/O 口的扩展技术

51 系列单片机的 I/O 口线共有 32 根，但 P3 口是多功能的，用作第二功能时，就不能再作为一般 I/O 口使用；在外部有扩展时，P0 口作为地址/数据复用口，P2 口全部或部分作高位地址用。在以上情况下，提供给用户使用的 I/O 口线只有 P1 口和 P2 口的部分 I/O 线。因此，在实际应用系统中，往往要扩展 I/O 口。

扩展 I/O 口常用的芯片有 TTL 或 CMOS 型锁存器、缓冲器和可编程的 I/O 芯片。具体扩展方法主要有并行扩展法和串行扩展法。

并行扩展 I/O 口时，其方法与扩展 RAM 基本相同。扩展时注意：

(1) 在 51 系列单片机中，扩展的 I/O 口采用与数据存储器相同的寻址方法。所有扩展的I/O 口均与片外 RAM 存储器统一编址，任何一个扩展的I/O 芯片根据地址线的选择方式不同，占用一段或多段片外 RAM 的地址，且不能与片外 RAM 的地址发生冲突。

(2) 对片外 I/O 口的输入输出操作指令与访问片外 RAM 的指令相同。

(3) 扩展 I/O 口的硬件相依性。不同 I/O 芯片，其电气特性也不同，扩展时必须充分考虑与之连接的外设硬件电路的特性，如驱动功率、电平、干扰抑制及隔离等。

(4) 扩展 I/O 口的软件相依性。由于不同 I/O 芯片具有不同的操作方式，因而应用程序也有所不同，如入口地址、初始状态、工作方式选择等均有差别。

(5) 注意 P0、P1、P2、P3 口的驱动能力。

一、简单的 I/O 口扩展

在许多应用系统中，有些开关量或并行数据需要直接输入/输出，可以利用 74LS 系列 TTL 或 CMOS 电路锁存器、三态门电路作为 I/O 口扩展芯片。这种 I/O 口一般都是通过 P0 口扩展，具有电路简单、成本低、配置灵活等优点，可作为 8 位 I/O 扩展的芯片主要有 373、377、244、245、273 等。作为输入口时，要求扩展芯片具有输入缓冲功能，作为输出口时，要求扩展芯片具有输出锁存功能。

例如，采用 74LS244 扩展输入接口，采用 74LS273 扩展输出接口，其电路图如图 9-4 所示。P0 口为双向数据线，即能从 74LS244 输入数据，又能把数据传送给 74LS273 输出。单片机要输出数据时，P2.0＝0、$\overline{WR}$＝0 使或门 TV1 输出 0，将 P0 口的数据锁存到 74LS273 中，其输出控制发光二极管 LED，Qi＝0 时对应的 LED 发光，否则不亮。

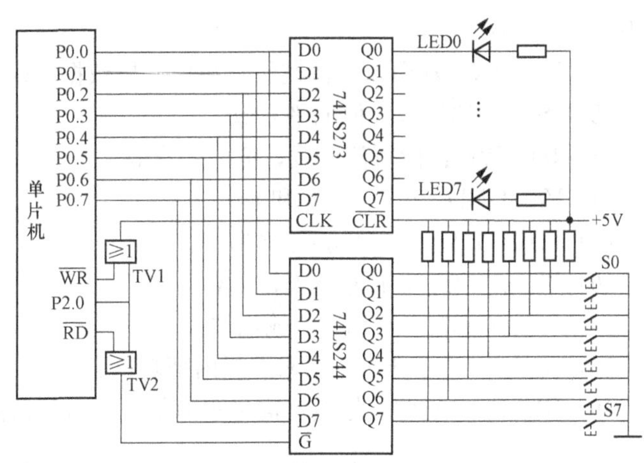

图 9-4　简单 I/O 接口扩展电路

当要进行数据输入时，P2.0＝0、$\overline{RD}$＝0 使或门 TV2 输出 0，选通 74LS244，将外部信息输入到 P0 口。当 Si 合上时，对应的口线为“0”，否则为“1”。

由此可见输入/输出都是在 P2.0 为“0”时有效，故 P2.0 作为 74LS273 和 74LS244 芯片的地址信息输出线，两个芯片的地址均可以是 FEFFH。由于控制线 $\overline{RD}$ 和 $\overline{WR}$ 相互独立，尽管输入/输出口共用一个口地址，但不会发生地址冲突。

用发光二极管显示开关状态的程序：

```
LOOP:  MOV    DPTR,#0FEFFH    ; 指向扩展 I/O 口地址
       MOVX   A,@DPTR         ; 由 244 读入开关状态数据
       MOVX   @DPTR,A         ; 送 273 驱动 LED
       SJMP   LOOP            ; 循环测试
```

二、可编程 I/O 接口电路的扩展

为完成一些较复杂的输入输出，仅靠简单的接口芯片不能满足要求，此时可选用可编程的接口芯片。可编程接口芯片可以由 CPU 通过程序控制，实现不同的接口功能，使用十分灵活方便，不需要或只需很少的辅助电路就可以与处理器和外设直接连接。

可编程接口芯片种类较多，功能各异，常用的可编程接口芯片有：

8255A：可编程并行 I/O 接口芯片；

8250、8251：可编程串行接口芯片；

8237：可编程 DMA 控制器芯片；

8253：可编程定时器/计数器接口芯片；

8279：可编程键盘/显示器接口芯片；

8155：内部带有 RAM、可编程定时器、可编程并行 I/O 接口芯片。

这些芯片可以查阅相关资料，这里仅介绍 8255A 的结构及应用。

8255A 是 Intel 公司生产的可编程输入/输出接口芯片，它具有 3 个 8 位的并行 I/O 口，具有三种工作方式，可以通过程序改变其功能，使用灵活方便，通用性强，可作为单片机与多种外部设备连接时的接口电路。

（一）8255A 的引脚

8255A 共有 40 个引脚，采用双列直插式封装，其引脚如图 9-5（a）所示。各引脚功能

如下：

（1）D0～D7：双向三态数据线。与单片机数据总线连接，用来传送数据信息。

（2）$\overline{\text{CS}}$：片选信号，低电平有效。

（3）$\overline{\text{RD}}$ / $\overline{\text{WR}}$：读写信号线，低电平有效。

（4）V_{CC}/GND：+5V 电源和地。

（5）PA0～PA7：A 口输入/输出线。

（6）PB0～PB7：B 口输入/输出线。

（7）PC0～PC7：C 口输入/输出线。

（8）A0、A1：地址线，用来选择内部端口。

（9）RESET：复位信号线，高电平有效。复位后清除控制寄存器，所有口均为输入。

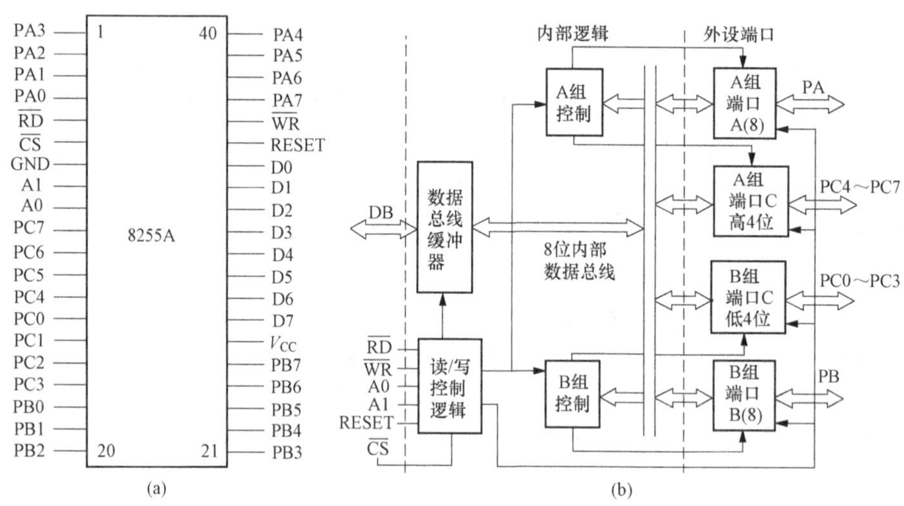

图 9-5　8255A 引脚与内部结构

（a）8255A 引脚；（b）8255A 内部结构

（二）8255A 的内部结构

8255A 的内部结构如图 9-5（b）所示。其包括 3 个并行数据输入/输出端口、2 个工作方式控制电路、1 个读写控制逻辑电路和 1 个 8 位数据总线缓冲器。各部分功能简介如下：

（1）数据端口 A、B、C。

A 口：8 位数据输出锁存/缓冲器，8 位数据输入缓冲器，可双向输入/输出。

B 口：8 位数据输出锁存/缓冲器，8 位数据输入缓冲器，不能双向输入/输出。

C 口：8 位数据输出锁存/缓冲器，8 位数据输入缓冲器，另外可以作为 A 口、B 口选通方式的联络信号。

（2）工作方式控制电路。工作方式控制电路有两组，一是 A 组控制电路，另一个是 B 组控制电路。这两组控制电路共用一个控制命令寄存器，用来接收 CPU 发来的控制字，以决定两组端口的工作方式，也可根据控制字的要求对 C 口按位清“0”或者按位置“1”。

A 组控制电路用来控制 A 口和 C 口的上半部分（PC4～PC7）。B 组控制电路用来控制 B 口和 C 口的下半部分（PC0～PC3）。

（3）总线数据缓冲器。总线数据缓冲器是一个三态双向 8 位缓冲器，作为 8255A 与系统总线之间的接口，用来传送数据、指令、控制命令以及外部状态信息。

(4) 读/写控制逻辑电路。读/写控制逻辑电路接收 CPU 发来的控制信号 $\overline{RD}$、$\overline{WR}$、RESET、$\overline{CS}$和地址信号 A0、A1 等，然后根据控制信号的要求，将端口数据送往 CPU，或者将 CPU 送来的数据写入端口。

(5) 端口的选择。如表 9-3 所列，8255A 有 A 口、B 口、C 口和控制口，不同的端口有不同的地址，利用 $\overline{CS}$ 和地址信号 A0、A1 确定。

表 9-3　　8255A 端口的选择

$\overline{CS}$	A1	A0	$\overline{RD}$	$\overline{WR}$	D0～D7 数据传送方向
0	0	0	0	1	端口 A→数据总线
0	0	0	1	0	端口 A←数据总线
0	0	1	0	1	端口 B→数据总线
0	0	1	1	0	端口 B←数据总线
0	1	0	0	1	端口 C→数据总线
0	1	0	1	0	端口 C←数据总线
0	1	1	0	1	无效
0	1	1	1	0	数据总线→8255A 控制寄存器
0	×	×	1	1	数据总线为三态
1	×	×	×	×	数据总线为三态

(三) 8255A 的工作方式选择

8255A 有三种基本工作方式：

(1) 方式 0：基本输入/输出方式，不需要任何联络信号，A 口、B 口及 C 口的高四位和低四位都可设定为基本输入/输出方式。作为数据输出口时，输出数据被锁存；作为输入口时，输入数据不被锁存。

(2) 方式 1：选通输入/输出方式，在这种方式下，把 A、B、C 三个端口分为两组，A 组包括 A 口和 C 口的高 4 位，A 口可编程设定为输入或输出口，C 口的高 4 位用作输入/输出操作的控制和同步信号。B 组包括 B 口和 C 口的低 4 位，B 口可编程设定为输入或输出口，C 口的低 4 位用作输入/输出操作的控制和同步信号。A 口和 B 口的输入/输出数据都被锁存。

(3) 方式 2：双向选通输入/输出方式，在这种方式下，A 口为双向输入/输出口，C 口的 PC3～PC7 用作输入/输出操作的控制和同步信号。此时，B 口和 C 口的 PC0～PC3 只能在方式 0 或方式 1 下工作。

在单片机应用系统中，8255A 一般工作在方式 0，用于单片机 I/O 口的扩展。

(四) 8255A 的联络信号

8255A 工作在方式 1 和方式 2 时，端口 C 作为联络信号，见表 9-4。

表 9-4　　8255A 在方式 1 和方式 2 下的联络信号

位	方式 1		方式 2	
	输入	输出	输入	输出
PC7	I/O	$\overline{OBF}_A$	×	$\overline{OBF}_A$
PC6	I/O	$\overline{ACK}_A$	×	$\overline{ACK}_A$

续表

位	方式 1		方式 2	
	输入	输出	输入	输出
PC5	IBF_A	I/O	IBF_A	×
PC4	$\overline{STB}_A$	I/O	$\overline{STB}_A$	×
PC3	$INTR_A$	$INTR_A$	$INTR_A$	$INTR_A$
PC2	$\overline{STB}_B$	$\overline{ACK}_B$	I/O	I/O
PC1	IBF_B	$\overline{OBF}_B$	I/O	I/O
PC0	$INTR_B$	$INTR_B$	I/O	I/O

1. 8255A 用于输入的联络信号

(1) $\overline{STB}$(PC4 或 PC2)：选通脉冲输入，低电平有效。此信号来自外设，请求 8255A 接收来自外设的数据信号。

(2) IBF (PC5 或 PC1)：输入缓冲器满信号，高电平有效。这是 8255A 输出的状态信号，8255A 在 $\overline{STB}$ 的下降沿将输入的数据锁存在 A 口或 B 口中，同时将 IBF 置“1”，告诉外设暂缓送数，而 $\overline{RD}$ 信号的上升沿使其复位后，再允许外设输入下一个数据。

(3) INTR (PC3 或 PC0)：中断请求信号，高电平有效。它是在输入中断允许触发器 ($INTE_{A2}$或 $INTE_B$) 以及 IBF 均为“1”时产生的高电平信号。CPU 接收 INTR 中断请求后产生 $\overline{RD}$ 信号，将输入数据读走。INTR 在 $\overline{RD}$ 信号的下降沿自动复位。

(4) INTE (PC4 或 PC2)：输入中断允许触发器。可利用写 C 口按位操作控制字，将 PC4/PC2 置位/复位来控制该触发器。当 PC4/PC2=1 时，开中断；当 PC4/PC2=0 时，关中断。

2. 8255A 用于输出的联络信号

(1) $\overline{OBF}$ (PC7 或 PC1)：输出缓冲器满信号，低电平有效。当 CPU 把数据送入 8255A 的锁存器后有效，通知外设开始接收数据。

(2) $\overline{ACK}$ (PC6 或 PC2)：应答信号，来自外设，低电平有效。当外设读走 8255A 的数据后发出应答信号。

(3) INTR (PC3 或 PC0)：中断请求信号，高电平有效。它是当输出中断允许触发器 INTE ($INTE_{A1}$或 $INTE_B$) 以及 $\overline{OBF}$ 均为“1”时产生的高电平信号。CPU 接到 INTR 中断请求信号后，继续输出下一个数据，而在 $\overline{WR}$ 的下降沿将 INTR 复位。

(4) INTE (PC6 或 PC2)：输出中断允许触发器。可利用写 C 口按位操作控制字，将 PC6/PC2 置位/复位来控制该触发器。当 PC6/PC2=1 时，开中断；当 PC6/PC2=0 时，关中断。

(五) 8255A 的控制字

8255A 有两个控制字，即工作方式控制字和 C 口按位操作控制字。两个控制字写入的控制寄存器地址相同，只是用控制字的 D7 位来说明是工作方式控制字 (D7=1) 还是 C 口按位操作控制字 (D7=0)。工作方式控制字的格式如图 9-6 (a) 所示。C 口按位操作控制字如图 9-6 (b) 所示。其中 D1、D2、D3 指示要选择的位，D0 指示所选择位输出的状态，“0”表示输出低电平，“1”输出高电平。

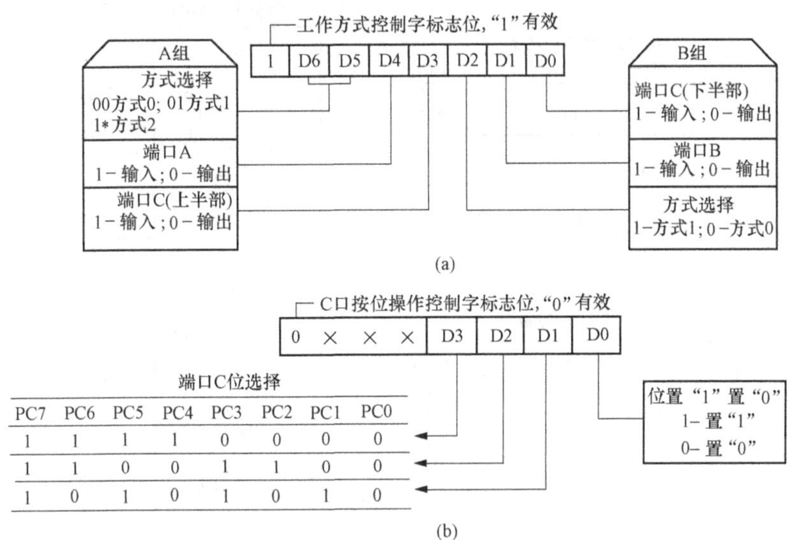

图 9-6　8255A 的控制字

(a) 工作方式控制字格式；(b) C 口按位操作控制字

8255A 工作在方式 1 和方式 2 下的控制字及相应联络线如图 9-7～图 9-9 所示。

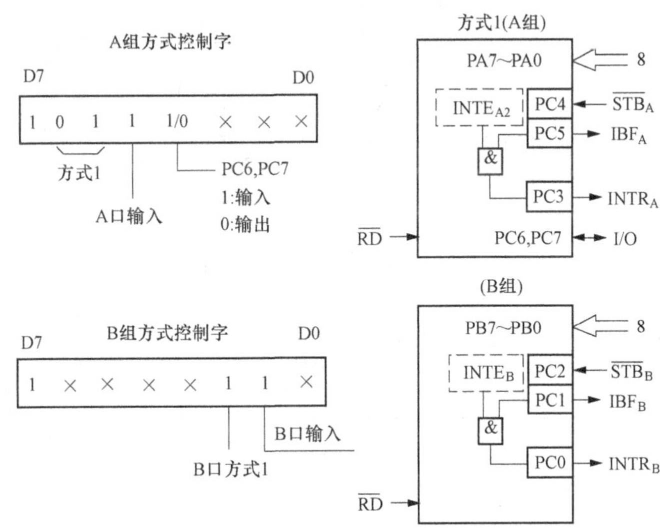

图 9-7　方式 1 输入控制字及联络信号

（六）状态字

8255A 没有专用的状态字，而是当工作于方式 1 和方式 2 时，读取端口 C 的数据，即得状态字，如图 9-10 所示。当状态字中有效信息位不满 8 位时，所缺的即为对应端口 C 引脚的输入电平。

【例 9-1】 设 8255A 的地址为：4000H～4003H，8255A 的 A 口工作于方式 0，作为数据输入口；B 口工作于方式 0，作为输出口；PC4～PC7 为输出，PC0～PC3 为输入。试写出 8255A 的初始化程序。

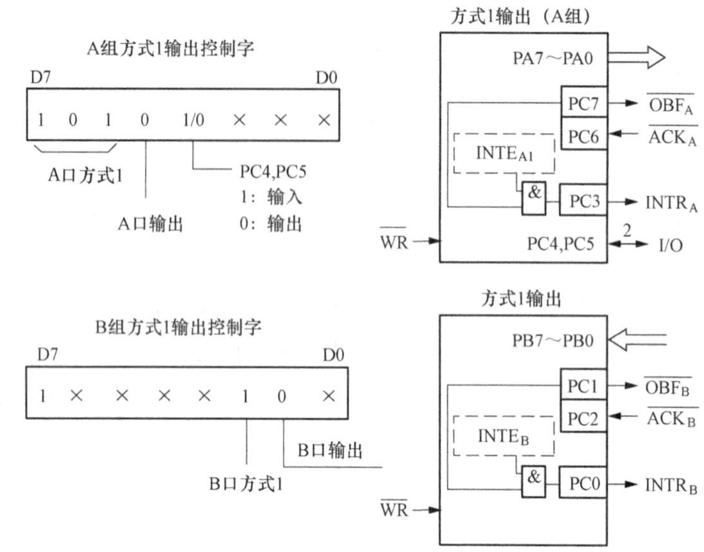

图 9-8　方式 1 输出控制字及联络信号

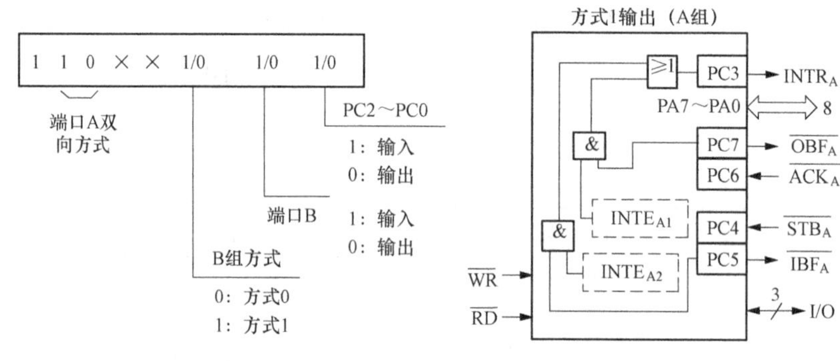

图 9-9　方式 2 控制字和联络信号

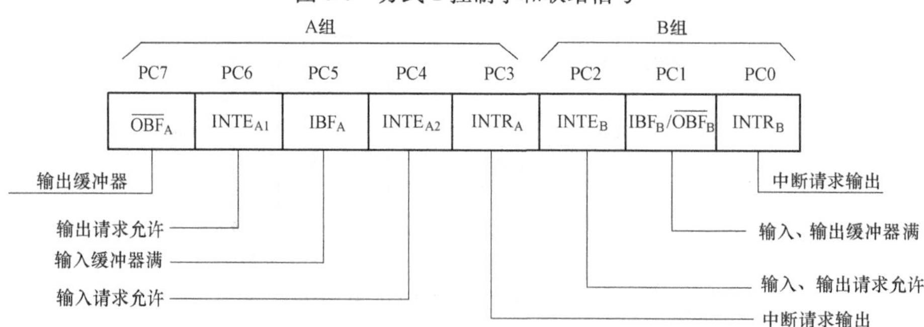

图 9-10　8255A 的状态字

解　其初始化程序为：

```
MOV     DPTR,#4003H
MOV     A,#91H
MOVX    @DPTR,A
```

【例 9-2】　设 8255A 的地址为 4000H～4003H，试写出将 PC3 置位和 PC4 复位的初始化程序段。

解　程序为：

```
MOV    DPTR,#4003H
MOV    A,#07H
MOVX   @DPTR,A
MOV    A,#08H
MOVX   @DPTR,A
```

【例 9-3】 编程实现：8255A 工作在方式 0，且 A 口作为输入口，接收按键信息，C 口作为输出口，控制 LED 发光二极管显示。当有按键按下时，相应的发光二极管点亮，并延时一段时间。0FF7FH 为 8255A 的控制端口地址，0FF7CH 为 A 口地址，0FF7EH 为 C 口地址。系统连接图如图 9-11 所示。

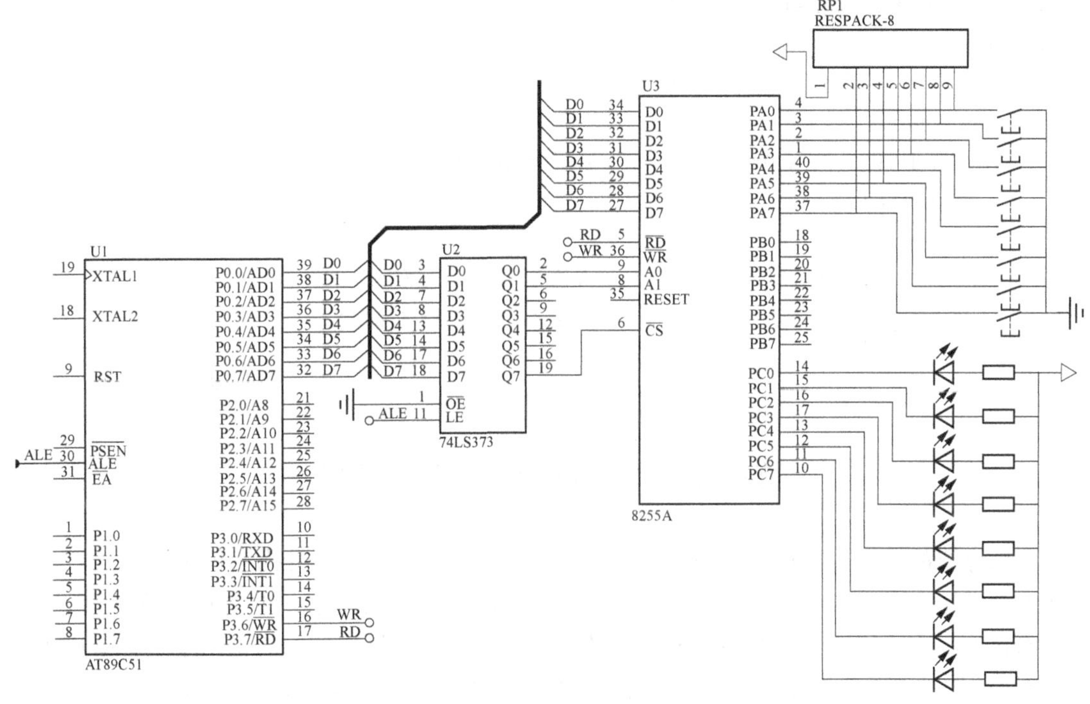

图 9-11 ［例 9-3］系统连接图

解 （1）汇编语言源程序如下：

```
         ORG     0000H
         AJMP    MAIN
         ORG     0030H
MAIN:    MOV     A,#90H          ; 工作方式控制字
         MOV     DPTR,#0FF7FH    ; 控制寄存器地址
         MOVX    @DPTR,A         ; 送工作方式控制字
L0:      MOV     DPTR,#0FF7CH    ; A 口地址
         MOVX    A,@DPTR         ; 检测按键信息
         MOV     DPTR,#0FF7EH    ; C 口地址
         MOVX    @DPTR,A         ; 送发光二极管显示
         LCALL   DELAY           ; 调延时子程序
         LJMP    L0
```

```
DELAY:   MOV    R3,#0C0H
LOOP1:   MOV    R4,#0F0H
LOOP0:   DJNZ   R4,LOOP0
         DJNZ   R3,LOOP1
         RET
         END
```

（2）C51 程序如下：

```
#include "reg51.h"
#include "absacc.h"
#define uchar unsigned char
void main( )
  {
      uchar i;
      XBYTE[0xff7f]= 0x90;          //8255 初始化
      for(; ; )
         {
         i= XBYTE[0xff7c];          //读 8255 A 口（输入）
         XBYTE[0xff7e]= i;          //送入 8255 C 口（输出）
         }
  }
```

第三节 串行总线接口存储器扩展

上面介绍的存储器扩展均以三总线的形式与 CPU 进行连接，俗称并行扩展，并行扩展的缺点是占用 I/O 口线较多（占用 P0、P2、P3 口），线路较复杂，但传送数据速度较快。为了简化外围连接线路，缩小单片机系统体积，近年来，各制造商纷纷推出了多种串行接口存储器的芯片。目前标准的串行接口或串行总线有 SPI 接口、I^2C 总线、MicroWire 接口、1-Wire 总线，而且现在的单片机都支持这些标准串行接口或总线（即使没有也可以用软件实现），具有串行总线的存储芯片与单片机连接只需较少（2～4 根）的 I/O 口线，线路连接简单，但传送数据速度较慢，适用于数据传输速度要求不高的场合。

一、I^2C 总线存储器

（一）I^2C 总线简介

I^2C（Inter-Integrated Circuit）串行总线是 Philips 公司推出的芯片间串行传输总线。它通过一条数据线（SDA）和一条时钟线（SCL），按照通信规约进行寻址和信息传输。I^2C 总线采用的是器件地址的硬件设置方法，通过软件寻址方式，完全避免了器件采用片选线寻址的弊端。每个集成电路模块都有唯一的地址，既可以是主控器（能控制总线，并能完成一次传输过程的初始化，产生时钟信号及传输终止信号的器件，只有微处理器才能为主控器）或被控器（被主控器寻址的器件），也可以是发送器（在总线上发送信息的器件）或接收器（从总线上接收信息的器件）。系统中的主控制器均能够依照各自的状态码自动进行总线管理，用户只要在程序中装入标准处理模块，就能够根据数据操作要求完成总线的初始化、启动总线、数据传送等操作。

I^2C 总线允许若干兼容器件共享总线。所有挂接在 I^2C 总线上的器件和接口电路都应具有 I^2C 总线接口，且所有的 SDA/SCL 同名端相连，如图 9-12 所示，挂接在同一条总线上的器件很多，却彼此独立，互不相关。I^2C 总线理论上可以允许的最大设备数，是以总线上所有器件的电容总和不超过 400pF 为限（其中包括连线本身的电容和与它连接的引出电容），总线上所有器件要依靠 SDA 发送的地址信号寻址，不需要片选线。

I^2C 总线数据传输的最高速率为 400kbit/s，标准速率为 100kbit/s。SDA 与 SCL 为双向 I/O 线，输出级是漏极开路电路。因此，I^2C 总线上所有设备的 SDA、SCL 引脚都要外接上拉电阻。

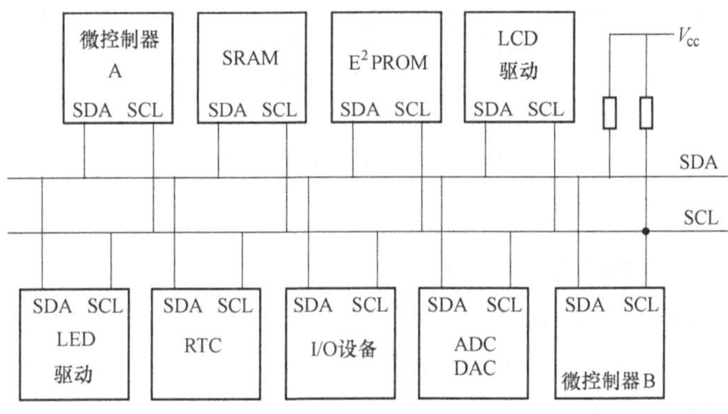

图 9-12 典型的 I^2C 总线结构图

目前很多半导体集成电路上都集成了 I^2C 接口。带有 I^2C 接口的单片机有：Cygnal 公司的 C8051F0××系列，Philips 公司的 P87LPC7××系列，Microchip 公司的 PIC16C6××系列。ARM 产品则更多，如 Samsung 公司的 S3C44B0 等。带有 I^2C 接口的存储芯片也有很多，如 AT24C01/02/04/16/32、PCF8583、PCF8563，外围器件如 A/D、D/A、监控芯片等也提供 I^2C 接口。由于 I^2C 总线器件只需 2 线控制，与单片机连接不但节省了 I/O 口线，而且使得单片机外围电路非常简单，因此越来越多的存储器和 A/D 转换器件都采用了这种总线控制方式。本节以 ATMEL 公司的 AT24C01/2 为例介绍 I^2C 总线。

（二）I^2C 总线协议

1. I^2C 总线的信号

I^2C 总线在传送数据过程中共有三种类型信号，即起始信号、停止信号和应答信号。

(1) 数据传输的起始信号和停止信号。数据传输的起始信号和停止信号如图 9-13 所示。

起始信号：SCL 保持高电平期间，SDA 由高电平向低电平跳变，开始传送数据。

停止信号：SCL 保持高电平期间，SDA 由低电平向高电平跳变，结束传送数据。

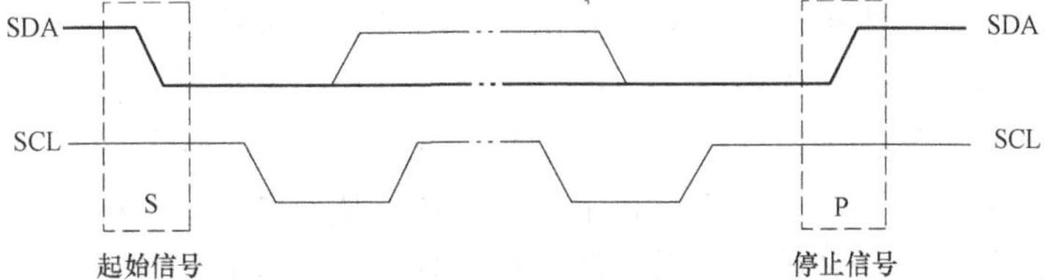

图 9-13 起始和停止信号

（2）应答信号。SDA 上传输的每个字节必须为 8 位（最高有效位首先传送），每个传送字节必须跟一位应答位，应答位出现在第 9 个时钟位上，接收器输出低电平表示为应答信号，输出高电平表示为非应答信号，如图 9-14 所示。CPU 接收到应答信号后，根据实际情况判断是否继续传递信号。若未接收到应答信号，则判断为受控单元出现故障。

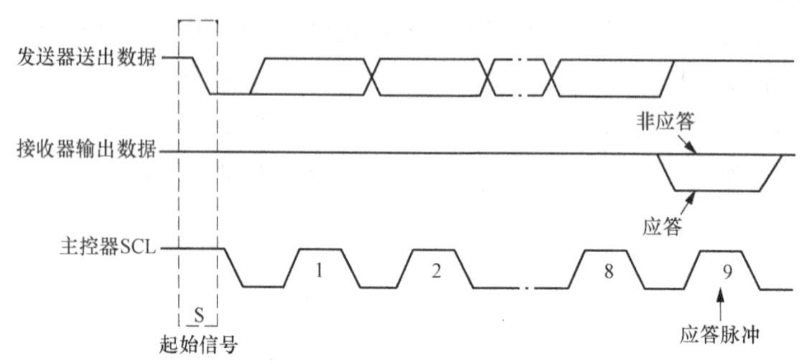

图 9-14　I²C 总线应答信号

2. 总线状态

总线空闲：SCL 和 SDA 都保持高电平。

总线忙：在数据传送开始后，SCL 为高电平时，SDA 的数据必须保持稳定，只有当 SCL 为低电平时，才允许 SDA 上的数据改变。

（三）I²C 总线的传送格式

I²C 总线的传送格式为主从式，对系统中的某一器件来说，有 4 种可能的工作方式：主发送方式、从发送方式，主接收方式、从接收方式。

1. 主发送从接收

主控器产生开始信号后，发送的第一个字节为控制字节，如图 9-15 所示。然后发送一个从器件片内地址的字节，来决定开始读写数据的起始地址。接着再发送数据字节，可以是单字节数据，也可以是一组数据，由主控器来决定。从器件每接收一个字节后，都要返回一个应答信号（ACK）。主控器在应答时钟周期为高电平期间释放 SDA 线，转由从器件控制，从器件在这个时钟周期的高电平期间必须拉低 SDA 线，并使之为稳定的低电平，作为有效的应答信号。

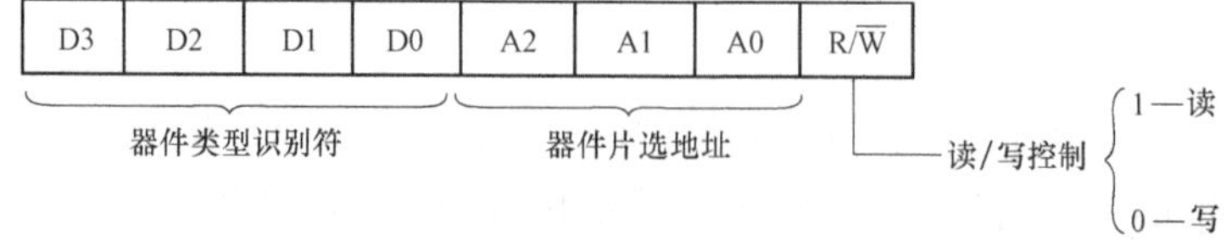

图 9-15　控制字节配置

2. 从发送主接收

在产生开始信号后，主控器向从器件发送控制字节。如果从器件接收的主控器发来的控制字节中的从地址片选信号与该器件相对应，并且方向位为高电平（$R/\overline{W}=1$），则表示从器件将要发送数据。从器件先发送一个应答信号（ACK=0）回应主控器，接着由从器件发送数据到主控器。如果在这个过程之前，主控器发送给从器件一个片内地址选择信号，则从器件数据的发送就从该地址开始；如果从器件接收到请求发送的控制信号之前，没有收到这个地址选择信号，则从器件就从最后一次发送数据的地址开始发送数据。在发送数据过程中，主控器每接收到一个字节都要返回一个应答信号 ACK。若 ACK=0（有效应答信号），则从器件继续发送；若 ACK=1（停止应答信号），则从器件停止发送。主控器可以控制从器件从什么地址开始发送，发送多少字节。

（四）I^2C 总线的基本操作

I^2C 总线应用于主/从双向通信。主控器和从器件都可以工作于接收和发送状态。总线必须由主控器控制，主控器产生串行时钟（SCL），控制总线的传输方向，并产生起始和停止条件。SDA 线上的数据状态仅在 SCL 为低电平期间才能改变，SCL 为高电平期间，SDA 状态的改变用来表示起始和停止条件，如图 9-16 所示。

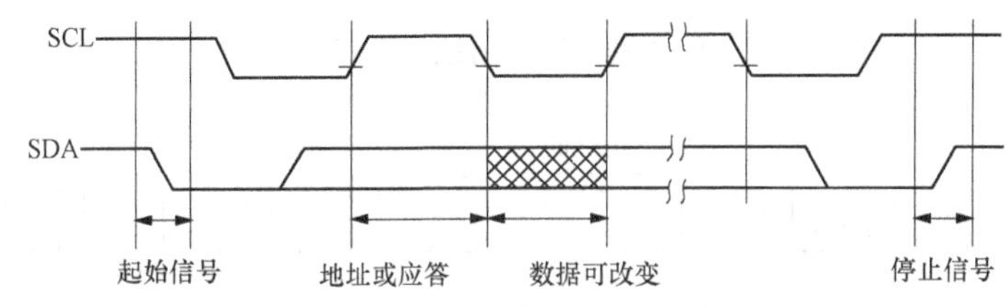

图 9-16 数据传送顺序

1. 控制字

控制字在产生起始条件后，必须是器件的控制字节，其中高四位为器件类型识别符（不同的芯片类型有不同的定义，由厂家给定，EEPROM 一般应为 1010），接着的三位为器件片选地址，最后一位为读写位，当为“1”时是读操作，为“0”时是写操作（见图 9-15）。

2. 写操作

写操作分为字节写和页面写两种，对于页面写，根据芯片一次装载的字节不同有所不同。页面写的地址、应答和数据传送的时序如图 9-17 和图 9-18 所示。连续写操作是对 EEPROM 连续装载 n 个字节数据的写入操作，随型号不同 n 不相同，一次可装载字节数也不同。

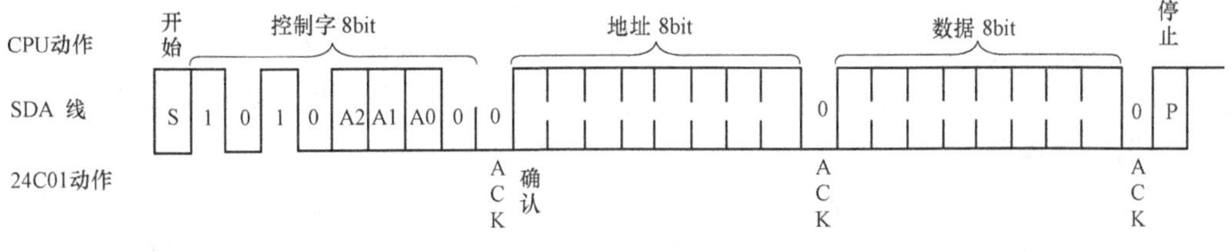

图 9-17 写一个字节的时序图

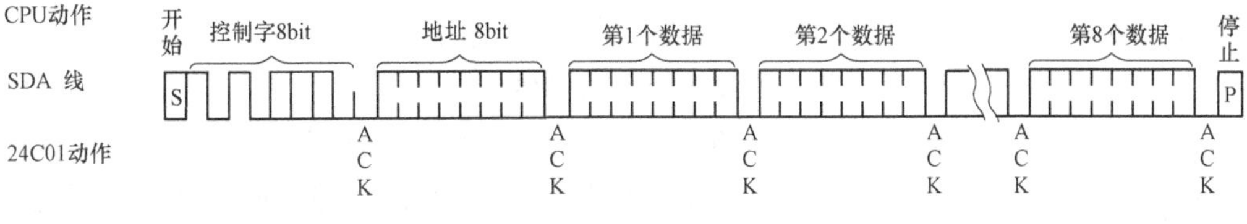

图 9-18 写一页的时序图

例如：AT24C01/02　　8 字节/每页

　　　AT24C04/08/16　　16 字节/每页

3. 读操作

读操作有三种基本方式：当前地址读、随机读和顺序读。图 9-19～图 9-21 所示分别为当前地址读、随机读和顺序读的时序图。应当注意的是，为了结束读操作，主机必须在第 9 个时钟周期间发出停止条件或在第 9 个时钟周期内保持 SDA 为高电平，然后发出停止条件。

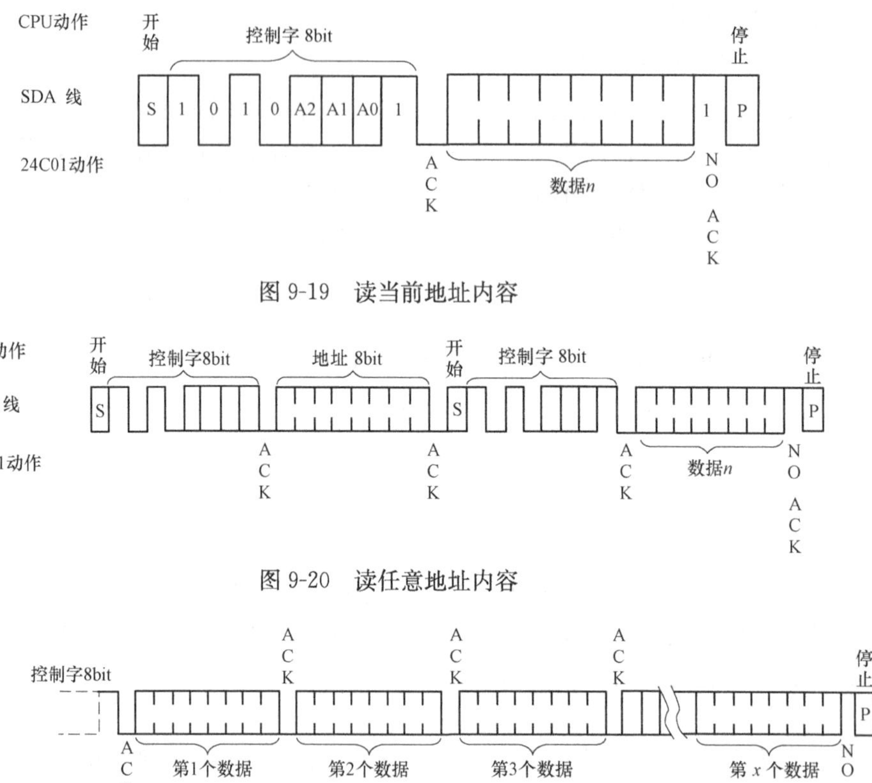

图 9-19 读当前地址内容

图 9-20 读任意地址内容

图 9-21 读连续地址内容

AT24C 系列在接收到每一个数据字节地址后片内地址自动加 1，故装载一页以内规定数据字节时，只需输入首地址，若装载字节多于规定的最多字节数，数据地址将“上卷”，前面的数据将被覆盖。

连续读操作时为了指定首地址，需要两个伪字节写来给定器件地址和片内地址，重复一次启动信号和器件地址（读），就可读出该地址的数据。由于伪字节写并未执行写操作，地址没有加 1。以后每读取一个字节，地址自动加 1。在读操作中接收器接收到最后一个数据字节后不返回肯定应答（保持 SDA 高电平），随后发出停止信号。

（五）I^2C 应用实例

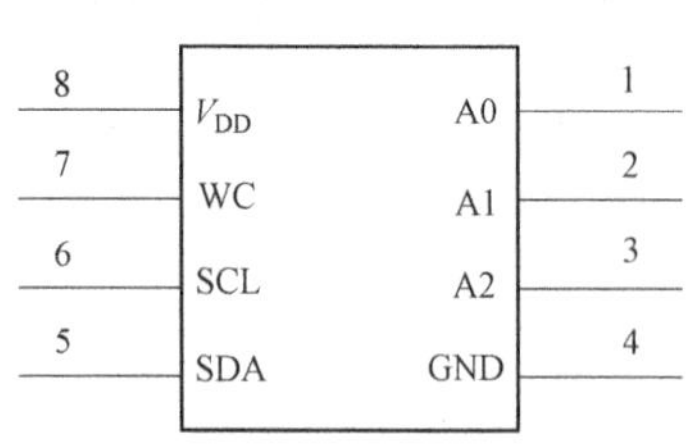

图 9-22 AT24C01 引脚

AT24C01 是美国 Atmel 公司的低功耗 CMOS 串行 EEPROM，它内含 128×8 位存储空间，具有工作电压宽（2.5～5.5V）、擦写次数多（大于 10000 次）、写入速度快（小于 10ms）等特点。

1. AT24C01 引脚

AT24C01 引脚如图 9-22 所示。图 9-22 中各符号意义如下：

（1）A0～A2：地址线；

（2）V_{DD}、GND：电源线；

（3）SDA：串行数据输入/输出线，双向；

（4）SCL：串行时钟输入线；

（5）WC：写保护输入。低电平时，芯片可以进行正常的数据读和写操作；高电平时，所有的写操作都被禁止。

2. AT24C01 与 51 系列单片机的接口电路

如图 9-23 所示是用 51 系列单片机 P2 口模拟的 I^2C 总线与 EEPROM 连接电路图，由于 AT24C01 是漏极开路，图 9-23 中 R1、R2 为上拉电阻（5.1kΩ）。A0～A2 地址引脚均接地。

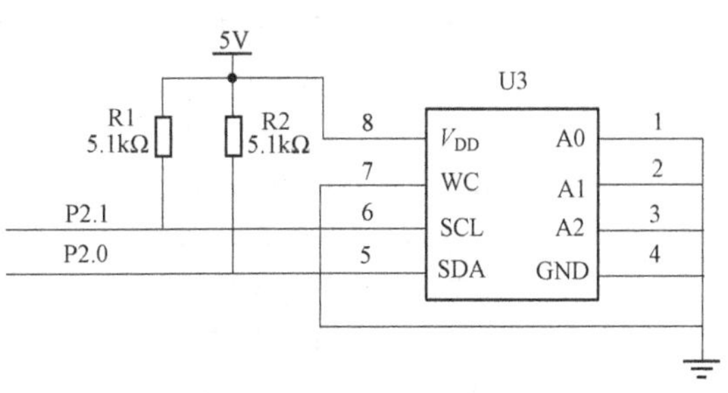

图 9-23　AT24C01 与 51 单片机接口

3. 24C01 单字节读写程序

```
SDA         EQU     P2.0            ; 定义 24C01 的串行数据线
SCL         EQU     P2.1            ; 定义 24C01 的串行时钟线
Address     EQU     08H
I2CData     EQU     09H
            ORG     0000H
START:      MOV     SP,#60H
            MOV     Address,#00H    ; 将 55H 写入 24C01 的 00H 单元
            MOV     I2Cdata,#55H
            LCALL   I2C_WRITE       ; 调写入数据子程序
            MOV     Address,#00H    ; 将 24C01 00H 单元的内容读到单片机片内 RAM 09H 中
            LCALL   I2C_READ        ; 调读数据子程序
            MOV     I2CData,A       ; 读出数据
            NOP
            NOP
MAIN:       SJMP    MAIN
; 写一个字节数据
I2C_WRITE:  LCALL   I2C_START
            MOV     A,#10100000B
            LCALL   I2C_SEND8BIT
            LCALL   I2C_ACK
            JC      I2C_WRITE         ; =1，表示无确认，再次发送
            MOV     A,Address
            LCALL   I2C_SEND8BIT
            LCALL   I2C_ACK
            MOV     A,I2CData
            LCALL   I2C_SEND8BIT
            LCALL   I2C_ACK
            LCALL   I2C_STOP
            RET
```

```
; 读取一个字节数据
I2C_READ0: LCALL    I2C_START
           MOV      A,#10100000B        ; 发送控制字
           LCALL    I2C_SEND8BIT
           LCALL    I2C_ACK
           JC       I2C_READ0           ; = 1,表示无确认，再次发送
           MOV      A,Address
           LCALL    I2C_SEND8BIT
           LCALL    I2C_ACK
I2C_READ1: LCALL    I2C_START
           MOV      A,#10100001B        ; 发送控制字
           LCALL    I2C_SEND8BIT
           LCALL    I2C_ACK
           JC       I2C_READ1
           LCALL    I2C_RECEIVE8BIT
           MOV      I2CData,A
           LCALL    I2C_ACK
           LCALL    I2C_STOP
           RET
;发送开始信号
I2C_START:SETB  SCL
          SETB  SDA
          NOP
          NOP
          CLR   SDA
          NOP
          NOP
          CLR   SCL
          RET
; 发送结束信号
I2C_STOP: CLR   SDA
          NOP
          NOP
          SETB  SCL
          NOP
          NOP
          SETB  SDA
          RET
; 发送接收确认信号
I2C_ACK:  SETB  SDA
          SETB  SCL
          NOP
          NOP
```

```
        MOV     C,SDA
        CLR     SCL
        RET
; 发送 8 位数据
I2C_SEND8BIT:     MOV     B,#08H
I2C_SEND8BIT1:    RLC     A
                  MOV     SDA,C
                  SETB    SCL
                  NOP
                  NOP
                  CLR     SCL
                  DJNZ    B,I2C_SEND8BIT1
                  RET
; 接收 8 位数据
I2C_RECEIVE8BIT:  MOV     B,#08H
                  CLR     A
                  SETB    SDA
I2C_RECEIVE8IT1:  SETB    SCL
                  NOP
                  NOP
                  MOV     C,SDA
                  RLC     A
                  CLR     SCL
                  DJNZ    B,I2C_RECEIVE8IT1
                  RET
```

二、SPI 总线存储器

SPI（Serial Peripheral Interface，串行外设接口）是由 Motorola 公司推出的三线同步接口。该公司生产的单片机如 68HC05 系列，内部均集成了这种 SPI 接口。该接口是一种同步串行外设接口，允许各种外围 SPI 接口器件直接与单片机相连，具有该接口的单片机称为主控制器，具有该接口的外围器件称为被控制器，主控制器与被控制器之间以串行方式进行通信、交换信息。该接口使用了 4 根线：SCK 为串行时钟线，MOSI 为主控制器输出/从控制器输入数据线，MISO 为主控制器输入/从控制器输出数据线，SS 为低电平有效的从控制器选择线。SPI 串行扩展系统原理图如图 9-24 所示。

SPI 总线接口存储器种类很多，典型的芯片有 AT25C01/02/04、X25043、X25045。本节以 X25045 为例，说明其功能和与无 SPI 接口单片机的连接及操作方法。

1. X25045 芯片引脚

X25045 是把常用的三种功能（看门狗定时器、电压监视、EEPROM）组合在一个封装内，存储器部分是 CMOS 的 4096 位串行 EEPROM，内部按 512×8 位组织。如图 9-25 所示为 X25045 的引脚图，引脚功能如下：

(1) $\overline{CS}$：片选信号，低电平有效。

(2) SO：串行数据输出，在读操作中用于与时钟输入信号同步的数据输出。

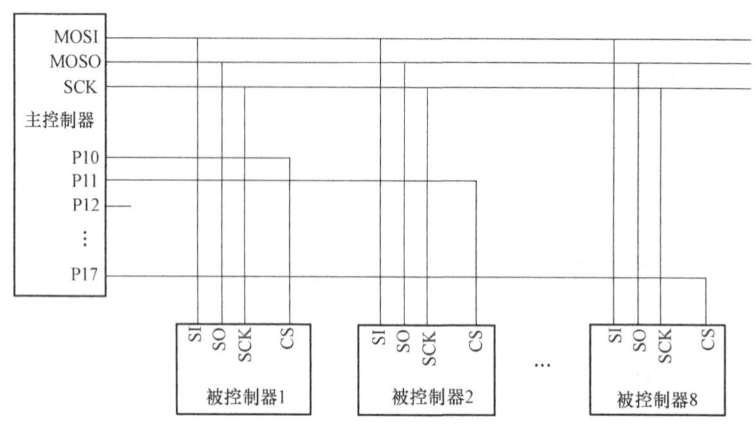

图 9-24　单片机与 SPI 存储芯片的连接图

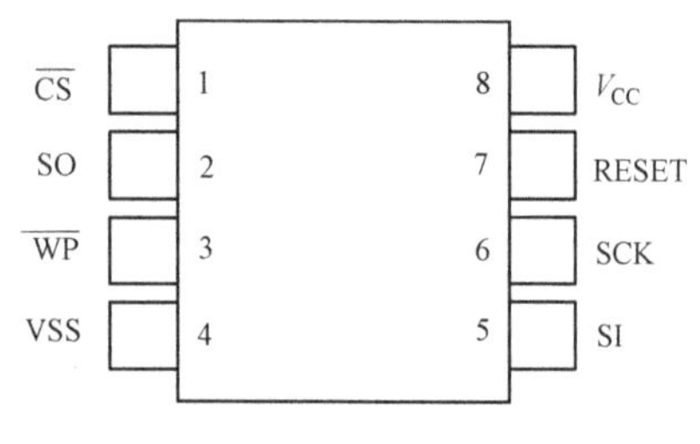

图 9-25　X25045 引脚图

(3) $\overline{WP}$：写保护输入，低电平有效。高电平时，芯片可以进行正常的数据读和写操作；低电平时，所有的写操作都被禁止。

(4) SI：串行数据输入，用于锁定与时钟输入信号同步的数据。

(5) SCK：串行数据时钟输入信号。

(6) RESET：看门狗复位输出信号。

2. X25045 芯片的指令

X25045 的读写操作是通过写入指令寄存器的指令实现的，其指令见表 9-5。

表 9-5　　X25045 指令表

指令名	指令格式	操　作
WREN	00000110	设置写使能锁存器（允许写操作）
WRDI	00000100	复位写使能锁存器（禁止写操作）
RDSR	00000101	读状态寄存器
WRSR	00000001	写状态寄存器
READ	0000$A_8$011	从选定的开始地址单元中读取数据
WRITE	0000$A_8$010	向选定的开始地址单元写入数据

(1) 写入允许指令（WREN）。芯片上电时，写入禁止，对芯片操作必须先执行此指令来开放编程，但$\overline{WP}$须保持高电平。

(2) 写入禁止指令（WRDI）。执行此指令，芯片将禁止一切编程写入，该指令与$\overline{WP}$引脚的电平无关。

(3) 读状态寄存器指令（RDSR）。执行此指令读出状态寄存器，以确定芯片 READY/BUSY 和写入允许状态。

(4) 写入状态寄存器指令（WRSR）。执行此指令可设置被保护存储区范围，被保护的存储区数据只能读不能写。

(5) 读操作指令（READ）。读出存储区的数据，从 SO 引脚上输出。

(6) 写操作指令（WRITE）。在$\overline{WP}$保持高电平的情况下，数据由 SI 写入。

X25045 的状态寄存器格式如下：

D7	D6	D5	D4	D3	D2	D1	D0
0	0	WD1	WD0	BL1	BL0	WEL	WIP

(1) WD1WD0：看门狗定时时间。WD1WD0＝00 时，定时 1.4s；WD1WD0＝01 时，定时 600ms；WD1WD0＝10 时，定时 200ms；WD1WD0＝11 时，禁止。

(2) BL1BL0：数据保护区域。BL1BL0＝00 时，没有数据保护；BL1BL0＝01 时，保护地址 180H～1FFH 的数据；BL1BL0＝10 时，保护地址 100H～1FFH 的数据；BL1BL0＝11 时，保护 000H～1FFH 的数据。

(3) WEL：写允许标志，只能读出不能写入。该位为“1”，允许写入。该位为“0”，禁止写入。执行指令 WREN 后，该位设置为“1”；执行指令 WRDI 后，该位清零。

(4) WIP：忙位标志，只能读出不能写入。该位为“1”，数据正在写，该位为“0”，空闲。

更详细的说明请参考芯片说明书。

3. X25045 芯片与 51 系列单片机的连接

X25045 芯片与 51 系列单片机的连接如图 9-26 所示。X25045 与 89C51 连接采用 P1 口线 P1.0～P1.3 模拟 SPI 接口。因 X25045 的存储容量为 512×8 位，地址为 000H～1FFH，需用 9 位地址表示，故读写地址寄存器用 DPTR。

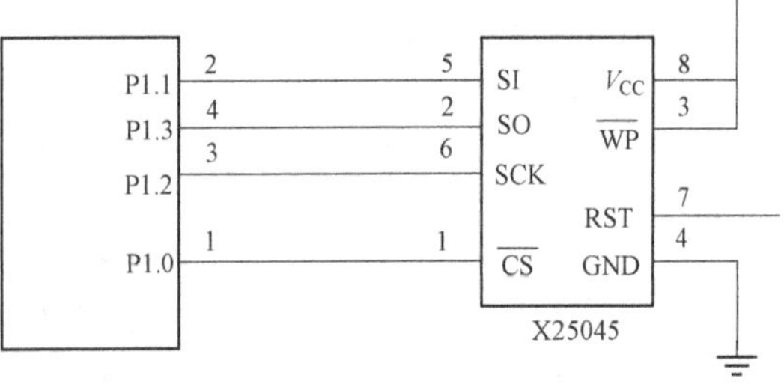

图 9-26　X25045 与单片机的连接

读写子程序编写如下：

```
; 读一个字节数据子程序
; 入口：BYTE_ADDR =被读字节地址
; 出口：A=读出数据
BYTE_READ:  MOV     DPTR,#BYTE_ADDR     ; 读字节地址
            CLR     P1.2
            CLR     P1.0                ; 片选
            MOV     A,#03H              ; 读命令
            MOV     B,DPH               ; 取地址 A8 位送入命令字
            MOV     C,B.0               ; 地址 A8 位
            MOV     ACC.3,C
            LCALL   OUTBYT              ; 送读命令及地址 A8 位
            MOVA,   DPL
            LCALL   OUTBYT              ; 送地址低 8 位
            LCALL   INBYT               ; 读入 8 位数据
            CLR     P1.2
            SETB    P1.0                ; 芯片禁止
            RET
; 写一个字节数据子程序
; 入口：BYTE_ADDR =被写入地址         BYTE_DATA =被写入数
```

```
BYTE_ W RITE:   MOV    DPTR,#BYTE_ ADDR    ; 写入地址
                CLR    P1.2
                CLR    P1.0                ; 片选
                MOV    A,#02H              ; 写命令
                MOV    B,DPH               ; 取地址 A8 位送入命令字
                MOV    C,B.0               ; 地址 A8 位
                MOV    ACC.3,C
                LCALL  OUTBYT              ; 送写命令及地址 A8 位
                MOV    A,DPL
                LCALL  OUTBYT              ; 送写入地址低 8 位
                MOV    A,#BYTE_ DATA       ; 送被写入数据
                LCALL  OUTBYT
                CLR    P1.2
                SETB   P1.0
                RET
; 接收 8 位串行输出数据
; 出口：A=被读出的 8 位数据
INBYT:    MOV    R0,#08        ; 循环计数器
INBYT1:   SETB   P1.2
          CLR    P1.2          ; 移位脉冲（下降沿）
          MOV    C,P1.3        ; 接收一位数据
          RLC    A             ; 数据移入 A
          DJNZ   R0,INBYT1     ; 8 位数据是否接收完
          RET
;8 位数据串行移入
OUTBYT:   MOV    R0,#08        ; 循环计数器
OUTBYT1:  CLR    P1.2
          RLC    A             ; 数据移入 C
          MOV    P1.1,C        ; 串行输出
          SETB   P1.2          ; 移位脉冲（上升沿）
          DJNZ   R0,OUTBYT1    ; 8 位数据是否全部输出
          CLR    P1.1
          RET
```

习　题

一、填空题

1. 半导体存储器中有一类在掉电后不会丢失数据，称为________；有一类掉电后会丢失数据，称为________。

2. 51 系列单片机扩展的数据存储器寻址范围为________。

3. 当扩展外部存储器或 I/O 口时，P2 口用作________。

4. 51 系列单片机的存储器可以分为三个不同的存储空间，分别是________、________

和________。

5. 为扩展存储器而构造系统总线，应以 P0 口的 8 位口线作为________线，以 P2 口的口线作为________线。

6. 为实现 51 系列单片机内外程序存储器的衔接，应使用________信号进行控制。

7. 访问内部 RAM 使用________指令，访问外部 RAM 使用________指令；访问内部 ROM 使用________指令，访问外部 ROM 使用________指令；访问 I/O 端口用________指令。

8. 在存储器扩展中，无论是线选法还是译码法，最终都是为扩展芯片的________端提供信号。

9. 51 系列单片机扩展并行 I/O 口时，对扩展 I/O 口芯片输入/输出端的基本要求是：

构成输出口时，接口芯片应具有________功能；

构成输入口时，接口芯片应具有________功能。

10. 51 系列单片机扩展一片 8255，可外增加________个并行 I/O 口。

11. 51 系列单片机扩展的 I/O 口占用________存储空间，从理论上讲，最多可扩展________个。

12. 对 51 系列单片机的 I/O 进行编址通常采用________编址技术。其优点是：________。

13. 8255 共有三种工作方式，分别是________、________和________。这三种工作方式通过________控制字进行选择。

14. 当 8255 的 A 口或者 B 口以中断方式进行数据传送时，所需要的联络信号由________口提供，其中________为 A 口提供，________为 B 口提供。

15. 当 51 系列单片机与慢速外设进行数据传输时，最佳的传输方式是________。

二、判断题

1. 51 系列单片机片外数据存储器与扩展 I/O 口统一编址。（ ）

2. 单片机系统扩展时使用的锁存器，是用于锁存高 8 位地址的。（ ）

3. 程序存储器和数据存储器的作用不同，程序存储器一般用来存放数据表格和程序，而数据存储器一般用来存放数据。（ ）

4. 在单片机应用系统中，单片机与外部数据存储器传送数据时，使用 MOV 指令。（ ）

5. 51 系列单片机和外设之间的数据传送方式主要有查询方式和中断方式，两者相比后者的效率更高。（ ）

三、选择题

1. 6264 芯片是（ ）。

A. EEPROM　B. RAM　C. FLASH ROM　D. EPROM

2. 单片机程序存储器的寻址范围是由程序计数器 PC 的位数决定的，51 系列单片机的 PC 为 16 位，因此其寻址范围为（ ）。

A. 4KB　B. 64KB　C. 8KB　D. 128KB

3. 读 RAM 地址 DPTR 中包含的信息有（ ）。

A. 片选信号　B. 读外 RAM 相应存储单元的地址信号

C. 读外 RAM 操作信号　D. RD 信号

4. 当需要从 51 系列单片机程序存储器取数据时，采用的指令为（　　）。

A. MOV　A,@R1　　B. MOVC　A,@A+DPTR

C. MOVX　A,@R0　　D. MOVX　A,@DPTR

5. 51 系列单片机扩展并行 I/O 口时执行的指令和控制信号是（　　）。

A. 执行 MOVX 指令　　B. 执行 MOVC 指令

C. 用/RD 信号控制读　　D. 用/WR 信号控制写

E. 用/PSEN 信号控制读　　F. 用 ALE 信号控制写

6. 在下列理由中，不能说明 51 系列单片机的 I/O 编址是统一方式的是（　　）。

A. 没有专用的 I/O 指令　　B. 没有区分存储器和 I/O 的控制信号

C. 使用存储器指令进行 I/O 操作　D. P3 口线具有第二功能

7. 如果把 8255 的 A1、A0 分别通过锁存器和单片机的 P0.1、P0.0 连接，则 8255 的 A、B、C 口和控制寄存器的地址可能是（　　）。

A. 0000H～0003H　　B. 0000H～0300H

C. 0000H～3000H　　D. 0000H～0030H

8. 使用 8255 可以扩展出的 I/O 口线是（　　）。

A. 16 根　　B. 24 根　　C. 22 根　　D. 32 根

9. 某微机应用系统中，存储器系统由两片 8KB 的存储器芯片组成，则微处理器的地址线最少是（　　）。

A. 11 根　　B. 12 根　　C. 13 根　　D. 14 根

10. 某种存储器芯片是 16KB，那么它的地址线是（　　）。

A. 11 根　　B. 12 根　　C. 13 根　　D. 14 根

四、综合题

1. 51 系列单片机如何访问外部 ROM 及外部 RAM？

2. 试用 2764、6116 为单片机设计一个存储器系统，它具有 8KB 的 EPROM（地址为 0000H～1FFFH）和 16KB 的 RAM 存储器（地址为 2000H～5FFFH）。具体要求：画出该存储器系统的硬件连接图。

3. 需要扩展两片 4KB×8 存储器芯片（采用线选法），P2.6、P2.7 分别对其进行片选，试画出连接电路。无关地址位取“1”时，指出两片存储器芯片的地址范围。

4. 画出 6264 与 51 系列单片机的典型连接电路，P2.6 作为片选线，指出 6264 片选地址和片内存储单元地址范围。

5. 当单片机应用系统中数据存储器 RAM 地址和程序存储器 EPROM 地址重叠时，是否会发生数据冲突，为什么？

6. 用 74LS138 设计一个译码电路，利用 51 系列单片机 P0、P2 口译出地址为 2000H～3FFFH 的片选信号/CS。

7. 用一片 74LS138 译出两片存储器的片选信号，地址空间分别为 1000H～1FFFH，3000H～3FFFH。试画出译码器的接线图。

8. 编写程序，将外部数据存储器中的 4000H～40FFH 单元全部清零。

9. 使用单片机芯片外扩一片 EEPROM 2864，要求 2864 兼作程序存储器和数据存储器，且首地址为 8000H。试完成：

(1) 确定 2864 芯片的末地址；

(2) 画出 2864 片选端的地址译码电路；

(3) 画出该应用系统的硬件连线图。

10. 使用 51 系列单片机、74LS373 锁存器、74LS138、两片 RAM 芯片 6264 组成存储器系统，两片 6264 的起始地址分别是 2000H、A000H，要求采用全译码法，不允许出现地址重叠现象。试完成：

(1) 写出两片 6264 的地址范围；

(2) 画出电路硬件连接图（以三总线的方式画出）。

11. 现有 89C51 单片机、74LS373 锁存器、74LS138、一块 2764EPROM（其首地址为 2000H）和一块 6264RAM（其首地址为 8000H）。试利用它们组成一个单片微型计算机系统，要求：

(1) 画出硬件连线图（含控制信号、片选信号、数据线和地址线，以三总线的方式连接）。

(2) 写出该系统程序存储空间和数据存储空间各自的地址范围。

12. 计算图 9-27 中要求的地址：

(1) 2732、6264（1）、6264（2）的地址范围。

(2) 8255 的 A、B、C 和控制口的地址。（提示：A1、A0 位为 00、01、10、11 时分别选择 A、B、C、控制口）

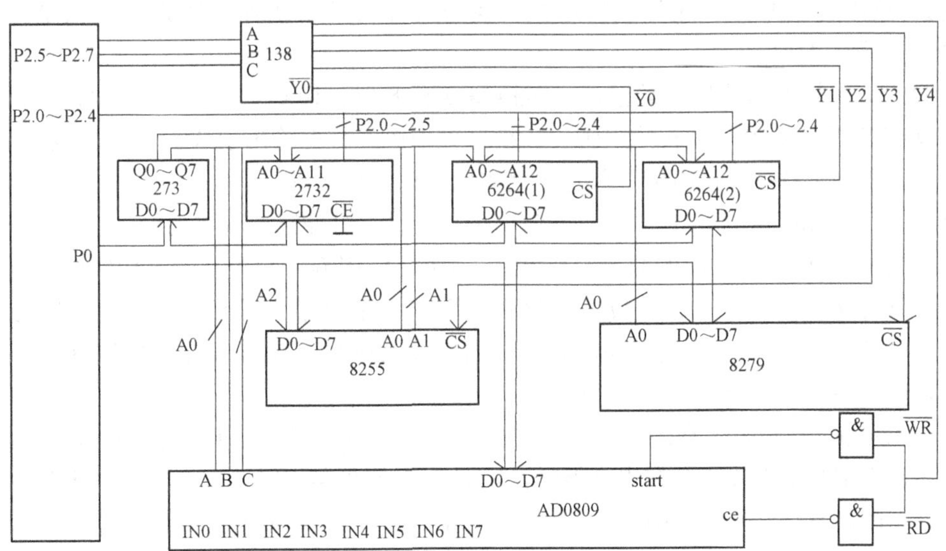

图 9-27　第 12 题图

第十章　单片机的测控接口技术

本章主要介绍常用 A/D 和 D/A 转换芯片的内部结构、工作原理、与单片机的接口方法，以及开关量输入/输出接口技术。

通过对本章的学习，应掌握和了解以下知识：

(1) 了解常用 A/D 和 D/A 转换芯片的内部结构和工作原理；

(2) 掌握单片机与并行 A/D 和 D/A 转换芯片的硬件连接和软件编程；

(3) 掌握单片机与串行 A/D 转换芯片的硬件连接和软件编程；

(4) 掌握开关量输入/输出接口技术。

在计算机应用领域中，特别是在实时控制和智能仪表等系统中，常常需要把一些连续变化的物理量（如温度、压力、流量、速度）变成数字量，以便送入计算机进行加工、处理；也需要将单片机输出的数字量转为连续变化的模拟量，用以驱动相应执行机构，实现对被控对象的控制。这种将模拟量变为数字量的过程叫模/数转换（A/D），将数字量转为模拟量的过程叫数/模转换（D/A），用以实现这类转换的设备或器件分别叫做模/数转换器（ADC）和数/模转换器（DAC）。

A/D、D/A 转换的芯片种类很多，转换精度有 8 位、10 位、12 位和 16 位。各种型号的 A/D 转换芯片均设有启动转换引脚、转换结束引脚、数据输出引脚。单片机要扩展 A/D 转换芯片，主要是解决上述引脚与单片机之间的硬件连接问题。

有些 A/D 转换器由于芯片内部数据输出寄存器具有可控三态输出功能，故 A/D 转换的数据输出线可以直接和 CPU 的数据总线相连。CPU 可用输入指令从 A/D 转换器中读取转换数据。51 系列单片机字长为 8 位，一般的 8 位 A/D 转换器都可与单片机直接相配。对高于 8 位的 A/D 转换器，单片机需要从 8 位数据总线上执行二次输入指令读取转换数据，即分别读取高位字节与低位字节。

D/A 转换能否与 CPU 直接相配接，主要取决于 D/A 转换器内部是否有输入数据寄存器。当芯片内部集成有输入数据寄存器时，D/A 转换器可与 CPU 直接相连。当芯片内没有输入寄存器时，它们与 CPU 相连，必须另加数据寄存器，以便使输入数据能保持一段时间进行 D/A 转换。

第一节　A/D 转换器及其接口技术

A/D 转换器能把输入的模拟信号转换成数字形式。A/D 转换器芯片的种类较多，按转换原理可分为计数器式 A/D、逐次逼近式 A/D、双积分式 A/D、并行 A/D 等多种。双积分式 A/D 转换器的转换精度高，抗干扰性强，价格便宜，但转换速度慢。计数式 A/D 转换器硬件结构简单，转换速度慢。并行式 A/D 转换器转换速度最快，但价格也高。逐次逼近式

A/D 转换器的性能兼顾了转换精度和转换速度，在精度、速度、价格上都适中，广泛应用在计算机应用系统中。

一、A/D 转换器的主要技术指标

1. 分辨率

表示输出数字量变化一个相邻数码所需的输入模拟电压的变化量。通常用数字量的位数表示，如 8、10、12、16 位分辨率等。若分辨率为 10 位，表示它可以对 $2^{-10}=1/1024$ 的增量做出反应。分辨率越高，转换时对输入量的微小变化的反应越灵敏。

2. 量程

即所能转换的电压范围，如 5、10V 等。

3. 精度

有绝对精度和相对精度两种表示方法，常用数字量的位数作为度量绝对精度的单位，如精度为±1/2LSB，而用百分比来表示满量程时的相对误差，如±0.05%。精度和分辨率是不同的概念，精度是指转换后所得结果相对于实际值的准确度，而分辨率是指能对转换结果产生影响的最小输入量。分辨率很高者可能由于温度漂移、线性不良等原因而并不具有很高的精度。

4. 转换时间

对于计数或双积分型的转换器而言，不同的输入幅度可能会引起转换时间的差异，厂家给出的转换时间的指标中应当是最长转换时间的典型值。不同型式、不同分辨率的器件，其转换时间的长短相差很大，可为几微秒到几百毫秒。

5. 转换速度

每秒转换数量的次数。

选择 ADC 集成电路芯片时，除考虑上述性能指标外，还应注意芯片的输入电压范围、输入阻抗、数字输入特性，以及供电电压、工作环境（周围温度、湿度等）和保存环境（保存温度、湿度等）等性能指标。

按照与单片机系统的接口形式，A/D 转换器可分为并行 A/D 转换器和串行 A/D 转换器。

二、并行 A/D 转换器 ADC0809

1. ADC0809 的结构及引脚

ADC0809 是一种 8 路模拟输入的 8 位逐次逼近式 A/D 转换器件。其内部结构和引脚如图 10-1 所示。ADC0809 内部除 8 位 A/D 转换电路外，还有一个 8 路模拟开关，其作用可根据地址译码信号来选择 8 路模拟输入，使 8 路模拟输入共用一个 A/D 转换器进行转换。其转换结果通过三态输出锁存器输出，因此可以直接与系统数据总线相连。

ADC0809 是 28 引脚 DIP 封装的芯片，各引脚功能如下：

(1) IN0～IN7：8 路模拟量输入。

(2) A、B、C：模拟输入通道地址选择线，其 8 位编码分别对应 IN0～IN7。

(3) ALE：地址锁存允许，由低至高电平的正跳变将通道地址锁存至地址锁存器。

(4) START：A/D 转换启动信号，正脉冲有效，此信号要求保持在 200ns 以上。其上升沿将内部逐次逼近寄存器清零，下降沿启动 A/D 转换。

(5) EOC：转换结束信号，可作中断请求信号或供 CPU 查询。当 EOC 为高电平时，表明转换结束。

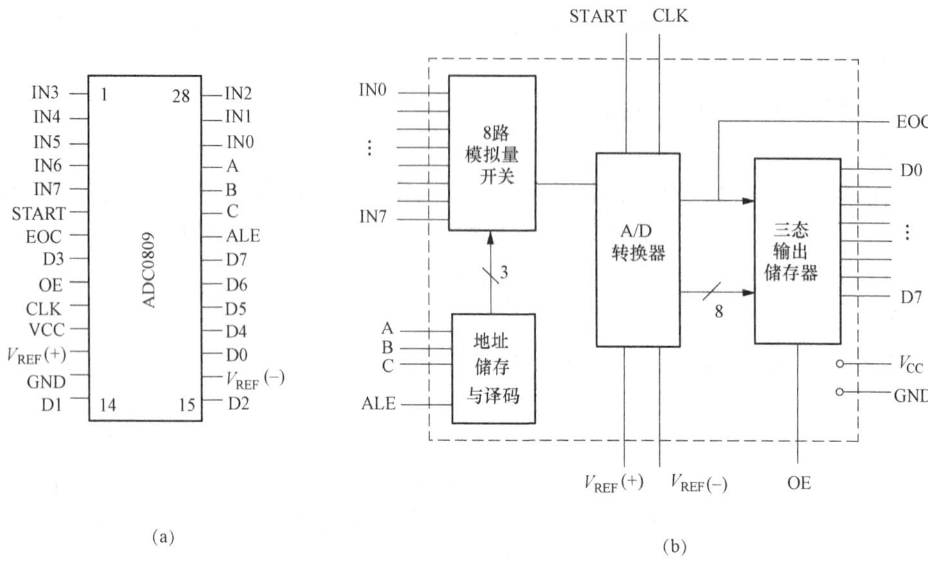

图 10-1　ADC0809 引脚及结构框图

（a）引脚排列图；（b）结构框图

（6）OE：允许输出控制信号。输入高电平有效。当 OE 有效时，A/D 的输出锁存缓冲器开放，将其中的数据放到外部的数据线上。

（7）CLK：时钟输入，要求频率范围在 10kHz～1.2MHz。

（8）V_{CC}：芯片工作电压。

（9）$V_{REF}(+)$、$V_{REF}(-)$：基准参考电压的正负极[REF(+)、REF(-)]。

2. ADC0809 的主要性能指标

（1）分辨率为 8 位；

（2）转换电压为－5～＋5V；

（3）转换路数为 8 路模拟量；

（4）转换时间为 100μs；

（5）转换误差小于±1LSB；

（6）功耗为 15mW；

（7）单一＋5V 电源。

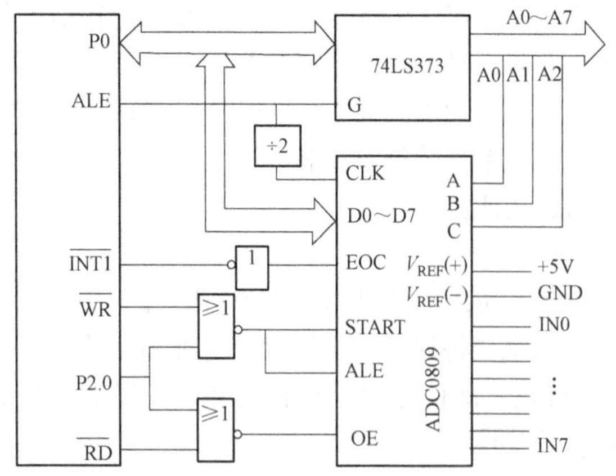

图 10-2　ADC0809 与单片机的连接

3. ADC0809 芯片与单片机的连接

电路连接主要涉及两个问题：8 路模拟通道选择；A/D 转换完成后，转换结果以什么样的形式传送给单片机。

（1）8 路模拟通道选择。如图 10-2 所示为连接形式的电路，模拟通道由“MOVX @DPTR,A”指令中的 DPTR（P2.0 为 0 且低 3 位决定模拟通道）来选择。当执行该指令时，在单片机 ALE 的上升沿将模拟通道地址选择信号锁存在 74LS373 中，同时该指令产生的 $\overline{WR}$ 有效和 P2.0 为“0”控制转换器的模拟通道地址锁存和启动；此时 A 中的数值无任何意义。

(2) 转换数据的传送。转换数据传送的关键问题是如何确认 A/D 转换的完成。因为只有确认转换完成后，才能进行数据传送，而传送数据却非常简单，只要执行“MOVX A,@DPTR”指令即可。

判断转换完成的方法有以下 3 种：

1) 定时方式。对于指定的 A/D 转换器而言，当转换时钟确定以后，其转换时间是固定的，例如，ADC0809 当转换时钟为 640kHz 时，转换时间为 100μs。可根据转换时间设计一个延时程序，当延时到时 A/D 转换完成，因此可定时读取 A/D 转换的结果。

2) 查询方式。A/D 转换器有一个转换结束信号（EOC），因此可以用查询方式确定转换是否完成。按图 10-2 所示电路，可以使用“JNB P3.3，$”之类的指令来查询转换是否完成。

3) 中断方式。如果将转换结束信号（EOC）引入到单片机的外部中断入口，当转换结束时，即可触发外部中断，在中断服务程序中完成数据的传送。图 10-2 中由于 EOC 为高电平有效，外部中断为低电平或下降沿有效，为使电平匹配，所以在 EOC 和 $\overline{INT1}$ 之间使用反相器进行电平转换。

4. ADC0809 应用设计举例

【例 10-1】 用图 10-2 与某一个数据采集控制系统相接，采用中断方式巡回检测一遍 8 路模拟量输入，并将采集的数据依次存入片外数据存储器 A0H～A7H 单元，试编写初始化程序和中断服务程序。

解 (1) 初始化程序：

```
        ORG     0000H
        SJMP    STAR
        ORG     0013H
        AJMP    INTR1
STAR:   MOV     R0,#0A0H        ; 片外 RAM 的首地址
        MOV     R2,#08H         ; 8 路通道计数
        SETB    IT1             ; INT1为边沿触发
        SETB    EA              ; CPU 开中断
        SETB    EX1             ; 开外部中断 1
        MOV     DPTR,#0FEF8H    ; 指向 0809 的 IN0 通道
READ1:  MOVX    @DPTR,A         ; 启动 A/D
        SETB    2FH             ; 2FH 为一路转换的标志位
HERE:   JB      2FH,HERE        ; 判断标志位 2FH 是否为 1，是则等待；不是则顺
                                ; 序执行
        DJNZ    R2,READ1        ; 8 路未采样完继续
          ⋮
```

(2) 中断服务程序：

```
INTR1:  PUSH    PSW
        MOVX    A,@DPTR     ; 读取转换数据
```

```
MOVX    @R0,A       ; 存入片外 RAM
INC     DPTR        ; 更新通道
INC     R0          ; 更新 RAM 单元
CLR     2FH
POP     PSW
RETI
```

三、并行 A/D 转换器 AD574A

1. AD574A 的结构及引脚

AD574A 是一种应用范围较广的高性能 12 位逐次逼近式 A/D 转换器，片内具有三态缓冲输出电路，可直接与微机总线相连接。其内部结构如图 10-3 所示。

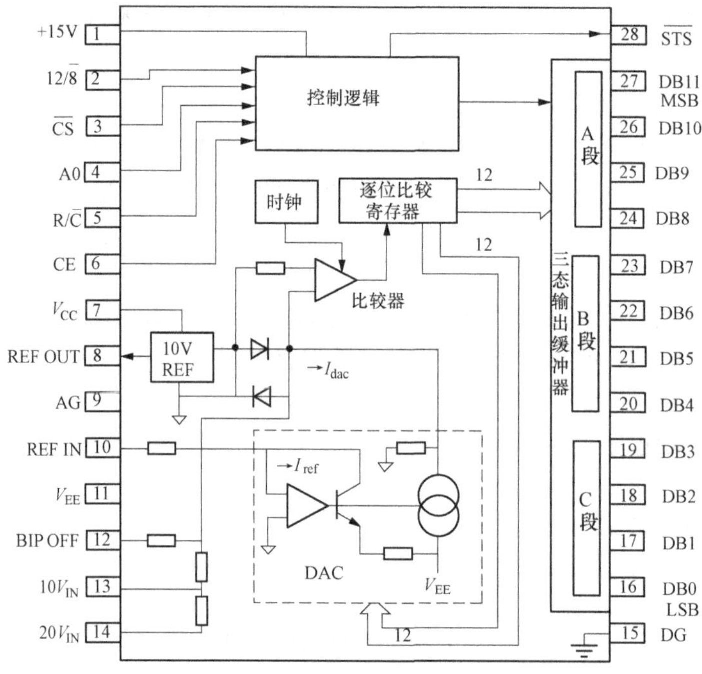

图 10-3 AD574A 内部结构图

AD574A 由两大部分构成：一部分是带参考电压、精确为 12 位的数/模转换器；另一部分包括比较器、逐次逼近寄存器、时钟电路、输出缓冲器和控制电路。

AD574A 为 28 引脚双列直插式封装芯片。其引脚有 12 根数据线，有 20V 和 10V 两挡模拟电压输入端，基准电压的输入、输出端，转换结束 $\overline{STS}$，状态输出和 5 位控制信号输入端，其控制信号的组合功能见表 10-1。

表 10-1 AD574A 控制信号功能表

CE 片允许	$\overline{CS}$ 片选	R/$\overline{C}$ 读/启动	12/$\overline{8}$ 输出数据位数	A0 转换长度	功 能
0	×	×	×	×	不起作用
×	1	×	×	×	不起作用

续表

CE 片允许	$\overline{CS}$ 片选	R/$\overline{C}$ 读/启动	12/$\overline{8}$ 输出数据位数	A0 转换长度	功　能
1	0	0	×	0	启动 12 位转换
1	0	0	×	1	启动 8 位转换
1	0	1	接+5V	×	12 位数据并行输出
1	0	1	接地	0	高 8 位数据输出
1	0	1	接地	1	低 4 位数据输出，尾随 4 个 0

注　×表示任意。

2. AD574A 与单片机的接口电路

如图 10-4 所示是 AD574A 与单片机的接口电路图。图 10-4 中 AD574A 的转换结束信号 $\overline{STS}$ 与单片机的 $\overline{INT1}$ (P3.3)相连，可作为中断申请信号，也可作为状态查询信号。

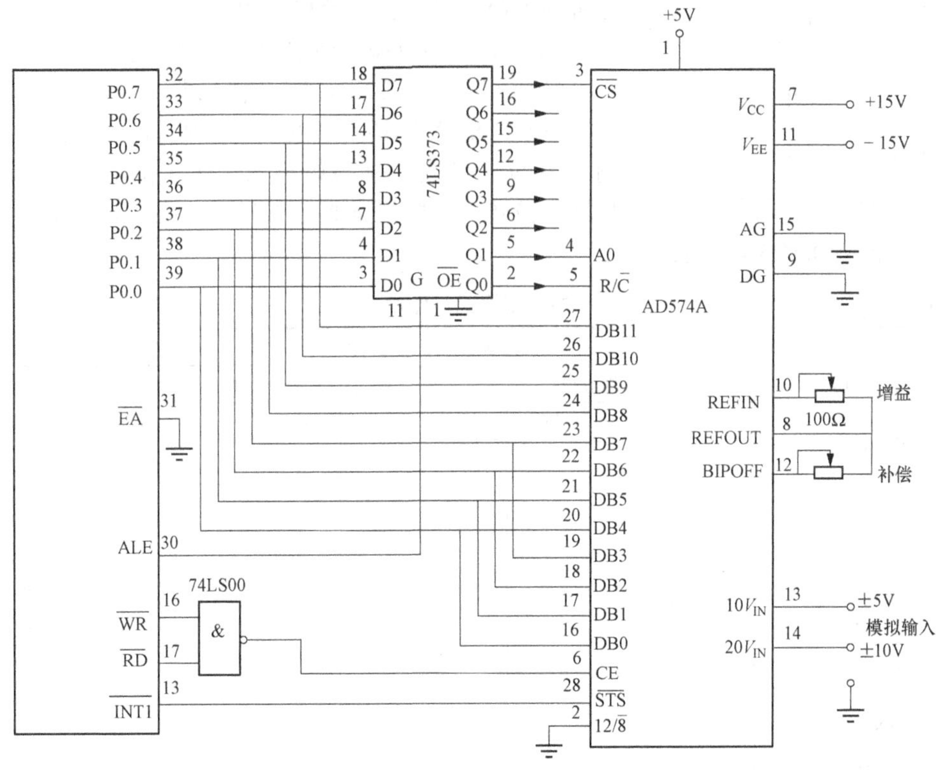

图 10-4　AD574A 与单片机的接口电路

3. 转换程序设计

按如图 10-4 所示的接口电路，采用程序查询方式进行数据采集的程序如下：

```
START:MOV    R1,#60H         ; 数据缓冲区首地址
      MOV    DPTR,#0FF00H    ; A/D 的控制口地址，A0=0,R/C=0
      MOVX   @DPTR,A         ; 启动 A/D
LP:   JB     P3.3,LP         ; 等待 A/D 转换结束
      MOV    DPTR,#0FF01H    ; A/D 高 8 位数据口地址 A0=0,R/C=1
      MOVX   A,@DPTR         ; 读高 8 位数据
```

```
MOV     @R1,A           ; 存入片内 RAM
INC     R1
MOV     DPTR,#0FF03H    ; 低 4 位数据口地址 A0=1,R/C̄=1
MOVX    A,@DPTR         ; 读低 4 位数据
MOV     @R1,A           ; 存入片内 RAM
        ⋮
```

四、串行 A/D 转换器 TLC2543

1. TLC2543 的功能与引脚

TLC2543 是 TI 公司的 12 位串行 A/D 转换器，转换时间小于 10μs，片内还设有采样保持电路。器件的基准电压由外电路提供，使用开关电容逐次逼近技术完成 A/D 转换过程。由于是串行输入结构，能够节省 80C51 系列单片机的 I/O 资源，而且价格适中。

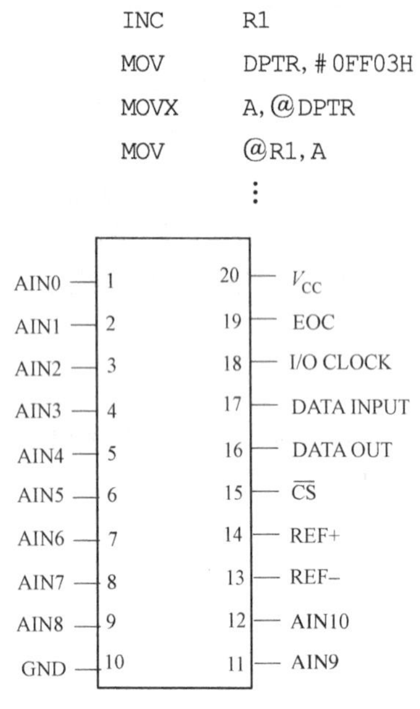

图 10-5 TLC2543 的引脚排列

TLC2543 的引脚排列如图 10-5 所示。

(1) AIN0～AIN10，模拟输入端。

(2) DATA INPUT，串行 8 位控制字输入端。8 位控制字以 MSB 为前导从该端输入。前 4 位串行数据用来选择即将被转换的模拟量通道或测试电压；后 4 位用于选择输出数据的长度和格式，见表 10-2。

表 10-2　　控制字格式与作用

功能选择	输入数据字节								备注
	地址位				L1	L0	LSBF	BIP	D7=MSB
	D7	D6	D5	D4	D3	D2	D1	D0	D0=LSB
AIN0	0	0	0	0					选择输入通道选择
AIN1	0	0	0	1					
AIN2	0	0	1	0					
AIN3	0	0	1	1					
AIN4	0	1	0	0					
AIN5	0	1	0	1					
AIN6	0	1	1	0					
AIN7	0	1	1	1					
AIN8	1	0	0	0					
AIN9	1	0	0	1					
AIN10	1	0	1	0					
REF+与 REF−差模	1	0	1	1					内部测试
REF−单端	1	1	0	0					
REF+单端	1	1	0	1					
软件断电	1	1	1	0					
输出 8 位					0	1			输出数据长度
输出 12 位					×	0			
输出 16 位					1	1			
MSB（高位）先出							0		输出数据格式
LSB（低位）先出							1		
单极性（二进制）								0	输出方式极性
双极性（2 的补码）								1	

(3) DATA OUT，A/D 转换结果的三态串行输出端。

(4) EOC，转换结束端，输出。在 I/O 周期的最后一个 I/O CLOCK 下降沿后，EOC 由高电平变为低电平，并保持低电平直至转换结束。

(5) I/O CLOCK，I/O 时钟。在 I/O CLOCK 的前 8 个上升沿，将 8 位控制字移入输入寄存器，其中前 4 位为模拟通道地址；从第 4 个 I/O CLOCK 的下降沿开始，对所选择通道的信号进行采样，直到最后一个 I/O 周期 I/O CLOCK 脉冲下降沿使 EOC 变低，并开始 A/D 转换。

(6) REF+，正基准电压端；REF−，负基准电压端。

(7) $\overline{CS}$；片选端。当 $\overline{CS}$ 为高电平时，DATA OUT 呈高阻状态；当 $\overline{CS}$ 为低电平时，选中该芯片。$\overline{CS}$ 不仅仅是选通信号，而且还充当启停信号，当 $\overline{CS}$ 从高电平向低电平跳变时(下降沿)，表示操作开始，接下来每一个 I/O CLOCK 脉冲代表一个有效位。当 $\overline{CS}$ 从低电平向高电平跳变时（上升沿），表示操作结束。

(8) V_{CC}、GND，电源端。

2. TLC2543 的主要性能指标

(1) 12 位分辨率 A/D 转换器。

(2) 在工作温度范围内 10μs 的转换时间。

(3) 11 个模拟输入通道。

(4) 3 路内置自测试方式。

(5) 采样率为 66Kbit/s。

(6) 线性误差+1LSB（max)。

(7) 具有转换结束（EOC）输出。

(8) 具有单、双极性输出。

(9) 可编程的 MSB 或 LSB 前导。

(10) 可编程的输出数据长度。

3. TLC2543 的工作过程

TCC2543 的输出数据长度有 8、12 位和 16 位，但常用的是 12 位数据长度。现以 12 位数据长度为例介绍其工作过程。

TLC2543 的工作过程分为两个周期：I/O 周期和实际转换周期，如图 10-6 所示。

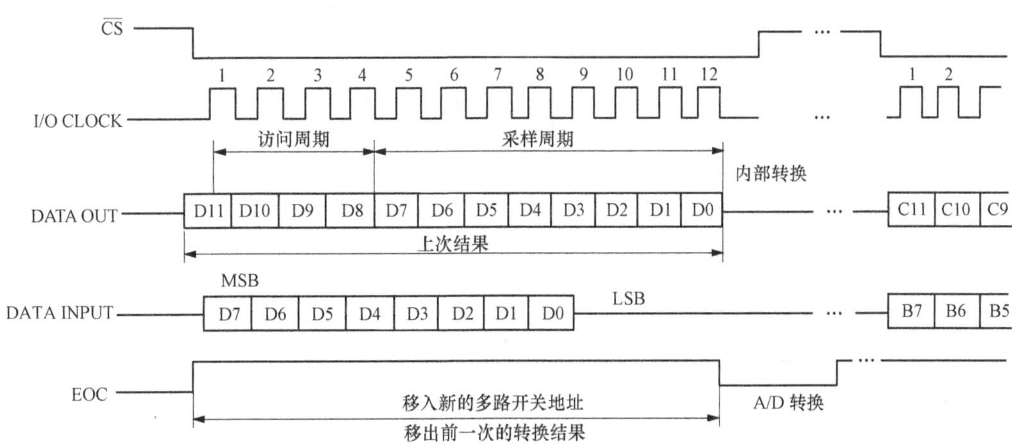

图 10-6　TLC2543 用 12 位时钟转送并以 MSB 为前导的时序

(1) I/O 周期（包含访问周期和采样周期）。当$\overline{\text{CS}}$由高变低才能开始一个 I/O 周期，这时 EOC 变为高，I/O CLOCK 和 DATA INPUT 有效，DATA OUT 脱离高阻状态，8 位输入寄存器被置零，输出寄存器的内容为上一次的转换结果。器件进入 I/O 周期后同时进行两种操作。

1）在 I/O CLOCK 的前 8 个脉冲的上升沿，以 MSB 前导方式从 DATA INPUT 端输入 8 位数据流到输入寄存器。其中前 4 位为模拟通道地址，控制 14 通道模拟多路器从 11 个模拟输入和 3 个内部自测电压中选通一路送到采样保持电路，该电路从第 4 个 I/O CLOCK 脉冲的下降沿开始，对所选信号进行采样，直到最后一个 I/O CLOCK 脉冲的下降沿。

I/O 周期的时钟脉冲个数与输出数据长度（位数）有关，输出数据长度由输入数据的 D3、D2 选择为 8、12 或 16 位。当工作于 12 或 16 位时，在前 8 个时钟脉冲之后，DATA INPUT 无效。

2）在 DATA OUT 端串行输出 12 位数据。当 $\overline{\text{CS}}$ 保持为低电平时，第一个数据出现在 EOC 的上升沿；若转换由 $\overline{\text{CS}}$ 控制，则第一个输出数据发生在 $\overline{\text{CS}}$ 的下降沿。这个数据串是前一次转换的结果，第一个输出数据位之后的每个后续位均由后续的 I/O CLOCK 脉冲下降沿输出。

(2) 实际转换周期。当 I/O CLOCK 最后一个脉冲的下降沿之后，EOC 变低，开始A/D 转换。转换完成后 EOC 再次变成高，并将转换结果存入输出寄存器，以便在下一个 I/O 周期输出。

在转换过程中使$\overline{\text{CS}}$为高电平，转换结束后若使$\overline{\text{CS}}$变为低电平，则在其下降沿启动一个新的 I/O 周期。

4. TLC2543 与单片机的接口电路

如图 10-7 所示是单片机与 TLC2543 的接口电路，TLC2543 的 5 条接口线可接到单片机的任何通用双向 I/O 口上。

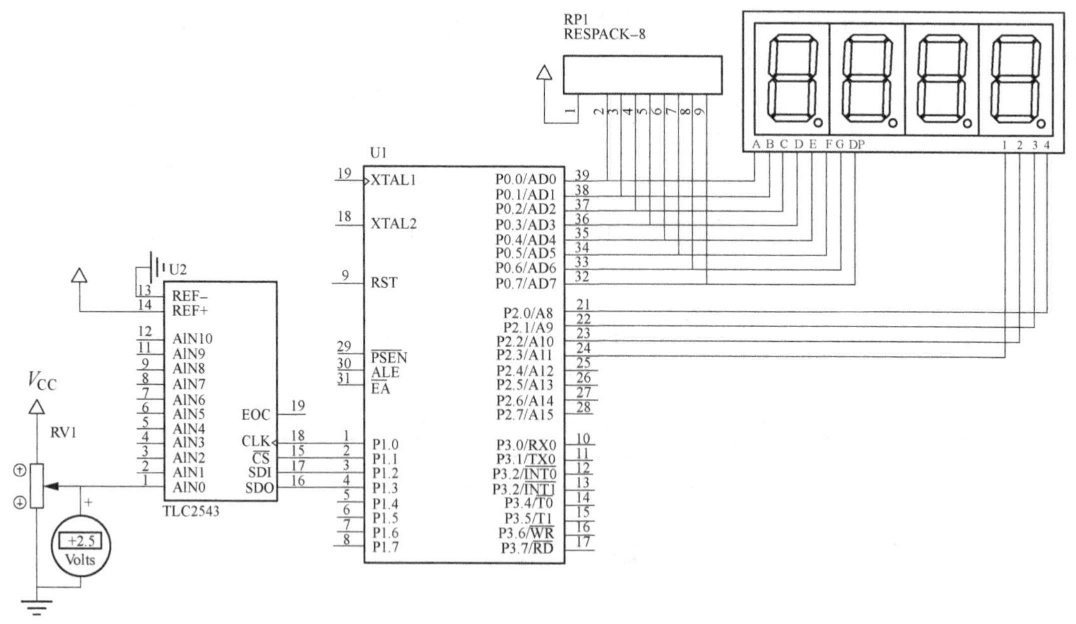

图 10-7 单片机与 TLC2543 的接口电路

【例 10-2】 按如图 10-7 所示电路，编写 C 语言程序实现：采集 0 号输入通道的模拟数据，并将采样结果输出显示。

解

```
#include  <reg52.h>
#include  <intrins.h>
#define uchar unsigned char
#define uint unsigned int
sbit clock= P1^0;
sbit _cs= P1^1;
sbit d_in= P1^2;
sbit d_out= P1^3;
uchar a1,b1,c1,d1;
float sum;
double sum_final1;
double sum_final;
uchar duan[]={0x3f,0x06,0x5b,0x4f,0x66,0x6d,0x7d,0x07,0x7f,0x6f};
uchar wei[]={0xf7,0xfb,0xfd,0xfe};

void delay(unsigned char b )                          //50μs 延时程序
 {
  unsigned char a;
  for (; b>0; b--)
  for (a=22; a>0; a--);
 }

void display(uchar a,uchar b,uchar c,uchar d )        //显示程序
 {
  P0= duan [a] | 0x80;                                //点亮最高位数码管的小数点位
  P2= wei[0];
  delay(5 );
  P2= 0xff;

  P0= duan[b];
  P2= wei[1];
  delay(5);
  P2= 0xff;

  P0= duan[c];
  P2= wei[2];
  delay(5 );
  P2= 0xff;

  P0= duan[d];
  P2= wei[3];
  delay(5 );
```

```
  P2= 0xff;
 }

uint read(uchar port )                    //TLC2543 子程序
 {
 uchar  i,al=0,ah=0;                      //al 为低 8 位转换结果，ah 为高 4 位转换结果
 unsigned long ad;                        //12 位的转换结果
 clock=0;
 _cs=0;
 port<<=4;                                //将模拟通道号移至高 4 位
 for(i=0; i<8; i++)                       //将控制字按位送入控制寄存器
      {
      d_in= port&0x80;
      clock=1;
      clock=0;
      port< < =1;
      }
 _cs=1;
 delay(5);
 _cs= 0;
 for(i= 0; i<4; i++)                      //高 4 位转换结果送入 ah
     {
      clock=1;
      ah<< =1;
      if(d_out ) ah| =0x01;
      clock=0;
     }
 for(i= 0; i< 8; i+ + )                   //低 8 位转换结果送入 al
     {
      clock=1;
      al<< =1;
      if(d_out ) al| =0x01;
      clock=0;
     }
 _cs=1;
 ad= (uint )ah;
 ad<< =8;
 ad| =al;
 return(ad );
}
void main()                               //主程序
{
sum=0;
sum _ final= 0;
sum _ final1= 0;
while (1 )
{
```

```
sum=read(0);
sum_final1=(sum/4095)*5;                    //标量转换
sum_final=sum_final1*1000;
a1=(int)sum_final/1000;
b1=(int)sum_final%1000/100;
c1=(int)sum_final%1000%100/10;
d1=(int)sum_final%10;
display(a1,b1,c1,d1);                       //调显示
}}
```

第二节　D/A 转换器及其接口技术

D/A 转换器的基本功能是将一个用二进制形式表示的数字量转换成相应的模拟量，为单片机在模拟环境中的应用提供一种数据转换接口。

在选择 D/A 转换器时，通常要考虑数字量的输入形式、是否有锁存器、数字量的位数、模拟量的输出形式、参考电源、转换速率等因素。

一、D/A 转换器的主要技术指标

1. 分辨率

分辨率（LSB）反映了输出模拟电压的最小变化量，通常用数字的位数来表示。对于 n 位的 D/A 转换器，其分辨率为满刻度的 $1/2^n$。如 $n=8$，则它可以反映满量程的 $1/2^8=1/256$ 的增量。

2. 精度

转换精度是指满量程时 D/A 转换器的实际模拟输出值和理论值的接近程度。转换精度和分辨率是两个不同的概念。对于 T 形电阻网络的 D/A 转换器，其转换精度与参考电压、电阻值和电子开关的误差有关。例如，满量程时理论输出值为 10V，实际输出值是 9.99～10.01V，其转换精度为 10mV。通常 D/A 转换器的转换精度为分辨率的一半，即为 LSB/2（LSB 是分辨率）。

3. 线性度

线性度是指 D/A 转换器实际转换的特性曲线和理想直线之间的最大偏差。通常，线性度不应超出±LSB/2。

除上述指标外，转换速率和温度灵敏度也是 D/A 转换器的重要技术参数。不过，因为它们影响都较小，通常情况下可以不考虑。

二、DAC0832 与单片机的接口及应用

1. DAC0832 的结构及引脚功能

（1）内部结构。DAC0832 主要由两个 8 位寄存器和 1 个 8 位 D/A 转换电路组成，D/A 转换电路采用 T 形解码网络，两个 8 位寄存器（输入寄存器和 DAC 寄存器）构成双缓冲结构，通过相应的控制信号可以使 DAC0832 工作于三种不同的方式。其引脚及内部结构如图 10-8 所示。

（2）引脚及功能。DAC0832 芯片为 20 引脚双列直插式封装，各引脚的功能如下：

1）数字量输入线（8 条）。数字量输入线 DI0～DI7 常和 CPU 数据总线相连，用于输入 CPU 送来的待转换数字量，DI7 为最高位，DI0 为最低位。

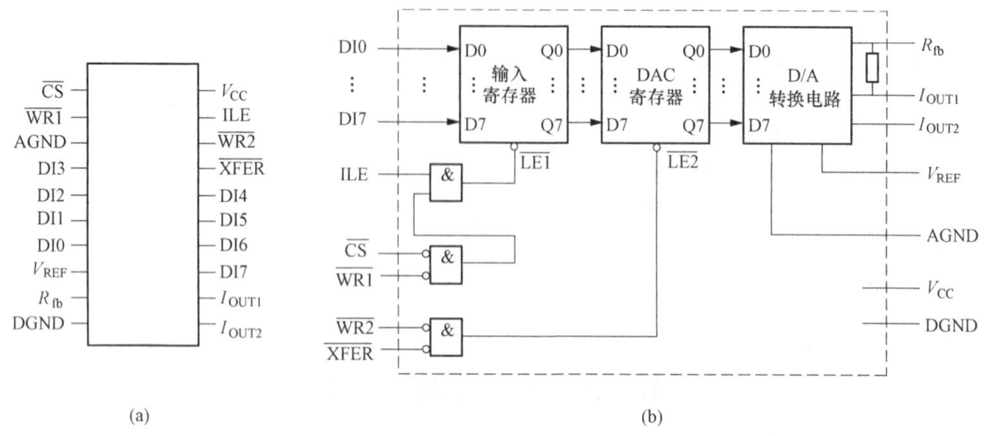

图 10-8 DAC0832 内部结构及引脚

(a) 引脚图；(b) 内部结构图

2）控制线（5 条）。

$\overline{CS}$ ：片选线，低电平有效。

$\overline{WR1}$ ：输入寄存器的写选通输入线，低电平有效（宽度应大于 500ns）。

ILE：数据锁存允许控制信号输入线，高电平有效。输入寄存器的锁存信号 $\overline{LE1}$ 由 $\overline{CS}$ 、$\overline{WR1}$ 和 ILE 的逻辑结合产生。当 $\overline{CS}$ =0、ILE=1、$\overline{WR1}$ =0 时，DI0～DI7 的数据被锁存至输入寄存器。

$\overline{XFER}$ ：传送控制信号输入线，低电平有效，可作为地址线用。

$\overline{WR2}$ ：DAC 寄存器写选通输入线，低电平有效（宽度应大于 500ns）。当 $\overline{XFER}$ =0、$\overline{WR2}$ =0 时，输入寄存器的内容传送至 DAC 寄存器中。

3）输出线（3 条）。

I_{OUT1}：电流输出 1，当输入数据为全“1”时，I_{OUT1}最大；为全“0”时，I_{OUT1}最小。

I_{OUT2}：电流输出 2，当输入数据为全“1”时，I_{OUT2}最小。

I_{OUT1}与 I_{OUT2}之和为一常数，通常接到运算放大器的输入端。

R_{fb}：运算放大器外接反馈电阻引线端，通常接到运算放大器输出端。

4）电源线（4 条）。

V_{CC}：芯片电源（数字电路电源）电压，其值为+5～+15V。

V_{REF}：基准电压输入线，其值为−10～+10V。

AGND：模拟地。为模拟信号和基准电源的参考地。

DGND：数字地。为工作电源地和数字逻辑地。

（3）DAC0832 的工作方式。DAC0832 利用 $\overline{WR1}$ 、$\overline{WR2}$ 、ILE、$\overline{XFER}$ 控制信号可以构成三种不同的工作方式。

1）直通方式。DAC0832 内部有两个用作数据缓冲的寄存器，分别受 $\overline{LE1}$ 和 $\overline{LE2}$ 控制。如果使 $\overline{LE1}$ 和 $\overline{LE2}$ 皆为高电平，则两个寄存器处在开放状态，数据可以从输入端经两个寄存器直接进入 D/A 转转电路。

2）单缓冲方式。单缓冲方式是指 DAC0832 内部的两个寄存器中的一个始终处于直通方式，另一个受单片机控制或两个寄存器受一组信号控制。DAC0832 单缓冲方式与单片机的接口电路如图 10-9 所示。

3）双缓冲方式。双缓冲方式是指 DAC0832 内部两个寄存器分别处于受控状态的工作方式。这种工作方式适用于多模拟信号同时输出的应用场合。CPU 必须通过 $\overline{\text{LE1}}$ 锁存待转换的数字量，通过 $\overline{\text{LE2}}$ 启动 D/A 转换（见图 10-10）。因此，在双缓冲方式下，CPU 应为每个 DAC0832 提供两个 I/O 端口。

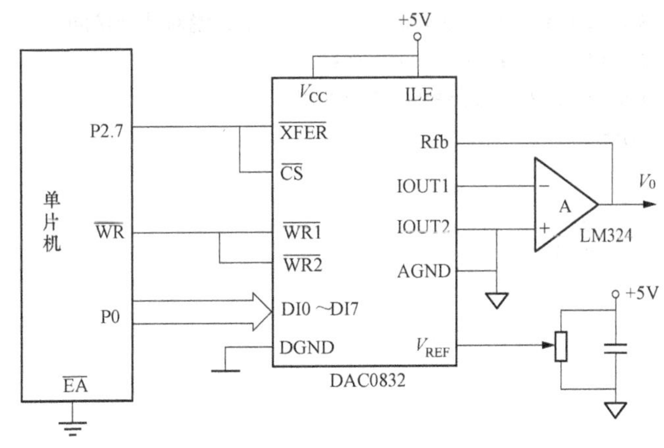

图 10-9　DAC0832 单缓冲方式与单片机的接口电路

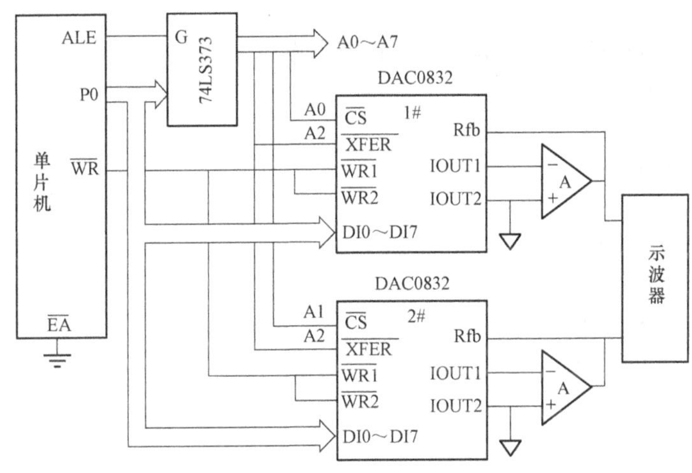

图 10-10　DAC0832 双缓冲方式与单片机的接口电路

（4）DAC0832 单缓冲方式应用。单缓冲方式适用于一路模拟量输出或几路模拟量非同步输出的应用场合。它与单片机的接口电路如图 10-9 所示。DAC0832 的地址为：0××× ×××× ×××× ××××B。

采用图 10-9 所示的电路编写不同的转换程序可以产生各种不同的输出波形。图 10-9 中 DAC0832 的地址取 7FFFH。

【例 10-3】 利用 DAC0832 的单缓冲方式产生锯齿波。

解　（1）汇编程序：

```
START:  MOV     DPTR,#7FFFH         ; 选中 DAC0832
        MOV     A,#00H
LP:     MOVX    @DPTR,A             ; 转换数据送 0832
        INC     A                   ; 数据加 1
        SJMP    LP
```

若要改变锯齿波的频率，可在 SJMP LP 指令前插入延时程序。

（2）C51 程序：

```
#include  <reg51.h>
```

```
#include  <absacc.h>            //定义绝对地址访问
#define uchar unsigned char
#define DAC0832 XBYTE[0X7FFF]
void main( )
{
    uchar i;
    while(1 )
    {
    for(i= 0; i<= 255; i++ )
    {
        DAC0832= i;
    }
    }
}
```

【例 10-4】 利用 DAC0832 的单缓冲方式产生方波。

解 (1) 汇编程序：

```
        ORG     1000H
START:  MOV     DPTR,#7FFFH
LP:     MOV     A,#0
        MOVX    @DPTR,A
        ACALL   DELAY
        MOV     A,# 0FFH
        MOVX    @DPTR,A
        SJMP    LP
DELAY:
        ⋮
        END
```

(2) C51 程序：

```
#include  <reg51.h>
#include  <absacc.h>            //定义绝对地址访问
#define uint unsigned int
#define DAC0832 XBYTE[0X7FFF]
void delay( )
{ uint i;
for(i= 0; i<= 30000; i++ )
{
;
}
}
void main( )
{
while(1 )
{
```

```
    DAC0832= 0;
    delay( );
    DAC0832= 0xFF;
    delay( );
  }
}
```

（5）DAC0832 双缓冲方式应用。双缓冲方式适用于多路模拟量同时输出的应用场合，此情况下每一路模拟量输出需要一片 DAC0832 才能构成同步输出系统。

在图 10-10 中，两片 DAC0832 的输入寄存器分别由两个不同的片选信号区分开，即首先将两路数据由不同的片选（A0、A1）分别打入对应的 DAC0832 的输入寄存器；而两片 DAC0832 的 DAC 寄存器传送的控制信号 $\overline{\text{XFER}}$ 同时由 A2 控制，所以当选通 DAC 寄存器时，各自输入寄存器中的数据可以同时进入各自的 DAC 寄存器中，以达到同时转换、同步输出的目的。图 10-10 中，1＃ DAC0832 和 2＃ DAC0832 的输入寄存器的地址分别为 00FEH 和 00FDH，DAC 寄存器的地址为 00FBH。其转换程序如下：

```
MOV     DPTR,#00FEH
MOV     A,#DATA1          ; 数据写入 1# DAC0832 的输入寄存器
MOVX    @DPTR,A
MOV     DPTR,#00FDH
MOV     A,#DATA2          ; 数据写入 2# DAC0832 的输入寄存器
MOVX    @DPTR,A
MOV     DPTR,#00FBH       ; 选通 DAC0832 DAC 寄存器
MOVX    @DPTR,A
```

三、AD7520 接口及应用

AD7520 是一种价廉、功耗低、片内不带数据缓冲器的 10 位 D/A 转换器，其内部是由 CMOS 电子开关和 T 形电阻网络构成，结构简单，通用性好，配置灵活，具有 10 位分辨率。

1. AD7520 的引脚功能

如图 10-11（a）、（b）所示，分别为 AD7520 的引脚和单极性输出电路图。

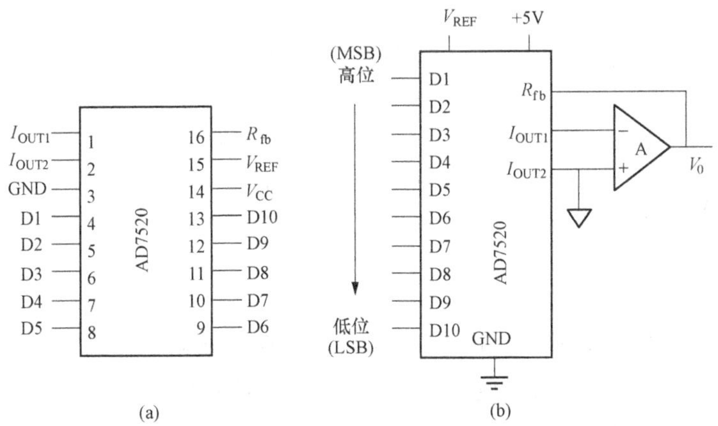

图 10-11　AD7520 的引脚及输出电路

（a）引脚图；（b）单极性输出电路

（1）D1～D10：数据输入线，D1 为高位，D10 为低位。

(2) V_{CC}：芯片电源电压，其值为+5～+15V。

(3) V_{REF}：基准电压，其值为−10～+10V。

(4) R_{fb}：反馈电阻输入端。

(5) I_{OUT1}、I_{OUT2}：两路电流输出端。

(6) GND：数字地。

由于 AD7520 是电流输出，通常要外接运算放大器以转换成电压输出。

2. AD7520 的一级缓冲接口及应用

如图 10-12 所示是 AD7520 与 51 系列单片机的一种接法。因为 AD7520 片内无数据缓冲器，所以需要扩展两个 I/O 口。74LS377 是 8D 锁存器，由 P2.6 选通，地址为 0BFFFH；74LS74 是双 D 锁存器，由 P2.7 选通，地址为 7FFFH。两个锁存器用于锁存 10 位待转换的数据。因为 51 系列单片机的数据线为 8 位，所以 10 位数据需分两次输出，先送高 2 位到 74LS74 中，后送低 8 位到 74LS377 中。

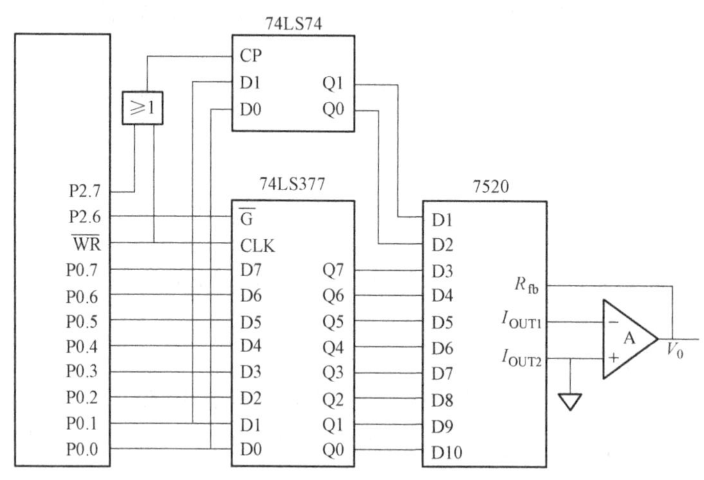

图 10-12 AD7520 与单片机一级缓冲接口电路

输出转换子程序为：

```
MOV    DPTR,#7FFFH    ; 指向高 2 位锁存器
MOV    A,#DATAH       ; 输出高 2 位数据
MOVX   @DPTR,A
MOV    DPTR,#0BFFFH   ; 指向低 8 位锁存器
MOV    A,#DATAL       ; 输出低 8 位数据
MOVX   @DPTR,A
RET
```

用这种方法进行 D/A 转换时，由于 10 位数据分两次输出，输出电压会产生毛刺现象。而在某些应用场合必须避免这种毛刺，这时可采用双缓冲结构的接口电路。

3. AD7520 双缓冲接口及应用

如图 10-13 所示为 AD7520 的双缓冲结构。在该结构中，10 位数据也是分两次输出，但 10 位数据能同时进入 AD7520 中进行转换。

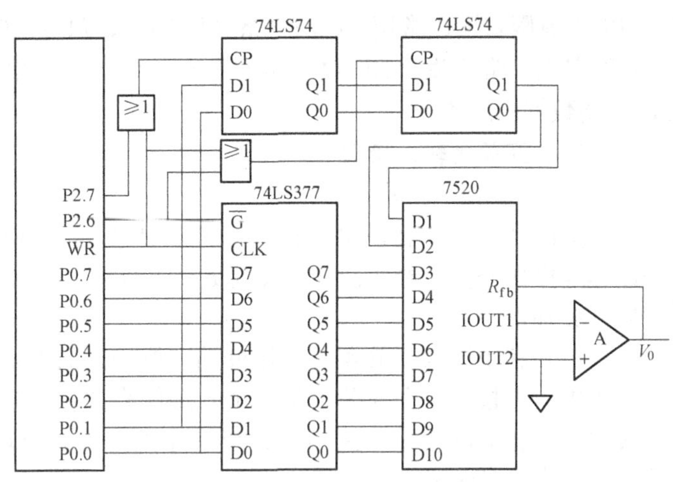

图 10-13　AD7520 与单片机双缓冲电路

其输出转换子程序为：

```
MOV    DPTR,#7FFFH
MOV    A,#DATAH        ; 高 2 位数据送第一级缓冲器 74LS74 中
MOVX   @DPTR,A
MOV    DPTR,#0BFFFH
MOV    A,#DATAL        ; 低 8 位数据送 74LS377，高 2 位数据也同时送至
MOVX   @DPTR,A         ; 第二级缓冲器 74LS74 中
RET
```

第三节　开关量接口技术

在单片机工业测控技术中，经常要用到开关量的输入、输出。开关量的输入与输出从原理上来讲十分简单，CPU 只要对输入信息分析是“1”还是“0”，即可知开关是合上还是断开。因此如果控制某个执行器的工作状态，只需送出“0”或“1”，即可由执行机构执行。但是由于工业现场存在电、磁、振动、温度等各种干扰因素，且各类执行器所要求的开关电压量级及功率不同，所以在接口电路中需增加各种缓冲、隔离与驱动措施，并且相应地使用不同的元器件。

一、通道的隔离

在单片机应用系统中，为防止现场强电磁的干扰和工频电压通过通道窜入测控系统，保障系统工作稳定可靠，一般采用通道隔离技术，把单片机系统与干扰源隔开。通道的隔离常用光电耦合器来实现，光耦合器是以光作为媒介来传输信号的器件，它把一个发光二极管和一个光敏三极管封装在一个管壳内，发光二极管作为输入电路，加上正向输入电压信号（>1.1V）即发光，光信号作用在光敏三极管基极，产生基极光电流，使三极管导通，输出电信号（见图 10-14）。

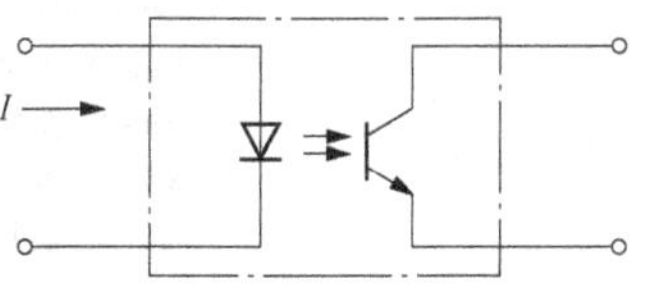

图 10-14　三极管输出光电耦合器

光电耦合器的输入侧都是发光二极管，但是输出侧有多种结构，如光敏三极管、达林顿型晶体管、TTL 逻辑电平以及光敏晶闸管等。光电耦合器二极管侧可直接用门电路驱动，

由于一般的门电路驱动能力有限，所以常用 OC 门电路（如 7406、7407）驱动光电耦合器。

一个光电耦合器只能完成一路开关量的隔离，如果将 8 个或 16 个光电耦合器一起使用，就能实现 8 路数据或 16 路数据的隔离。

图 10-15　4 位拨码开关外形图

二、开关量输入接口

1. 拨码开关与单片机的接口

拨码开关可将高电平或低电平经单片机的 I/O 口输入到单片机，以实现操作分挡、参数设定等人机交互的功能。图 10-15 所示为 4 位拨码开关外形图。

（1）利用拨码开关实现操作分挡。拨码开关在实现硬件操作分挡应用中，可根据 4 个开关中某一个开关闭合并使相应口线为低电平而转去执行相应的程序。拨码开关与单片机的接口原理图如图 10-16 所示。拨码开关实现操作分挡的汇编程序如下：

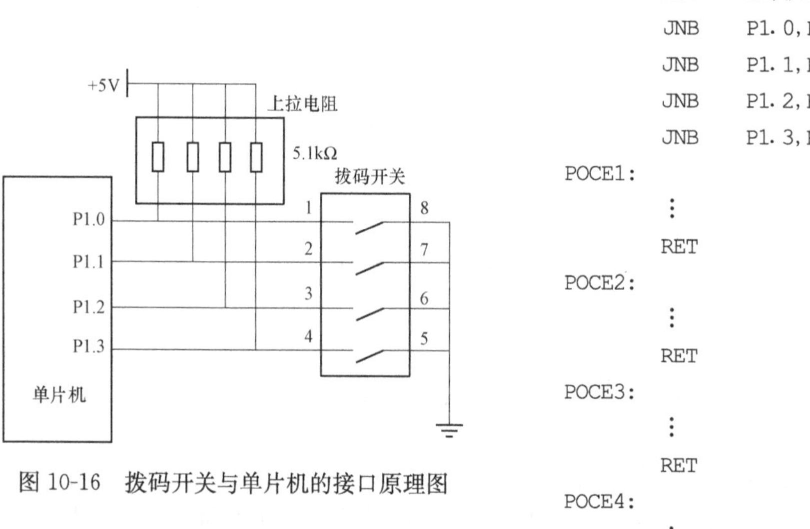

图 10-16　拨码开关与单片机的接口原理图

```
        MOV     P1,#0FH
        JNB     P1.0,POCE1
        JNB     P1.1,POCE2
        JNB     P1.2,POCE3
        JNB     P1.3,POCE4
POCE1:
        ⋮
        RET
POCE2:
        ⋮
        RET
POCE3:
        ⋮
        RET
POCE4:
        ⋮
        RET
```

（2）利用拨码开关实现参数设定。拨码开关还可以实现硬件参数设定，常见的是 BCD 码拨盘开关。按动正面的拨盘，可设定一个十进制数（在开关正面将显示该数），并转换成 BCD 码输入计算机。每片拨盘可代表一位十进制数，需要几位十进制数可选择几片 BCD 码拨盘拼接，如 4 片 BCD 拨码盘拼接可得 4 位十进制输入拨码组。如图 10-17 所示，每个 BCD 拨码盘后面有 5 个接点，其中 A 为输入控制线，另外 4 根是 BCD 码输出信号线。拨盘拨到不同的位置时，输入控制线 A 分别与 4 根 BCD 码输出线中的某一根或某几根接通。其接通的 BCD 码输出线状态正好与拨盘指示的十进制数相一致，符合二—十进制编码关系，例如拨置数字 5，则 8、4、2、1 脚输出数字编码为 0101，其他情况依此类推。

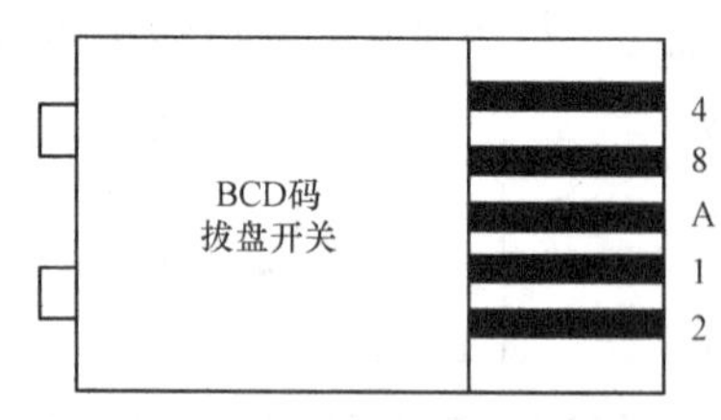

图 10-17　BCD 码拨盘开关

当然也可反过来接，即引脚 A 接低电平，8、4、2、1 四个引脚原来是高电平，这样得到的是与十进制数相当的 BCD 码的反码。将所得的码取反后同样可得到正确的 BCD 码。

【例 10-5】 通过拨盘开关将两位十进制数置入单片机，其十位数与个位数读入后将分别暂存于片内 RAM 的 31H、30H 单元（硬件连接图见图 10-18）。

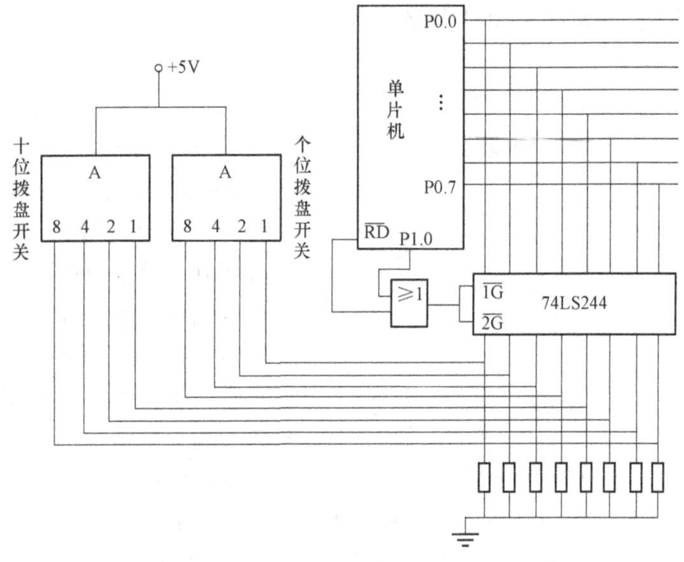

图 10-18　拨盘开关应用示例

解

```
BCD:  CLR    P1.0      ; 准备选通和读入两位 BCD 码
      MOVX   A,@R0     ; 产生 RD 信号，自 P0 口读入两位 BCD 码
      ANL    A,#0FH    ; 取个位数
      MOV    30H,A     ; 存入片内 RAM 30H 单元
      MOVX   A,@R0     ; 重读两位 BCD 码
      ANL    A,#0F0H   ; 取十位数
      SWAP   A         ; 调整到低半字节
      MOV    31H,A     ; 存入片内 RAM31H 单元
      RET
```

2. 行程开关等开关类器件与单片机的接口

行程开关或继电器的动合触点与单片机的接口电路如图 10-19 所示。由于这些器件一般连接在高电压、大电流的回路中，为了屏蔽干扰，它们常通过光耦器件与单片机连接。当触点 S 闭合时，光耦的发光二极管因通入电流而发光，使右侧光敏晶体管导通，从而向单片机 I/O 引脚输入高电平；反之，则输入低电平。利用该接口电路可以采集输入按钮开关、行程开关、光电开关和继电器触点的状态信息。

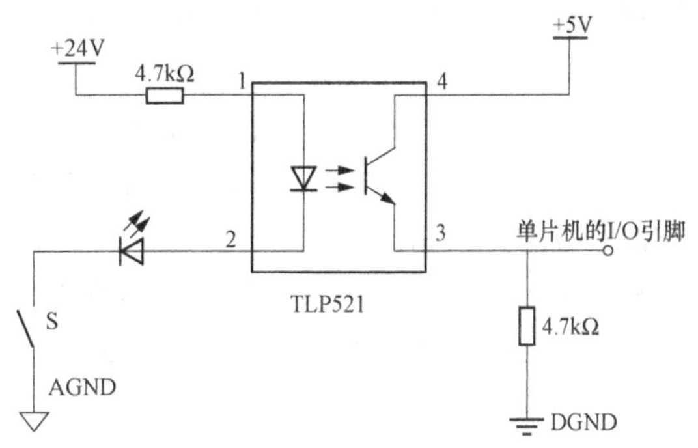

图 10-19　行程开关的动合触点与单片机的接口电路

三、开关量输出接口

开关量是通过单片机的 I/O 接口或扩展的 I/O 接口输出的，以控制外部对象处于“开”或“关”的状态。在外部设备进行控制时，控制状态一般需要保持到下一个新状态值给出为

止，所以一般需要增加锁存器（如 74LS273 等）。另外，由于锁存器的驱动能力有限，一般不足以驱动外部设备，因此，经常需要在锁存器后配接具有足够驱动能力的输出驱动电路。下面介绍几种常用的开关量输出驱动电路。

1. 继电器输出接口

继电器方式的开关量输出是目前最常用的一种输出方式，一般在驱动大型设备时，往往利用继电器作为测控系统输出到输出驱动级之间的第一级执行机构。通过第一级继电器输出，可完成从低压到高压的过渡。如图 10-20 所示，在经光电耦合器光电隔离后，直流部分给继电器控制线圈供电，而其输出触点则可直接与 220V 市电相接。由于继电器的控制线圈有一定的电感，在关断瞬间会产生较大的反电动势。因此在继电器的线圈上常常反向并联一个二极管用于电感反向放电，以保护驱动晶体管不被击穿。不同的继电器允许的驱动电流也不一样。对于需要较大驱动电流的继电器，也可以采用输出为达林顿型晶体管的光电耦合器直接驱动；或在光电耦合器与继电器之间再加一级三极管驱动。

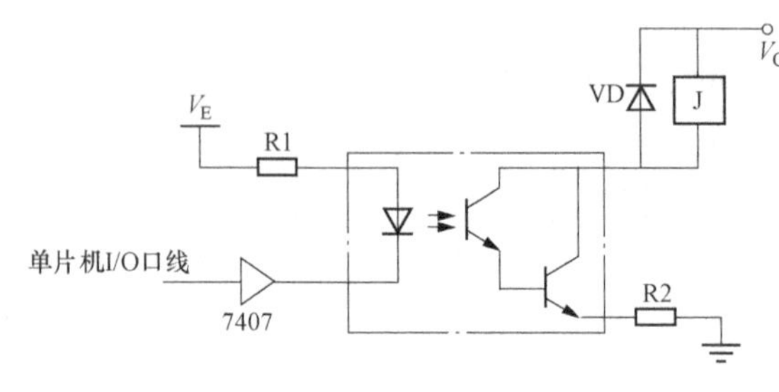

图 10-20 继电器输出接口

2. 双向晶闸管输出接口

双向晶闸管具有双向导通功能，能在交流、大电流场合使用，且开关无触点，因此在工业控制领域有着极为广泛的应用。传统的双向晶闸管隔离驱动电路的设计，是采用一般的光电隔离器和三极管驱动电路。现在已有与之配套的光电隔离器产品，这种器件被称为光电耦合双向晶闸管驱动器。与一般的光电耦合器不同，其输出部分是一个硅光敏双向晶闸管，有的还带有过零触发检测器，以保证在电压接近 0V 时触发晶闸管（如 MOC3000 系列）。图 10-21 为 MOC3041 与双向晶闸管的接线图。用 MOC3000 系列光电耦合器直接驱动双向晶闸管，大大简化了传统的晶闸管隔离驱动电路的设计。

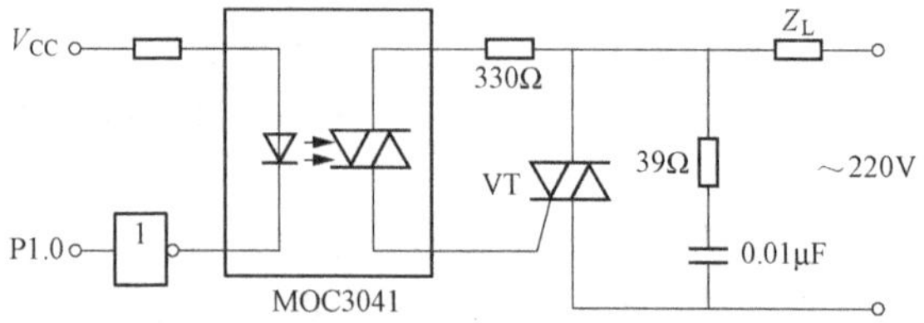

图 10-21 双向晶闸管输出驱动电路

固态继电器（SSR）输入控制电流小，用 TTL、HTL、CMOS 等集成电路或加简单的辅助电路就可直接驱动，因此适宜在微机测控系统中作为输出通道的控制元件；其输出利用晶体管或晶闸管驱动，无触点。与普通的电磁式继电器和磁力开关相比，固态继电器具有无机械噪声、无抖动和回跳、开关速度快、体积小、质量轻、寿命长、工作可靠等特点，并且耐冲力、抗潮湿、抗腐蚀，因此在微机测控等领域中，已逐步取代传统的电磁式继电器和磁力开关作为开关量输出控制元件。

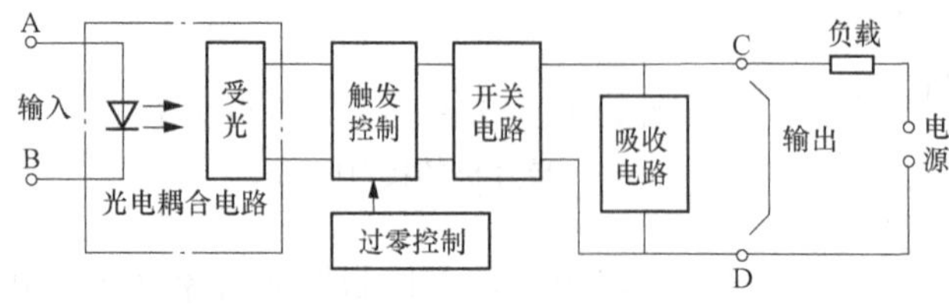

图 10-22 固态继电器 SSR 结构图

如图 10-22 所示是固态继电器的结构框图。它由光电耦合电路、触发电路、开关电路、过零控制电路和吸收电路 5 部分构成。这 5 部分被封装在一个外壳内，成为一个整体，外面有 4 个引脚（见图 10-22 中的 A、B、C、D）。如果是过零型 SSR 则包括“过零控制电路”部分，而非过零型 SSR 没有这部分电路。

固态继电器按其负载类型分类，可分为直流型和交流型两类。

（1）直流型固态继电器。直流型固态继电器主要用于直流大功率控制场合。其输入端为一个光电耦合电路，因此可用 OC 门或晶体管直接驱动，驱动电流为 3～30mA，输入电压为 5～30V，因此在电路设计时可选用适当的电压和限流电阻 R。其输出端为晶体管输出，输出电压为 30～180V。直流型固态继电器典型接口电路如图 10-23 所示，图 10-23 中为感性负载，二极管 VD 用于防止因 DC-SSR 突然截止所引起的高电压。

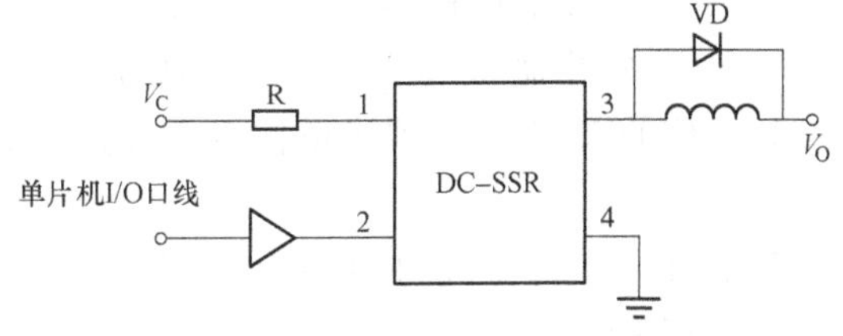

图 10-23　直流型 SSR 接口电路

（2）交流型固态继电器。交流型固态继电器又分为非过零型和过零型，二者都是以双向晶闸管作为开关器件，用于交流大功率驱动场合。对于非过零型 SSR，在输入信号时，不管负载电源电压相位如何，负载端立即导通；而过零型 SSR 必须在负载电源电压接近 0 且输入控制信号有效时，输出端负载电源才导通，这就抑制了射频干扰。当输入端的控制电压撤消后，流过双向晶闸管负载电流为 0 时才关断。如图 10-24 所示为交流型固态继电器的控制波形图。

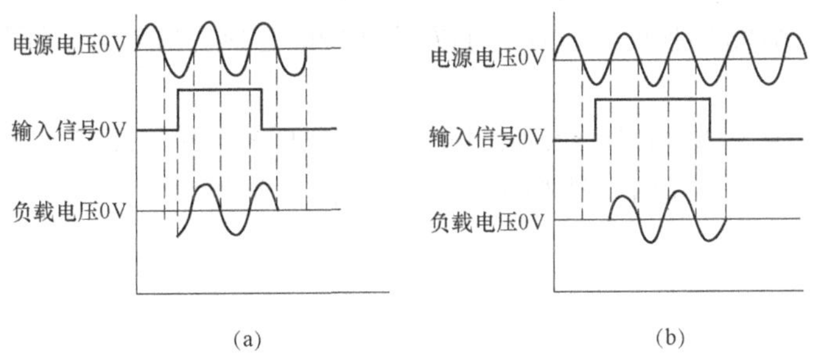

图 10-24　交流型固态继电器控制波形

（a）非过零型；（b）过零型

对于交流型 SSR，其输入电压为 3～32V，输入电流为 3～32mA，输出工作电压为交流 140～400V。交流型 SSR 的基本控制方式的接口电路如图 10-25 所示，除此之外还有 TTL 逻辑控制方式、CMOS 和晶体管控制方式，具体使用方法请查阅相关资料。

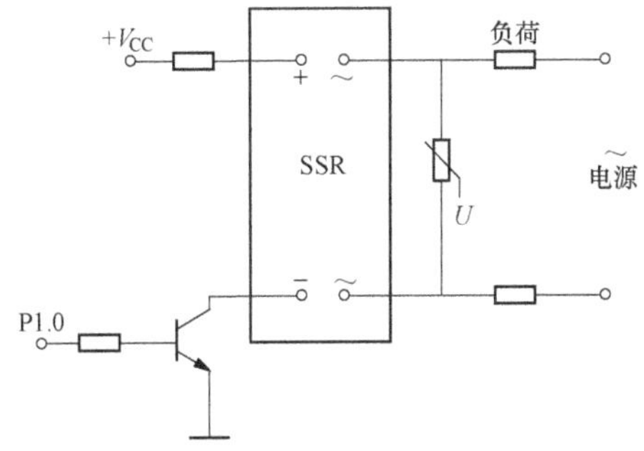

图 10-25　交流型 SSR 的基本控制方式的接口电路

习 题

一、填空题

1. A/D 转换器的主要技术指标有________、________、________、________和________。

2. A/D 转换器按转换原理形式可分为________式、________式和________式。

3. A/D 转换器 0809 是________类型的 A/D 转换器。

4. 8 位的 D/A 转换器满量程电压分辨能力为________，满量程电压为 5V 的分辨率为________V。

5. 使用双缓冲方式的 D/A 转换器，可实现多路模拟信号的________输出。

二、简答题

1. 在什么情况下，A/D 转换器前应引入采样保持器？

2. A/D 转换器的分辨率如何表示？它与精度有何不同？

3. 判断 A/D 转换结束与否一般可采用几种方式？每种方式有何特点？

4. D/A 转换器的主要技术指标有哪些？分辨率是如何定义的？参考电压的作用是什么？

5. D/A 转换器由哪几部分组成？各部分的作用是什么？

6. 试述 DAC0832 芯片的输入寄存器和 DAC 寄存器二级缓冲的优点。

7. 单片机控制 ADC 转换时，程序查询方式与中断控制方式有什么不同？各自的优缺点是什么？

8. 写出图 9-27 中 ADC0809 的 IN0、IN1、IN2、IN3、IN4、IN5、IN6、IN7 8 个通道的地址（C、B、A 位为 000 时，选择 IN0 通道，依此类推，C、B、A 位为 111 时，选择 IN7 通道）。

第十一章 单片机应用系统的设计

本章主要讲述了单片机应用系统设计过程、单片机应用系统的抗干扰设计及应用举例。

通过对本章的学习，应掌握和了解以下知识：

（1）了解单片机应用系统的设计与开发的全过程；

（2）掌握单片机系统的抗干扰原则、软件及硬件抗干扰技术。

目前，单片机以其独特优越的性能，在智能仪表、工业测控、数据采集、计算机通信等领域得到极为广泛的应用。设计者们根据不同任务，正在进行单片机应用系统的设计工作。在这一章我们将通过一个实例介绍单片机应用系统的组成、设计步骤、应用系统的软硬件设计和调试等，以便读者对单片机应用系统的研制过程有所了解。

第一节 单片机应用系统的设计概述

单片机应用系统是指以单片机为核心，配以一定的外围电路和软件，能实现某些功能的应用系统。它由硬件部分和软件部分组成。因此，单片机应用系统的设计应包括硬件设计和软件设计两大部分。为保证系统可靠工作，在软硬件的设计中，还要考虑系统的抗干扰能力，即设计过程中还包括系统的抗干扰设计。

一般来说，随着用途不同，应用系统的硬件和软件结构也不同，但是研制过程方法步骤基本上相同。具体步骤如下：

（1）分析题目的设计要求，并进行可行性调研与分析论证，确定设计方案；

（2）机型选择、软硬件任务划分；

（3）系统硬件、软件和抗干扰设计；

（4）系统的硬件与软件调试；

（5）印刷电路板及外形设计；

（6）系统组装与调试；

（7）固化应用程序，试运行。

一、确定设计方案

在进行具体设计之前，首先要进行可行性调研，目的是分析完成这个项目的可能性。可参考国内外有关资料，看是否有人进行过类似的工作。如果有，则了解一下有什么优点和缺点，有什么是值得借鉴的；如果没有，首先从理论上进行分析，探讨实现的可能性，所要求的客观条件是否具备（如环境、测试手段、仪器设备、资金等），然后结合实际情况，确定能否立项的问题。

在进行可行性调研、分析和论证后，如果可以立项，下一步工作是进行系统总体方案的设计。可以参考国内外同类产品的性能，根据系统的不同部分和要实现的功能，提出合理而可行的技术指标，编写出设计任务书，从而完成系统总体方案设计。

一旦总体方案确定下来，工作就进入项目实质性设计阶段，明确哪些部分用硬件来完成，哪些部分用软件来完成。因此系统的软硬件功能分配应根据系统的要求及实际情况而合理安排，统一考虑。在确定了软硬件功能的基础上，设计者的工作就开始涉及一系列的具体问题，如仪器的体积与具体技术指标相对应的硬件实现方案，软件的总体规划等。进一步确定人员分工、安排工作进度、规定接口参数后，就可以开始软硬件的具体设计工作。

二、应用系统的硬件设计

单片机应用系统的硬件设计包括两大部分内容：一是单片机系统扩展部分的设计，它包括存储器扩展和I/O接口扩展；二是各功能模块的设计，如信号测量功能模块、信号控制功能模块、人机对话功能模块、通信功能模块等，根据系统功能要求配置相应的A/D、D/A接口，键盘、显示器、打印机等外围设备。

在进行硬件的总体方案设计时，所涉及的具体电路可借鉴他人在这方面的工作，因为经过别人调试和考验过的电路往往具有一定的合理性。在此基础上，结合自己的设计题目进行一些修改，则是一种简便、快捷的方法。当然，完全照搬是不可能的，有些电路还需要自己设计。系统的硬件电路设计应注意以下几方面：

（1）尽可能选择标准化、模块化的典型电路，提高设计的成功率和结构的灵活性。

（2）在条件允许的情况下，尽可能选用功能强、集成度高的电路或芯片。因为采用这种器件可能代替某一部分电路，不仅元器件数量减少，而且接插件和相互连线也减少，可以使系统可靠性增强，而且成本往往比用多个元器件实现的电路要低。

（3）在对硬件系统总体结构考虑时，同样要注意通用性的问题。对于一个较复杂的系统，设计者往往希望将其模块化，然后采用一定的连接方式将其组合成一个完整的系统。在这种情况下，连接方式就显得非常重要，有时可选用通用接口方式，不少厂家已开发出适合于这些总线结构的接口板，如输入板、输出板、A/D板等。在必要的情况下，选用现成的模块板作为系统的一部分，尽管成本有些偏高，但会大大缩短研制周期，提高工作效率。当然，在有些特殊情况和小系统的场合，用户须自行设计接口，定义连线方式。此时要注意接口协议，一旦接口方式确定下来，各个模块的设计都应遵守该接口方式。

（4）在电路设计时，要充分考虑应用系统各部分的驱动能力。一些经验欠缺者往往忽视电路的驱动能力及时序问题，认为原理上通就行了，其实不然。因为不同的电路有不同的驱动能力，对后一级系统的输入阻抗要求也不一样。如果阻抗匹配不当，系统驱动能力不够，将导致系统工作不可靠甚至无法工作。因此，在电路设计时，要注意增加系统的驱动能力和减少系统的功耗。

（5）设计时应尽可能地采用最新的技术。因为电子技术发展迅速，器件更新换代很快，市场上不断推出性能更优、功能更强的芯片，只有时刻注意这方面的发展动态，采用新技术、新工艺，才能使产品具有最先进的性能，不落后于时代发展的潮流。

（6）注意选择通用性强、市场货源充足的元器件，尤其对需大批量生产的场合，更应注意这方面的问题。其优点是：一旦某种元器件无法获得，也能用其他元器件直接替换，或对电路稍做改动后再用其他器件替换。

（7）工艺设计也是十分重要的问题，包括机箱、面板、印刷电路板、配线、接插件等，这也是一个初次进行系统设计的人员容易疏忽的问题。在设计时要充分考虑到安装、调试和维修的方便。

三、应用系统的软件设计

软件设计采用模块化设计方法，根据设计要求分成相应的模块，各模块可同时进行编程，以提高软件设计的工作效率。软件设计时应从以下几方面加以考虑：

(1) 根据软件功能要求，将系统软件分成若干个相对独立的部分，使系统软件总体结构清晰、简捷、流程合理。

(2) 各功能程序实行模块化、子程序化。这样便于调试、修改和扩展。

(3) 建立正确的数学模型。它是关系到系统性能好坏的重要因素。

(4) 为提高软件设计的总体效率，在编写应用软件之前，应绘制出程序流程图。这是程序设计的一个重要组成部分，也是决定成败的关键部分。

(5) 要合理分配系统资源，包括 ROM、RAM、定时器/计数器、中断源等。其中最关键的是片内 RAM 分配。分配时应充分发挥其特长，做到物尽其用。当 RAM 资源规划好后，应列出一张 RAM 空间分配表，以备编程查用方便。

(6) 注意在程序的有关位置处写上功能注释，提高程序的可读性。

(7) 加强软件抗干扰设计，它是提高计算机应用系统可靠性的有力措施。

第二节　单片机应用系统的可靠性设计

影响单片机系统可靠安全运行的主要因素是来自系统内部和外部的各种电气干扰，并受系统结构设计、元器件选择、安装、制造工艺影响。这些干扰因素常会导致单片机系统运行失常，轻则影响产品质量和产量，重则会导致事故，造成重大经济损失。因此，应用系统的抗干扰设计已经成为设计人员关注的重要课题。

应用系统的干扰设计可以从硬件和软件两方面来考虑：

设计硬件电路时，可以从电路设计、器件选择、电路板元器件布置与地线设计等方面注意抗干扰问题。首先，电路设计时要注意电平匹配。如 TTL 器件“1”电平是 2.4～5V，“0”电平是 0～0.4V，而 CMOS 器件“1”电平是 4.99～5V，“0”电平是 0～0.01V。因此，当 CMOS 器件接收 TTL 输出时，其输入端就要加电平转换器或上拉电阻，否则，CMOS 器件就会处于不确定状态；其次是模拟地和数字地要分开；强弱电可通过光电耦合器进行隔离；另外 CMOS 电路不使用的输入端不允许浮空，否则会引起逻辑电平不正常，易受外界干扰产生误动作。在设计时可根据实际情况，将多余的输入端与正电源或地相连接。

在印刷电路板设计中，各元器件的摆放位置要合适，布局设计要将强、弱电路严格分开，尽量不要把它们设计在一块印刷电路板上；电源线的走向应尽量与数据传递方向一致；接地线应尽量加粗，在印刷电路板的各个关键部位应配置去耦电容。

地线设计是一个不容忽视的问题。在微机应用系统中，地线结构大致有系统地、机壳地(屏蔽地)、数字地、模拟地等。在设计时，数字地和模拟地要分开，分别与电源端地线相连；当系统工作频率小于 1MHz 时，屏蔽线应采用单点接地方式；当系统工作频率在 1～10MHz 时，屏蔽线应采用多点接地。

软件的抗干扰设计，是应用系统抗干扰设计的一个重要组成部分。在许多情况下，应用系统的抗干扰不可能完全依靠硬件来解决。采用软件抗干扰设计，往往成本低、见效快，起到事半功倍的效果。

一、常用的硬件抗干扰与保护措施

单片机应用系统的硬件抗干扰设计是整个抗干扰设计的主要部分，也是抗干扰设计的基础，它必须为软件抗干扰设计提供良好的条件。用硬件来解决这些干扰的方法也很多，如屏蔽、隔离、滤波、接地、保护电路等方法。本节重点介绍目前常用的光电隔离技术和单片机外接复位、电源监测、看门狗电路等方法。

1. μP 监控器件 MAX813L 功能及应用

在一些仪表设计中，采用专用的集成复位电路，它具备看门狗、掉电监视功能，一旦系统因干扰等原因导致程序跑飞或死机时，能及时地发出复位信号，使系统恢复，确保程序的正常运行，这对具体的工程应用有十分重要的意义。

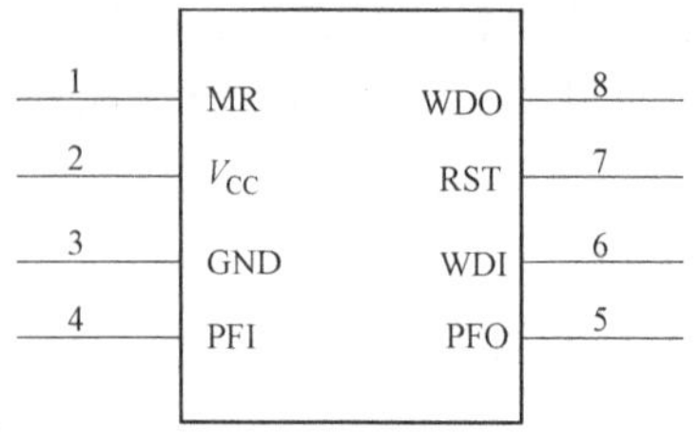

图 11-1 MAX813L 引脚图

目前，市场上集成微机监控芯片较多，与 MAX813L 同一类型的芯片有 IMP705、IMP706、IMP813L 和 MAX703～MAX709 等，它们的工作也大致相同。美国 MAXIM 公司生产的 MAX813L 能为单片机提供可靠的上、掉电复位，低电压早期告警，看门狗定时器，后备电源管理等功能，得到广泛应用。MAX813L 引脚如图 11-1 所示。

各引脚的功能如下：

(1) MR：手动复位输入端。

(2) PFI、PFO：电源故障电压监控输入端、电源故障输出端。当电源电压出现故障，使 PFI 输入小于 1.25 V 时，电源故障输出 PFO 为低电平。

(3) RESET：低电平有效的复位输出端。当电源下降到约 4.5V 时，RESET 提供 200ms 的复位脉冲，使单片机可靠复位。

(4) WDI、WDO：看门狗输入、输出端。

MAX813L 与单片机的连接电路如图 11-2 所示。当电源电压出现故障时，检测到电压小于 1.25 V (PFI 小于 1.25V)，PFO 变为低电平，产生中断请求信号，单片机采取相应的保护措施；看门狗定时器的输入端 WDI 若 1.6s 内保持不变，则定时器溢出，WDO 变为低

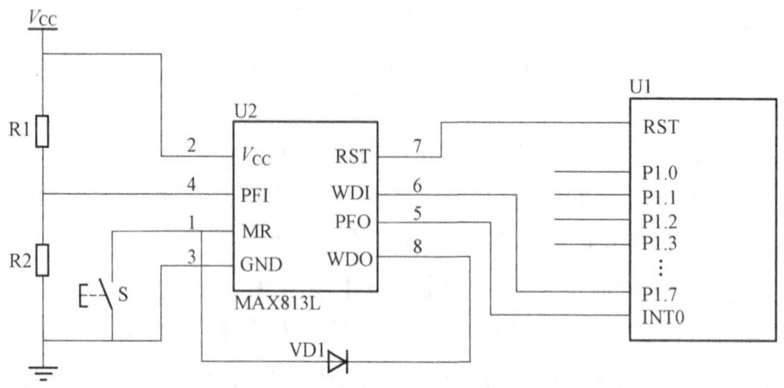

图 11-2 MAX813L 与单片机的连接电路

电平，并直到看门狗定时器被清零才变为高电平。看门狗定时器被清零有三种情况：发生复位，WDI 处于三态，WDI 检测到一个上升沿或下降沿。当电源电压降至 4.5V 以下时，RESET 变为低电平，单片机复位，直到电源升到 4.5 V 以上；此时，RESET 仍维持低电平 200ms，以保证单片机可靠复位。

2. X25045 器件的功能及应用

X25045 是 Xicor 公司研制开发的高性价比的具有串行外围设备通信接口 SPI 的集成芯片，它集上电复位、看门狗定时器、电源电压监控和串行 EEPROM 为一体，大大简化了应用系统的硬件成本，降低了功耗，性能稳定可靠，是智能仪表系统中的理想器件。其具体使用方法参见本书第九章。

3. 光电耦合接口电路

在单片机应用系统中，为了防止电气干扰信号从前向和后向通道进入系统，通常在通道接口处设置光电耦合器，改善单片机应用系统的工作环境，使其工作可靠性大大提高。

常用的光电耦合器的隔离作用有三种：一是信号隔离，用于单片机应用系统的前向通道，可防止由输入信号带来的干扰；二是驱动隔离，用于系统的后向通道，尤其是在远距离长线传输数据时常常用到；三是总线隔离，也能够解决输入和输出所带来的干扰。

(1) 信号隔离。普通的光电耦合器的内部电路如图 11-3 (a) 所示。它由发光二极管和光敏三极管组成，发光二极管为输入端，光敏三极管为输出端，可见，输入端和输出端之间没有电的联系，因此避免了干扰信号的串入。用于 100kHz 以下的频率信号。如果基级有引出线，则可满足温度补偿、检测和调制的要求。常用的输出端基级没有引出线的光电耦合器有东芝公司的 TLP521、TLP621、TLP509 及夏普公司的 PC504、PC829、PC849 等；基级有引出端的光电耦合器有东芝公司的 TLP503 及夏普公司的 PC503，JEDEC 公司的 4N25、4N35 等。

常用的高速光电耦合器的内部电路如图 11-3 (b) 所示。它的输入端是发光二极管，PN 型光敏二极管和高速开关管组成复合式的输出端，具有较高的响应速度。常见的这种光电耦合器有：东芝公司的 TLP551，HP 公司的 6N135、6N136，夏普公司的 PC618 等。光电耦合器的应用电路如图 11-3 (c) 所示。

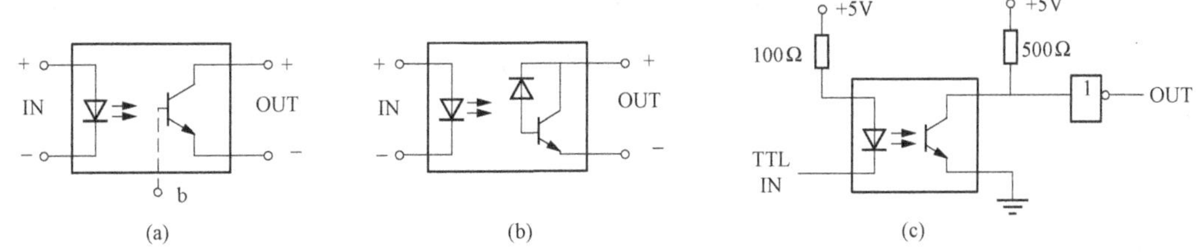

图 11-3　常用光电耦合器的内部结构及应用电路

(a) 普通的光电耦合器内部电路；(b) 常用的高速光电耦合器内部电路；(c) 光电耦合器应用电路

(2) 具有驱动功能的光电耦合器。具有驱动功能的光电耦合器也是以发光二极管为输入端，但是在输出端具有达林顿管和晶闸管等两种结构类型，其内部电路原理如图 11-4 所示。

具有达林顿输出的光电耦合器可用于驱动低频率的负载，还可用于远距离的光电传输，常见的达林顿光电耦合器有东芝公司的 TLP570，HP 公司的 6N138、6N139，夏普公司的 PC505、PC715 等。

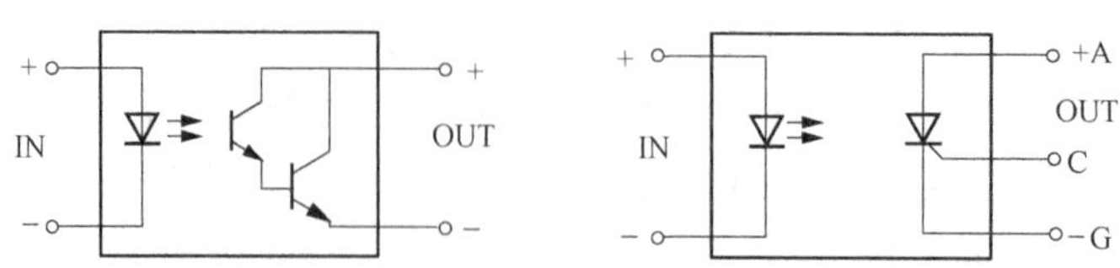

图 11-4 具有驱动功能的光电耦合器的原理图

具有晶闸管输出的光电耦合器可用于交流大功率隔离驱动，常见的晶闸管输出的光电耦合器有东芝公司的 TLP510G、TLP541G 等。

二、软件抗干扰技术

在提高硬件系统抗干扰能力的同时，软件抗干扰以其设计灵活、节省硬件资源、可靠性好越来越受到重视。下面以 51 单片机系统为例，对系统软件抗干扰方法进行研究。

在工程实践中，软件抗干扰研究的内容主要是：①消除模拟输入信号的噪声（如数字滤波技术）；②程序运行混乱时使程序重入正轨的方法。针对后者本书提出了几种有效的软件抗干扰方法。

1. 指令冗余

CPU 取指令过程是先取操作码，再取操作数。当 PC 受干扰出现错误，程序便脱离正常轨道“乱飞”，当乱飞到某双字节指令，若取指令时刻落在操作数上，误将操作数当作操作码，程序将出错。若“飞”到了三字节指令，出错几率更大。

在关键地方人为插入一些单字节指令，或将有效单字节指令重写称为指令冗余。通常是在双字节指令和三字节指令后插入两个字节以上的 NOP。这样即使乱飞程序飞到操作数上，由于空操作指令 NOP 的存在，避免了后面的指令被当作操作数执行，程序自动纳入正轨。

此外，对系统流向起重要作用的指令如 RET、RETI、LCALL、LJMP、JC 等指令之前插入两条 NOP，也可将乱飞程序纳入正轨，确保这些重要指令的执行。

2. 拦截技术

所谓拦截，是指将乱飞的程序引向指定位置，再进行出错处理。通常用软件陷阱来拦截乱飞的程序。因此先要合理设计陷阱，其次要将陷阱安排在适当的位置。

（1）软件陷阱的设计。当乱飞程序进入非程序区，冗余指令便无法起作用。通过软件陷阱，拦截乱飞程序，将其引向指定位置，再进行出错处理。软件陷阱是指用来将捕获的乱飞程序引向复位入口地址 0000H 的指令。通常在 EPROM 中非程序区填入以下指令作为软件陷阱：

```
NOP
NOP
LJMP  0000H
```

（2）陷阱的安排。最后一条应填入 LJMP 0000H 指令，当乱飞程序落到此区，即可自动入轨。在用户程序区各模块之间的空余单元也可填入陷阱指令。当使用的中断因干扰而开放时，在对应的中断服务程序中设置软件陷阱，能及时捕获错误的中断。

如某应用系统虽未用到外部中断 1，外部中断 1 的中断服务程序可为如下形式：

```
NOP
NOP
RETI
```

考虑到程序存储器的容量，软件陷阱一般在1KB空间有2、3个就可以进行有效拦截。

3. 软件“看门狗”技术

若失控的程序进入“死循环”，通常采用“看门狗”技术使程序脱离“死循环”。在不断检测程序循环运行时间时，若发现程序循环时间超过最大循环运行时间，则认为系统陷入“死循环”，需进行出错处理。

“看门狗”技术可由硬件实现，也可由软件实现。在工业应用中，严重的干扰有时会破坏中断方式控制字，关闭中断，则系统无法定时“喂狗”，硬件看门狗电路失效。而软件“看门狗”可有效地解决这类问题。

在实际应用中，可采用环形中断监视系统。用定时器T0监视定时器T1，用定时器T1监视主程序，主程序监视定时器T0。采用这种环形结构的软件“看门狗”具有良好的抗干扰性能，大大提高了系统可靠性。对于需经常使用T1定时器进行串口通信的测控系统，则定时器T1不能进行中断，可改由串口中断进行监控（如果用的是52系列单片机，也可用T2代替T1进行监视）。这种软件“看门狗”监视原理是：在主程序、T0中断服务程序、T1中断服务程序中各设一运行观测变量，假设为MWatch、T0Watch 、T1Watch，主程序每循环一次，MWatch加1，同样T0、T1中断服务程序执行一次，T0Watch、T1Watch加1。在T0中断服务程序中通过检测T1Watch的变化情况判定T1运行是否正常，在T1中断服务程序中通过检测MWatch的变化情况判定主程序是否正常运行，在主程序中通过检测T0Watch的变化情况判别T0是否正常工作。若检测到某观测变量变化不正常，比如应当加1而未加1，则转到出错处理程序作排除故障处理。

对于软件抗干扰的一些其他常用方法如数字滤波、RAM数据保护与纠错等，限于篇幅，本书未作介绍。在工程实践中通常都是几种抗干扰方法并用，互相补充、完善，才能取得较好的抗干扰效果。从根本上而言，硬件抗干扰是主动的，而软件抗干扰是被动的。细致周到地分析干扰源，硬件与软件抗干扰相结合，完善系统监控程序，设计一稳定可靠的单片机系统是完全可行的。

第三节　单片机应用系统调试

单片机应用系统调试是系统开发的重要环节。系统调试的主要目的是要查出应用系统设计中软硬件设计与制作中存在的错误及出现的问题，以便修改，最终能使应用系统正常运行。

系统调试贯穿于整个产品开发过程，它主要包括硬件调试、软件调试和软硬件（或系统）联调。根据调试环境不同又可分为实验室调试与现场调试。各种调试所起的作用各不相同，其时间段也不同，但都是为了查出应用系统潜在的错误。

系统调试前，应准备好调试大纲，调试时应有测试记录，调试后应针对出现的故障现象进行故障分析并给出排障方法。

一、调试工具

在单片机应用系统调试中，最常用的调试工具有如下几种：

（1）仿真开发环境。仿真开发环境的使用方法请参见本书第四章。

（2）万用表。万用表主要用在未通电测量硬件电路的通断和两点间的阻值；通电后测量测试点的稳态电压值。

(3) 逻辑脉冲发生器与模拟信号发生器。逻辑脉冲发生器能够产生不同宽度、幅值及频率的脉冲信号，它可以作为数字电路的输入源；模拟信号发生器可产生不同频率的方波、正弦波、三角波和锯齿波等模拟信号，它可作为模拟电路的输入源。这些信号源在实验室模拟调试中非常有用。

(4) 双踪示波器。双踪示波器可以测量电平、模拟信号波形及频率，还可以同时观察两个信号的波形及它们之间的相位差。它既可以对静态信号进行调试，也可以对动态信号进行测试，而且准确性好。

(5) 逻辑分析仪。逻辑分析仪能够以单通道或多通道实时获取与触发事件有关的逻辑信号，供操作者随时观察，并作为软硬件分析的依据，以便快捷有效地查出软硬件中存在的错误。逻辑分析仪主要用在动态调试中信号的捕获。

二、硬件调试

硬件调试的目的是确保硬件电路正常工作，为软件调试打下良好的基础。硬件调试分为静态调试和动态调试两步。

1. 静态调试

静态调试是在应用系统不工作时的一种硬件检查。很多常见故障可通过静态调试排除。静态调试分为如下三个步骤：

(1) 断电检查。通过断电检查可以查出一些明显的线路、器件和设备故障，便于及时排除。

1) 目测是断电检查的第一步。首先检查印制电路板（PCB 板）的质量。检查 PCB 板有无断线、有无桥接（不应该有的线路短接）、有无毛刺、焊盘有无脱落、过孔是否有未金属化现象等。其次是检查元器件的质量，包括包装是否完好，引脚是否光亮等。最后是检查元器件的焊接质量。检查焊点是否有毛刺、是否与其他印制线或焊盘连接、焊点有无虚焊和元器件有无装反等。

2) 万用表测试是断电检查的第二步。首先用万用表复核目测中认为可疑的连接点或触点，检查它们的通断状态是否与设计规定相符。其次是检查电源线和地线。此外，还应检查各个器件上的电源和地是否连接正常。

(2) 通电检查。通电检查必须在断电检查完毕后才能进行。通电检查可以查出电源、逻辑电路、部分功能模块中存在的故障。

对于样机测试，首先检查电源模块。安装好电源模块所需器件后，先进行断电检查，确认无误后通电，用万用表的直流电压测量输出电压，电压值应在合理的范围之内。如正常，则进一步测量到各元器件上的电源电压是否在合理范围内。

接下来按功能模块难易程度，从易到难，分别进行通电检查。首先安装模块功能最简单的元器件，经断电检查后，通电检查该模块。上电时，要注意观察芯片是否出现打火、过热、变色、冒烟和异味等现象，如出现这些现象，应立即断电，仔细检查电源加载等情况，找出产生异常的原因并加以解决。如果该功能模块各器件电源和地电压均正常，则可以对该功能部件进行功能测试。

进行模块功能测试时，通常需要在模块输入端加模拟信号，在输出端用示波器或万用表测量对应的输出信号。模拟信号应和实际应用中的现场信号相一致。

(3) 联机检查。必须在通电检查完毕确认正确才能进行联机检查。所谓联机检查就是将目标板和计算机连接起来对硬件电路进行检查。

2. 动态调试

动态调试是通过下载在计算机上仿真调试好的软件程序来完成的。动态调试的一般方法是由近及远和由分到合。

由近及远是指调试电路和单片机之间的关系。如目标板的复位电路、外接晶体振荡器电路等应先调试好，再调试外部 RAM 和 ROM，接下来才是外部接口电路。

由分到合是指先将硬件电路按功能划分为几个模块，如存储器模块、A/D 转换模块、D/A 转换模块、显示模块等。按模块先分别独立调试，分块调试完后再逐渐合并调试。

需要指出的是在动态调试过程中，需要编制大量的测试程序，这些程序应以文件的形式存放在一个文件夹内，供后续调试使用。

到此为止，作为目标板可以移交软件设计人员进行软件调试，硬件调试告一段落。

三、软件调试

软件调试是通过对用户程序的编译、连接、执行来发现在程序中出现的语法错误和逻辑错误，并加以排除纠正的过程。

软件调试的一般方法是先独立后联机、先分块后组合、先单步后连续。

1. 先独立后连接

从宏观来讲，单片机应用系统的硬件与软件是密切相关、相辅相成的。软件是系统的灵魂，没有软件，系统将无法工作；同时，大多数软件的运行又依赖于硬件，没有相应的硬件支持，软件的功能便无法发挥作用。因此，将二者完全独立开来是不可能的。然而，并不是用户程序的全部都依赖于硬件，当软件对测试参数进行加工处理或做某项事务处理时往往是与硬件无关的，这样就可以通过仔细分析，将与硬件无关的、功能相互独立的程序段抽取出来，形成与硬件无关和依赖硬件的两大类用户程序块。这一划分工作在软件设计时就应该充分考虑。

这样与硬件无关的程序块调试就可以与硬件调试同步进行，以提高软件调试的速度。当与硬件无关的程序块全部调试完成且硬件系统调试完成后，可将计算机与用户系统板连接起来，进行系统联调，先对依赖于硬件的程序块进行调试，调试成功后，再进行两大程序块的有机结合与总调试。

2. 先分块后组合

如果用户系统规划较大，任务较多，在将用户程序分为与硬件无关和依赖于硬件两部分后，这两部分程序仍然较为庞大；而采用笼统的方法从头至尾调试，既浪费时间又不容易定位故障的位置，所以常用调试方法是分别对两类程序块进一步采用分模块调试，以提高软件调试的有效性。

3. 先单步后连续

调试程序的关键是实现对错误的正确定位。准确发现程序（或硬件电路）中的错误最有效的方法是采用单步加断点的运行调试程序。单步运行可以了解被调试程序中每条指令的执行情况，分析指令的运行结果可以确定指令的正确性，并进一步确定是由于硬件电路错误、数据错误，还是程序设计错误等引起该指令的执行错误，从而发现、排除错误。但是若所有程序模块都以单步查找错误的话，是一件既费时又费力的工作；而且对于一个优秀的设计人员来说，设计错误率是较低的，所以为了提高调试效率，一般先使用断点运行方式来大致定位错误所在，然后再用单步法调试，这样就可以做到调试的快捷与准确。

四、模拟调试

所谓模拟调试就是在实验室环境下，应用信号发生器模拟应用系统在现场环境下运行的调试，有时也称实验室调试。模拟调试的主要目的是让用户系统应用软件在其硬件上实际运行，进行软硬件联合调试，从中发现硬件故障和软硬件设计错误。所以模拟调试有时也称联机调试，这是对用户系统进行检验的重要一关。系统联机调试主要解决以下问题：

(1) 软硬件是否按预定要求配合工作，如果不能，问题何在，如何解决。

(2) 系统运行中是否有潜在的设计时难以预料的错误，如硬件延时过长造成工作时序不符合要求，布线不合理造成有信号串扰等。

(3) 系统的动态性能（包括精度、速度参数等）是否满足要求。

五、现场调试

现场调试是应用系统投入实际运行的最后一关，也是系统能否进入产品定型的最后考验。与实验室环境相比，应用系统除了要面对恶劣的现场运行环境，如干扰较为严重、有腐蚀性气体等外，还要面对真实系统。虽然在进行系统方案设计时已做考虑，但对于一个新产品开发来说，所面临的现在条件和对象总是不相同的，特别是对于机电结合的产品开发，其机械部分的工作状态直接影响到应用系统的运行，因此难免有疏漏之处。很多涉及整个系统运行的问题只有通过现场调试来解决。现场调试的基本步骤如下：

(1) 向用户进一步了解现场应用的基本情况。

(2) 测试应用系统所用现场电源，检查其电源质量。

(3) 电磁干扰检查也是一项很重要的工作。

(4) 功能模块测试。

(5) 整机运行测试。

现场调试和其他调试的不同之处在于，大多数现场调试需要耗费大量材料、人力和物力。因此，其调试时间不宜太长，次数不宜太多。从这一点来讲，模拟调试至关重要，只有在模拟调试时将各种因素考虑得足够细致，现场调试才会顺利。

系统调试的最终结果应该是产品样机开发成功。学习和掌握系统调试过程对初学者相当重要，只有掌握工具的正确使用方法和调试方法，在调试过程中才会少出问题或不出问题，在系统调试的每个阶段，都应在调试前写好调试大纲，调试大纲所要求的内容基本和实验报告是一致的。通常在调试前要精心准备，调试时要认真观察和记录，调试完成后要仔细分析。系统调试完成后应撰写调试报告。

第四节 单片机应用系统设计举例

本节以基于单片机的温度控制系统为例，介绍单片机应用系统的设计方法及在过程自动控制系统中的应用。

一、技术指标

(1) 烘干箱由 2kW 电炉加热，最高温度为 500℃。

(2) 烘干箱温度可预置，烘干过程恒温控制，温度控制误差不大于±2℃。

（3）预置时显示设定温度，烘干时显示实时温度，显示精确到1℃。

（4）温度超出预置温度±5℃时发声报警。

（5）对升降温过程的线性与否没有要求。

根据上述功能要求，选用51系列单片机作为主控机，采用带有死区的PID控制算法，当温度在给定的死区范围内时，不予调节；超出给定范围时，由计算机按照运算结果，驱动步进电机，调节加热装置，以控制合成温度。

二、控制方案

产品的工艺不同，控制温度的精度也不同，因而所采用的控制算法也不同。就温度控制系统的动态特性来讲，基本上都是具有纯滞后的一阶环节，当系统精度及温度控制的线性性能要求较高时，多采用PID算法来实现温度控制。

本系统是一个典型的闭环控制系统。从技术指标可以看出，系统对控制精度的要求不高，对升降温过程的线性也没有要求，因此系统采用最简单的通断控制方式。即当烘干箱温度达到设定值时断开加热电炉，当温度降到低于某值时接通电炉开始加热，从而保持恒温控制。整个系统的控制方案如图11-5所示。

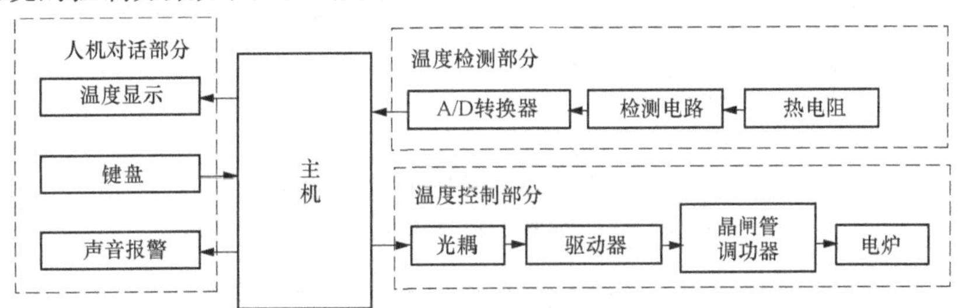

图11-5　系统结构框图

从系统实现方案可见，系统主要由以下4部分构成：

（1）主机（控制器最小系统）。它是系统的控制核心。由于系统控制方案简单，数据量也不大，因此选用AT89系列单片机作为控制系统的核心。

（2）温度检测。它包括温度传感器、放大调理电路和A/D转换，完成对烘干箱温度的实时检测。

（3）温度控制。它包括光耦、晶闸管调功器及加热设备，完成对烘干箱温度的实时控制。

（4）人机对话。它包括键盘、显示和报警，实现对系统的键盘控制、温度预置及温度实时显示和报警功能。

三、硬件设计

系统的硬件电路包括主机、温度检测、温度控制、人机对话（键盘、显示、报警）4个主要部分。如图11-6～图11-9所示为系统的硬件电路原理图。

各部分电路分别简述如下：

1. 控制器最小系统

由于系统控制方案简单，数据量也不大，因此选用AT89S51单片机作为控制系统的核心，其最小系统如图11-6所示。

2. 温度检测

这部分包括温度传感器及信号检测电路和A/D转换两部分，如图11-7所示。

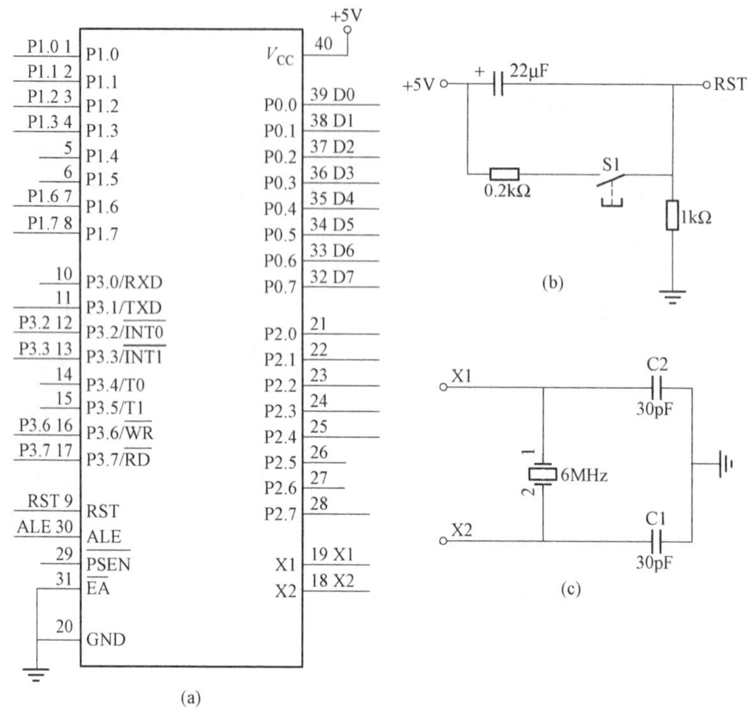

图 11-6 系统硬件原理图（最小系统）

（a）最小系统部分控制器；（b）复位电路；（c）时钟电路

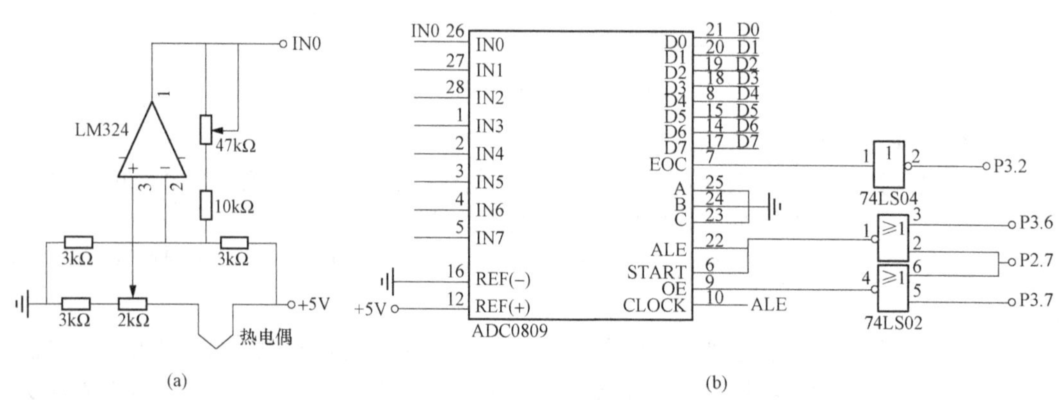

图 11-7 系统硬件原理图（温度检测部分）

（a）温度检测电路；（b）A/D 转换电路

温度传感器采用 Pt100 热电阻，其温度变化范围为－200～650℃，可以满足本系统的要求。热电阻是基于电阻的热效应进行温度测量的，即电阻体的阻值随温度的变化而变化，因此，只要测量出感温热电阻的阻值变化就可以测量出温度。系统中将热电阻阻值的变化转化为电压的变化。利用桥式电路进行转化，并利用 LM324 将输出的电压信号进行放大，当温度在 0～500℃时，输出 0～4.9V 的电压。

A/D 转换器的选择主要取决于温度的控制精度。本系统要求温度控制误差不大于±2℃，采用 8 位 A/D 转换器，其最大量化误差为$\pm\frac{1}{2}\times\left(\frac{1}{256}\times 500\right)\approx\pm 0.1$℃，能够满足精度要求。这里采用 ADC0809 作为 A/D 转换器。电路设计好后，调整温度检测电路的输出，使 0～500℃的温度变化对应于 0～4.9V 的输出，则 A/D 转换对应的数字量为 00H～FAH，即 0～250℃，则转换结果乘以 2 正好是温度值。用这种方法一方面可以减少标度转换的工作量，另一方面还可以避免标度转换带来的计算误差。

3. 温度控制

电炉控制采用晶闸管来实现，双向晶闸管和电炉电阻丝串接在交流 220V 市电回路中。单片机的 P1.7 口通过光电隔离器和驱动电路送到晶闸管的控制端，由 P1.7 的高低电平来控制晶闸管的导通与断开，从而控制电阻丝的通电加热时间。为提高热效率，要求触发脉冲与交流电压同步，为此系统中采用了交流电过零点检测电路来实现，将交流电经全波整流后通过三极管变成过零脉冲，再反向，加到 CPU 的中断控制端作为同步基准脉冲。电路原理图如图 11-8 所示。

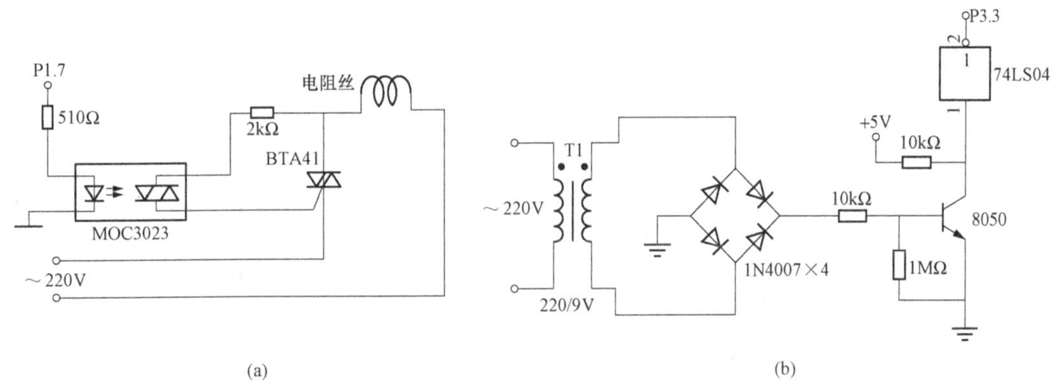

图 11-8　系统硬件原理图（温度控制部分）
（a）隔离与控制电路；（b）过零检测电路

4. 人机对话

这部分包括键盘、显示和报警三部分电路，如图 11-9 所示。

本系统设有 3 位 LED 数码显示器，停止加热时显示设定温度，启动加热时显示当前烘干器温度，采用串行口扩展的静态显示电路作为显示接口电路。

为使系统简单紧凑，键盘只设置 4 个功能键，分别是启动、百位＋、十位＋和个位＋键，由 P1 口低 4 位作为键盘接口。利用＋1 键可以分别对预置温度的百位、十位和个位进行加 1 设置。并在 LED 上显示当前设置值。连续按动相应位的＋1 键即可实现 0～500℃的温度设置。报警功能由蜂鸣器实现。当由于意外因素导致烘干箱温度高于设置温度时，P1.6 口送出的低电平经反向器驱动蜂鸣器报警。

5. 其他可扩展电路

对于要求更高的系统，在现有电路的基础上，读者还可以视需要自行扩展以下接口电路：

（1）实时时钟电路。连接实时时钟芯片 DS12887 可以获长的采样周期，显示年、月、日、时、分、秒，而其片内带有的 114B 非易失性 RAM，可用来存入需长期保存但有时也需变更的数据，如采样周期和 PID 控制算法的系数 KP、KI、KD 等。

（2）“看门狗”电路。连接集成监控芯片 MAX705 可实现对主电源的监控，提高系统的

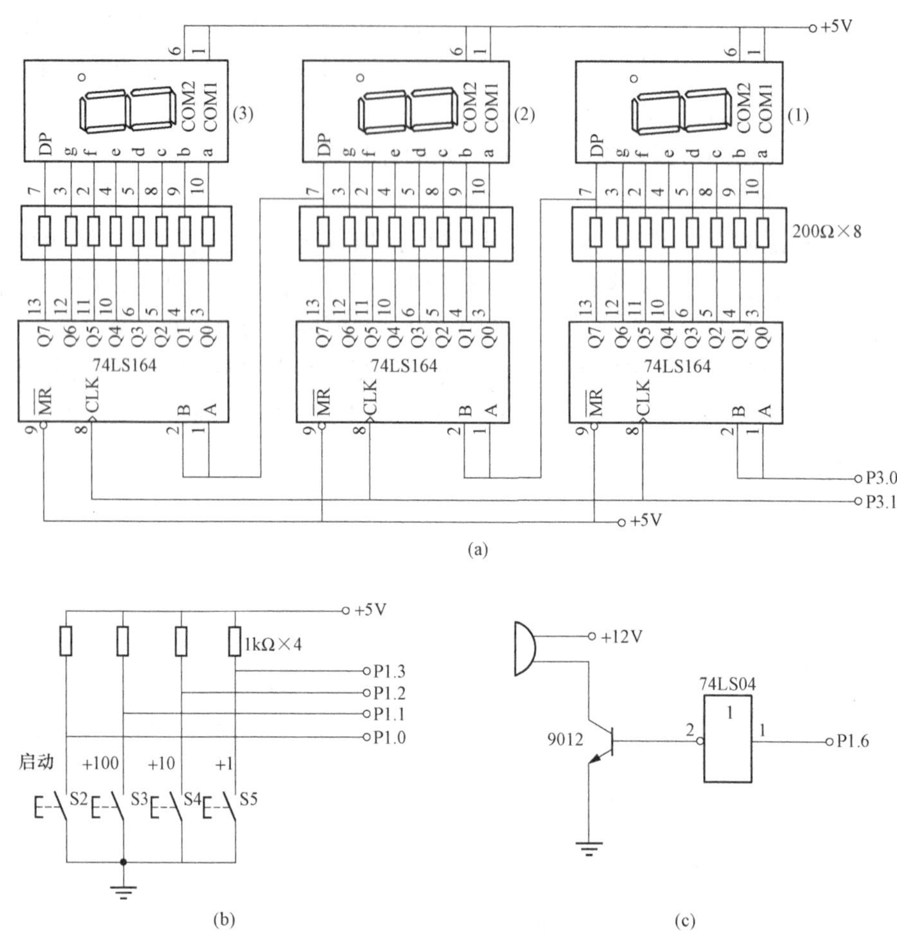

图 11-9 系统硬件原理图（人机对话部分）

(a) 显示器与单片机连接电路；(b) 键盘与单片机连接电路；(c) 报警电路

可靠性。

四、软件设计

1. 工作流程

烘干箱在上电复位后先处于停止加热状态，这时可以用＋1 键设定预置温度，显示器显示预置温度。温度设置好后就可以按启动键使系统工作了。温度检测系统不断定时检测当前温度，并送往显示器显示，达到预定值后停止加热并显示当前温度。当温度下降到下限（比预定值低 2℃）时再启动加热。这样不断反复上述过程，使温度保持在预定温度范围内。启动后不能再修改预置温度，必须按复位/停止键回到停止加热状态才可重新设定预置温度。

2. 功能模块

根据上面对工作流程的分析，系统软件可以分为以下几个功能模块：

(1) 键盘管理。监测键盘输入，接收温度预置，启动系统工作。

(2) 显示。显示设定温度及当前温度。

(3) 温度检测及温度值变换。完成 A/D 转转换及数字滤波。

(4) 温度控制。根据检测到的温度控制电阻丝工作。

(5) 报警。当预置温度或当前温度超限时报警。

3. 资源分配

单片机内部数据存储器的资源分配与定义见表 11-3。

表 11-3 单片机内部数据存储器的资源分配与定义

地 址	功 能	名 称	初始化值
50H～51H	当前温度显示：高位在前	TEMP1～TEMP0	00H
52H～53H	预置温度：高位在前	ST1～ST0	00H
54H～56H	BCD 码显示缓冲区：百位、十位、个位	T100 T10 T	00H
57H～58H	二进制显示缓冲区：高位在前	BT1 BT0	00H
59H～7FH	堆栈区		
PSW. 5	报警允许标志：F0=0 禁止报警；F0=1 允许报警	F0	0

(1) I/O 口。P1. 0～P1. 3 为键盘输入；P1. 6～P1. 7 为报警控制和电阻丝控制。

(2) A/D 转换器 0809。通道 0～7 的地址为 7FF8H～7FFFFH，使用通道 0。

4. 功能软件设计

(1) 键盘管理模块。上电或复位后系统处于键盘管理状态，其功能是监测键盘输入，接收温度预置和系统启动。程序内部设有预置温度合法检测报警模块，当预置温度超过 500℃时，系统会报警并将温度设定在 500℃。键盘管理子程序流程图如图 11-10 所示。

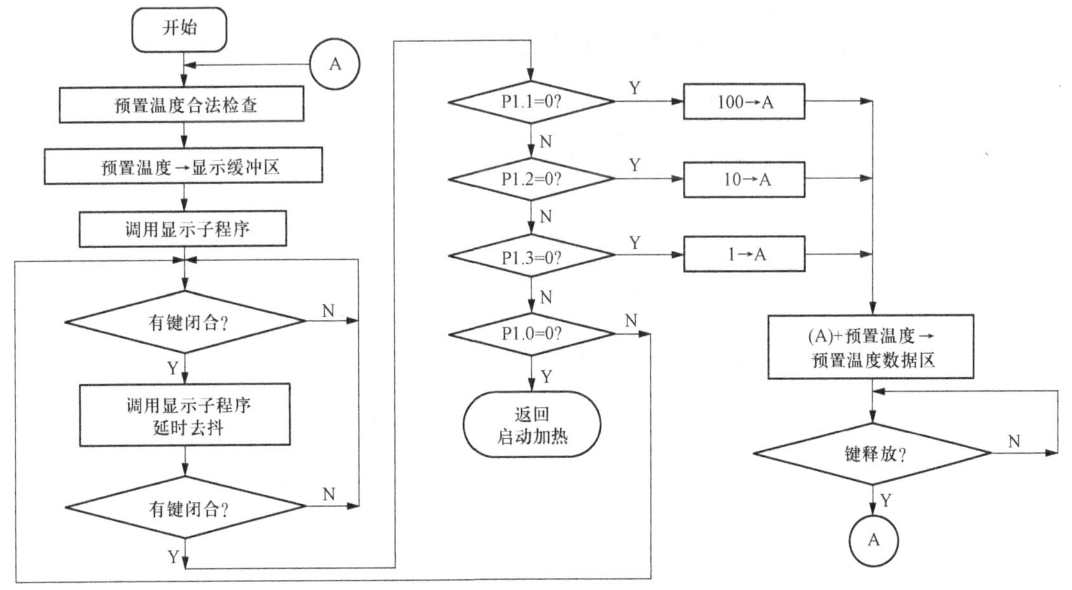

图 11-10 键盘管理子程序流程图

(2) 显示模块。显示子程序的功能是将显示缓冲区 57H 和 58H 的二进制数据先转换成 3 位 BCD 码，分别存入百位、十位和个位显示缓冲区（54H、55H 和 56H 单元），然后通过串口送显示。

(3) 温度检测模块。A/D 转换采用查询方式。为提高数据采集的可靠性，对采样温度进行数字滤波。数字滤波的算法很多，这里采用 4 次采样取平均值的方法。如前所述，本系统 A/D 转换结果乘 2 正好是温度值，因此，4 次采样值的数字量之和除以 2 就是检测的当前温度。检测结果高位存入 50H，低位存入 51H。温度检测子程序流程图如图 11-11 所示。

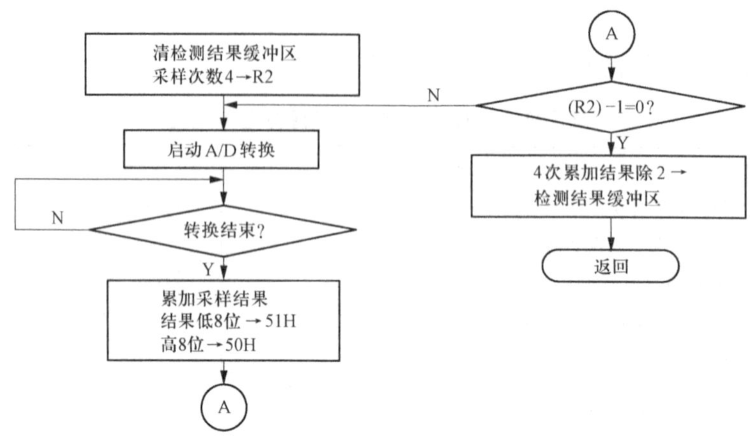

图 11-11　温度检测子程序流程图

(4) 温度控制模块。将当前温度与预置温度比较，当前温度小于预置温度时，晶闸管导通，接通电阻丝加热；当前温度大于预置值时，晶闸管断开，停止加热；两者相等时，加热设备电炉保持原来状态；当前温度降低到比预置温度低 2℃时，再重新启动加热；当前温度超出报警上下限时，启动报警，并停止加热。由于加热设备电阻丝开始加热时，当前温度可能低于报警下限，为了防止误报，在未达到预置温度时，不允许报警，为此设置了报警允许标志位 F0。温度控制模块流程图如图 11-12 所示。

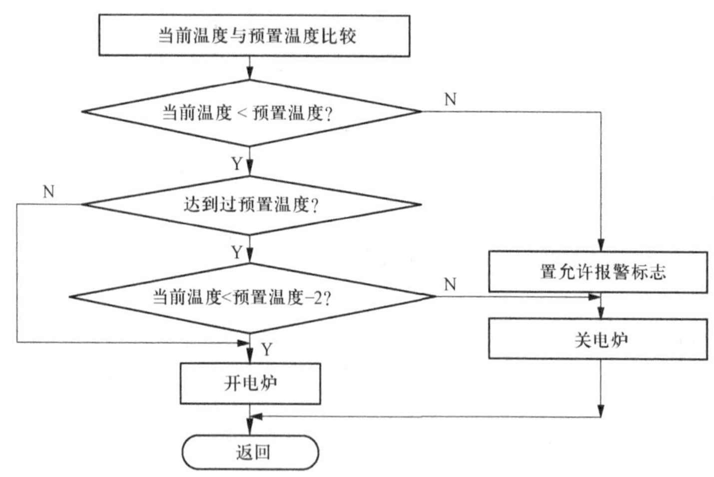

图 11-12　温度控制模块流程图

说明：在此，也可自行加入 PID 算法程序来实现 PID 控制。

(5) 温度越限报警模块。报警上限温度为预置温度加 5℃，即当前温度上升到高于预置温度 5℃时报警，并停止加热；报警下限温度值为预置温度减 5℃，即在当前温度下降到低于预置温度 5℃，且报警允许时报警，这是为了防止开始从较低温度加温时误报警。报警的同时也关闭电炉。报警子程序流程图如图 11-13 所示。

(6) 主程序和定时中断服务程序。主程序采用中断嵌套方式设计，各功能模块可直接调用。主程序完成系统的初始化、温度预置及其合法性检测、预置温度的显示及定时器 0 设

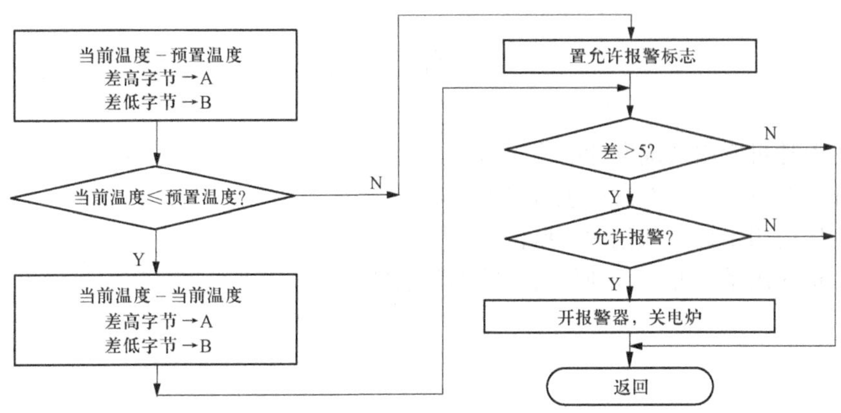

图 11-13 报警子程序流程图

置。定时器 0 中断服务子程序是温度控制体系的主体，用于温度检测、控制和报警（包括启动 A/D 转换、读入采样数据、数字滤波、越限温度报警和越限处理、输出晶闸管的控制脉冲等）。中断由定时器 0 产生，根据需要每隔 15s 中断一次，即每 15s 采样控制一次。但系统采用 6MHz 晶振，最大定时为 130ms，为实现 15s 定时，采用软件计数＋定时器的方式来实现。主程序和定时中断服务程序流程图如图 11-14 所示。

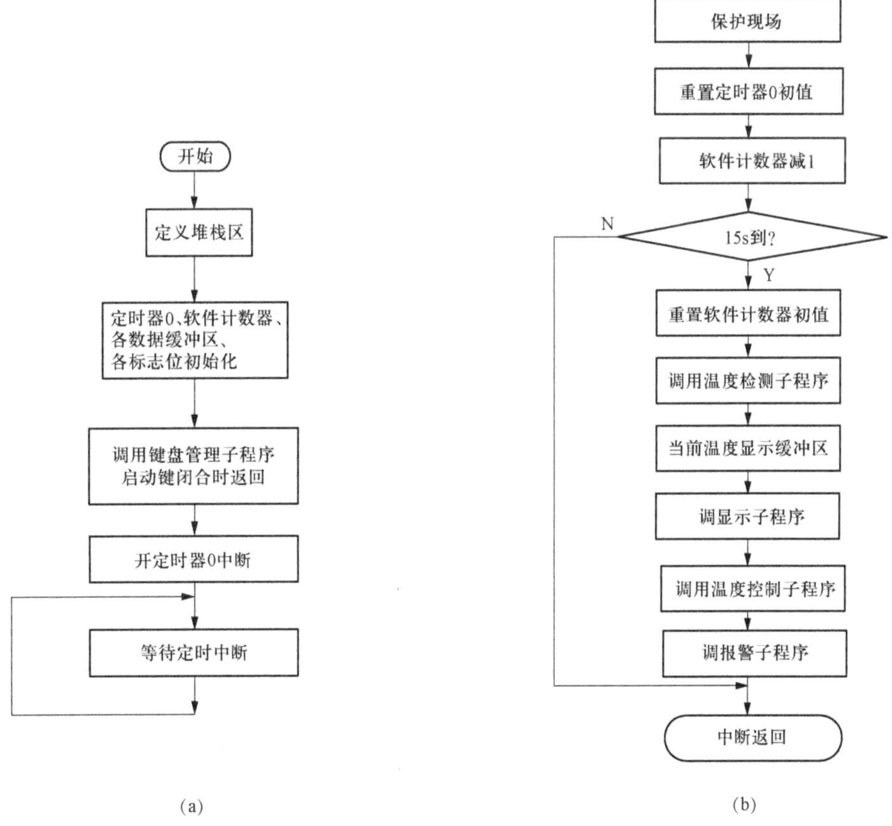

图 11-14 主程序和定时中断服务程序流程图

（a）主程序；（b）定时中断服务程序

习　题

1. 简述单片机应用系统设计的全过程。
2. 系统硬件设计和软件设计包含哪些内容？
3. 单片机应用系统调试包含哪些内容？
4. 单片机应用系统的软、硬件抗干扰措施有哪些？

附录　51系列单片机指令系统表

附表1　　**数据传送类指令**

序号	助记符	功　能	字节数	振荡周期
1	MOV　A,Rn	寄存器内容送入累加器	1	12
2	MOV　A,direct	直接地址单元中的数据送入累加器	2	12
3	MOV　A,@Ri	间接 RAM 中的数据送入累加器	1	12
4	MOV　A,#data	立即数送入累加器	2	12
5	MOV　Rn,A	累加器内容送入寄存器	1	12
6	MOV　Rn,direct	直接地址单元中的数据送入寄存器	2	24
7	MOV　Rn,#data	立即数送入寄存器	2	12
8	MOV　direct,A	累加器内容送入直接地址单元	2	12
9	MOV　direct,Rn	寄存器内容送入直接地址单元	2	24
10	MOV　direct,direct	直接地址单元中的数据送入另一个直接地址单元	3	24
11	MOV　direct,@Ri	间接 RAM 中的数据送入直接地址单元	2	24
12	MOV　direct,#data	立即数送入直接地址单元	3	24
13	MOV　@Ri,A	累加器内容送间接 RAM 单元	1	12
14	MOV　@Ri,direct	直接地址单元数据送入间接 RAM 单元	2	24
15	MOV　@Ri,#data	立即数送入间接 RAM 单元	2	12
16	MOV　DRTR,#data16	16 位立即数送入地址寄存器	3	24
17	MOVC　A,@A+DPTR	以 DPTR 为基地址变址寻址单元中的数据送入累加器	1	24
18	MOVC　A,@A+PC	以 PC 为基地址变址寻址单元中的数据送入累加器	1	24
19	MOVX　A,@Ri	外部 RAM（8 位地址）送入累加器	1	24
20	MOVX　A,@DPTR	外部 RAM（16 位地址）送入累加器	1	24
21	MOVX　@Ri,A	累计器送外部 RAM（8 位地址）	1	24
22	MOVX　@DPTR,A	累计器送外部 RAM（16 位地址）	1	24
23	PUSH　direct	直接地址单元中的数据压入堆栈	2	24
24	POP　direct	弹栈送直接地址单元	2	24
25	XCH　A,Rn	寄存器与累加器交换	1	12
26	XCH　A,direct	直接地址单元与累加器交换	2	12
27	XCH　A,@Ri	间接 RAM 与累加器交换	1	12
28	XCHD　A,@Ri	间接 RAM 的低半字节与累加器交换	1	12

附表 2 **算术运算类指令**

序号	助记符	功能	字节数	振荡周期
1	ADD A,Rn	寄存器内容加到累加器	1	12
2	ADD A,direct	直接地址单元的内容加到累加器	2	12
3	ADD A,@Ri	间接 RAM 的内容加到累加器	1	12
4	ADD A,#data	立即数加到累加器	2	12
5	ADDC A,Rn	寄存器内容带进位加到累加器	1	12
6	ADDC A,direct	直接地址单元的内容带进位加到累加器	2	12
7	ADDC A,@Ri	间接 RAM 的内容带进位加到累加器	1	12
8	ADDC A,#data	立即数带进位加到累加器	2	12
9	SUBB A,Rn	累加器带借位减寄存器内容	1	12
10	SUBB A,direct	累加器带借位减直接地址单元的内容	2	12
11	SUBB A,@Ri	累加器带借位减间接 RAM 中的内容	1	12
12	SUBB A,#data	累加器带借位减立即数	2	12
13	INC A	累加器加 1	1	12
14	INC Rn	寄存器加 1	1	12
15	INC direct	直接地址单元加 1	2	12
16	INC @Ri	间接 RAM 单元加 1	1	12
17	DEC A	累加器减 1	1	12
18	DEC Rn	寄存器减 1	1	12
19	DEC direct	直接地址单元减 1	2	12
20	DEC @Ri	间接 RAM 单元减 1	1	12
21	INC DPTR	地址寄存器 DPTR 加 1	1	24
22	MUL AB	A 乘以 B	1	48
23	DIV AB	A 除以 B	1	48
24	DA A	累加器十进制调整	1	12

附表 3 **逻辑运算类指令**

序号	助记符	功能	字节数	振荡周期
1	ANL A,Rn	累加器与寄存器相与	1	12
2	ANL A,direct	累加器与直接地址单元相与	2	12
3	ANL A,@Ri	累加器与间接 RAM 单元相与	1	12
4	ANL A,#data	累加器与立即数相与	2	12
5	ANL direct,A	直接地址单元与累加器相与	2	12
6	ANL direct,#data	直接地址单元与立即数相与	3	24
7	ORL A,Rn	累加器与寄存器相或	1	12
8	ORL A,direct	累加器与直接地址单元相或	2	12
9	ORL A,@Ri	累加器与间接 RAM 单元相或	1	12
10	ORL A,#data	累加器与立即数相或	2	12

续表

序号	助记符	功能	字节数	振荡周期
11	ORL direct, A	直接地址单元与累加器相或	2	12
12	ORL direct, #data	直接地址单元与立即数相或	3	24
13	XRL A, Rn	累加器与寄存器相异或	1	12
14	XRL A, direct	累加器与直接地址单元相异或	2	12
15	XRL A, @Ri	累加器与间接 RAM 单元相异或	1	12
16	XRL A, #data	累加器与立即数相异或	2	12
17	XRL direct, A	直接地址单元与累加器相异或	2	12
18	XRL direct, #data	直接地址单元与立即数相异或	3	24
19	CLR A	累加器清零	1	12
20	CPL A	累加器求反	1	12
21	RL A	累加器循环左移	1	12
22	RLC A	累加器带进位位循环左移	1	12
23	RR A	累加器循环右移	1	12
24	RRC A	累加器带进位位循环右移	1	12
25	SWAP A	累加器半字节交换	1	12

附表 4　　位（布尔变量）操作类指令

序号	助记符	功能	字节数	振荡周期
1	CLR C	清进位位	1	12
2	CLR bit	清直接地址位	2	12
3	SETB C	置进位位	1	12
4	SETB bit	置直接地址位	2	12
5	CPL C	进位位求反	1	12
6	CPL bit	置直接地址位求反	2	12
7	ANL C, bit	进位位和直接地址位相与	2	24
8	ANL C, /bit	进位位和直接地址位的反码相与	2	24
9	ORL C, bit	进位位和直接地址位相或	2	24
10	ORL C, /bit	进位位和直接地址位的反码相或	2	24
11	MOV C, bit	直接地址位送入进位位	2	12
12	MOV bit, C	进位位送入直接地址位	2	24
13	JC rel	进位位为 1 则转移	2	24
14	JNC rel	进位位为 0 则转移	2	24
15	JB bit, rel	直接地址位为 1 则转移	3	24
16	JNB bit, rel	直接地址位为 0 则转移	3	24
17	JBC bit, rel	直接地址位为 1 则转移，该位清 0	3	24

附表 5 **控制转移类指令**

序号	助记符	功能	字节数	振荡周期
1	ACALL addr11	绝对（短）调用子程序	2	24
2	LCALL addr16	长调用子程序	3	24
3	RET	子程序返回	1	24
4	RETI	中断返回	1	24
5	AJMP addr11	绝对（短）转移	2	24
6	LJMP addr16	长转移	3	24
7	SJMP rel	相对转移	2	24
8	JMP @A+DPTR	相对于 DPTR 的间接转移	1	24
9	JZ rel	累加器为零转移	2	24
10	JNZ rel	累加器非零转移	2	24
11	CJNE A, direct, rel	累加器与直接地址单元比较，不相等则转移	3	24
12	CJNE A, #data, rel	累加器与立即数比较，不相等则转移	3	24
13	CJNE Rn, #data, rel	寄存器与立即数比较，不相等则转移	3	24
14	CJNE @Ri, #data, rel	间接 RAM 单元与立即数比较，不相等则转移	3	24
15	DJNZ Rn, rel	寄存器减 1，非零转移	2	24
16	DJNZ direct, rel	直接地址单元减 1，非零转移	3	24
17	NOP	空操作	1	12

参 考 文 献

[1] 汪贵平，李登峰，龚贤武，等. 新编单片机原理及应用 [M]. 北京：机械工业出版社，2014.
[2] 丁元杰. 单片微机原理及应用 [M]. 3 版. 北京：机械工业出版社，2012.
[3] 王迎旭. 单片机原理与应用 [M]. 北京：机械工业出版社，2008.
[4] 刘淑荣，王瑾. MCS-51 系统单片机原理及应用 [M]. 北京：中国电力出版社，2011.
[5] 张义和，陈敌北. 例说 8051 单片机程序设计案例教程 [M]. 北京：人民邮电出版社，2014.
[6] 余发山，王福忠. 单片机原理及应用技术 [M]. 2 版. 徐州：中国矿业大学出版社，2012.
[7] 余发山，王福忠，杨凌霄，等. 微机原理与单片机接口技术 [M]. 北京：煤炭工业出版社，2013.
[8] 李泉溪. 单片机原理与应用实例仿真 [M]. 北京：北京航空航天大学出版社，2009.
[9] 何立民. MCS-51 系列单片机应用系统设计（系统配置与接口技术）[M]. 北京：北京航空航天大学出版社，1990.
[10] 胡汉才. 单片机原理及接口技术 [M]. 2 版. 北京：清华大学出版社，2010.
[11] 胡辉. 单片机应用系统设计与训练 [M]. 北京：中国水利水电出版社，2004.
[12] 陈伟人. MCS-51 系列单片机实用子程序集锦 [M]. 北京：清华大学出版社，1993.